华东师范大学精品教材建设专项基金资助项目

华东师范大学哲学精品教程

说理的学问

张留华◎著

人民出版社

目　　录

绪论:本书大致会讲些什么

通常,一门新课在进入正题之前,会有一堂像模像样的导论课。如果是一门选修课程,这堂课还意味着对任课教师而言的一次课程说明会,以及对选修学生而言的一次试听体验课。

《说理的学问》是为我开设的大学通识核心课程"说理的学问"而撰写的教材。本书的这篇"绪论"有"导论课"的某种功用,在此会明确这门课的定位,包括开课意图、与相关课程的区别联系、教学方式等。然后,会介绍一下课程主要涉及的内容,当然特别是要展示一下"课堂片段",权当作"内容预览"。最后,我会对准备"研修"这一课程的"读者",发布一些"预告":告诫大家,为了快速跟上这门课的节奏,需要有一些心智准备,尽可能利用好教材设置的"热身案例""课堂小练习""拓展练习"等模块。

一、为何有必要关注"说理"

我猜测,准备"选修"这门课的都是愿意说理并看重说理之人。不过,我开设这门课,并非是要组建一个兴趣小组或小社团。我们在此之所以特别关注"说理",主要是希望借助于对"说理"及相关话题的探讨,更好地理解我们自身以及他人(包括未选修这门课的人)。① 说理,绝不仅仅是部分人有兴趣

---

① 需要提示,并非所有的学问都是以"理解我们自身以及他人"为目的。譬如,很多自然科学就不是的。人文和社会科学大都可以帮助我们理解自身以及他人,而"说理的学问"只针对此类理解活动的一个维度有所展开。

之后才会去做的,事实上它是人类社会中的日常现象。关于"说理的学问"如何能成为大学通识教育的一门核心课程,一句简单而又不流于肤浅的回答或许是:

> 尽管我们有时并不必说理,但我们总体上处在一个理知时代。

在一个"理知时代",说理之必要性本应是显而易见的。但不得不承认,在实际生活中,的确有人不愿选择去说理,或感觉不需要说理。对此,我想说:"那只是因为有所谓的'假象'在阻碍他们看见一个'显明事实'"。①

哲学家培根在《新工具》一书中提出了著名的"四假象说"。他认为:在人类求知的道路上,四种假象往往遮蔽我们的心智,它们分别是种族假象(idols of the Tribe)、洞穴假象(idols of the Cave)、市场假象(idols of the Marketplace)和剧场假象(idols of the Theater)。② 这里不必阐释"四假象说"在培根那里的本意,只想借用这些名称,相应地从四个方面谈谈为何有人会忽视说理之于我们及这个社会的重要性,也算是从反面详解"尽管我们有时并不必说理,但我们总体上处在一个理知时代"这句话。

1. 从"种族假象"看

所谓"种族",是说我们人(之作为自然物种)的本性。谈到人性,首先是人有惰性。在当前物质丰富、追求便利、弘扬人性解放的社会中,这一点似乎比"勤劳"更容易获得共识。人们可以毫无愧意地调侃自己说"性格是懒"或"有懒癌",甚至还认为,人就应该创造条件去"偷懒"。相比之下,一提到说理,不少人觉得"说理太费神",因此能免则免。这种论调貌似有说服力。作

---

① 经常做哲学思考的人不难明白为何有人甚或很多人看不清"显明事实"。而对于不熟悉这一点的读者,我们或许可以举例说明:有些人在强调视错觉经常发生进而断言"不要被你的双眼迷惑"时,却没有看到,他之所以发现视错觉之为错觉,很多时候还是凭借眼力,譬如,换个角度或借助于工具或找更多人又看了看。在此意义上,"我们借助于双眼看世界"属于一种"显明事实",尽管有时会被人否认。

② Cf. Francis Bacon, *The New Organon*, edited by Lisa Jardine and Michael Silverthorne, Cambridge University Press, 2000, pp.40-57.

为凡胎俗子的肉体之身,当我们检讨自己时,似乎都会承认:人非圣贤,偶尔懒一点,也是人之常情。但是,另一方面,我们也都清楚,任何人之作为人不应该在"懒惰"这一点上任性下去。确实,在方便省力的意义上来理解,我们经常都追求某种"偷懒",甚至有"大家都骂懒人懒,却不知道懒人比你懂创新"之类的说法;但稍作思考就能明白,为了有条件去"偷懒",你总得在某些方面不懒惰才行,这其中包括如何积极开展创新思维,努力甚至辛苦地找出省力之法。很多时候,我们不得不承认,说理的确属于诺贝尔经济学奖获得者卡尼曼(Daniel Kahneman)所谓的"慢思维"(slow thinking)。① 跟那种出于直觉的"快思维"(fast thinking)相比,说理过程让我们劳神费思。② 不过,正如创新能帮助我们"偷懒"一样,在必要的地方深入说理,可以帮助我们在信息超载的时代悠然自得,省下很多时间和精力去关注那些真正可靠或更有价值的东西。

人性中还有一个重要的维度是情感。可以说,人是情感动物。我们倾向于认为,在日常(包括道德及宗教)生活中,情感至上:说理过于严肃,易伤和气,"动之以情"倒是要比"晓之以理"更加管用。然而,人不仅是情感动物,更重要的是理性存在者(rational being),尤其是对于处在知识殿堂中的大学生来说。正如一位学者所言,"单从劝求效果着眼,说理并没有什么优势,但在劝求的种种方式中,惟说理最真切地体现出理性存在者的本质。"③更何况,在适当的场合说理,如法庭、论坛、听证会、招标会、学术会议、评论栏目、论文等等,并不总会伤感情。不少大学生尊重教授的权威,怕与其"说理"会伤害到教授的感情。这种担忧,从学术上来讲,完全是多余的。因为,就大学所在的学术环境而言,与其说你是在跟教授"抬杠",毋宁说你是在借助于说理来向

---

① Cf.Daniel Kahneman, *Thinking, Fast and Slow*, Penguin House, 2011.

② 不只是属于"快思维",即便就其所在的"慢思维"而言,说理更多调用的是基于现实复杂性的"反省心智"(the Reflective Mind)而非那种局限于理想情况的"算法心智"(the Algorithmic Mind)。参见 Keith Stanovich, *What Intelligence Tests Miss: The Psychology of Rational Thought*, Yale University Press, 2009, pp.20-44。

③ 陈嘉映:《何为良好生活》,上海文艺出版社 2015 年版,第 25 页。

他表白你对于其学术成果的仰慕之情。① 这种表白可以是意味着"我对你的观点很感兴趣!"也可以是意味着"我想了解得再多一点,你能帮我一下吗?"不论就意图还是结果而言,说理都绝不是让你"绝情弃义"。如果说人同时是情感动物和理性动物的话,那么,我们作为理性动物所做的说理,倒是可以帮助我们理解"情感何以对于人性重要?"以及"什么样的情感更值得我们珍惜?"请不要怀疑,一个人坚持去说理,完全可以是为了"诗和远方"。

2. 从"洞穴假象"看

所谓"洞穴",大致是说我们每一群体或个人都在某种意义上生活在"洞穴"一般"自己的小天地"。物以类聚,人以群分。这本无可厚非。但是,不少人倾向于以"自己的小天地"当做整个世界,认为自己圈子内的一切代表了所有的现实性和可能性,进而以"我"的标准评价一切(却并不提供任何理由),此乃"群体思维"(group thinking),也是通常所说的惯性思维(或"思维定势")的成因之一。

以"洞穴"取代"整个世界"的这些人,并不是说他们生活中性格孤僻或不主动跟人交往,而是说他们无视或不屑于一切不同于他们自身的"他者"。在他们眼中,所有人应该都是跟自己一样的人才对。凡是遇到跟自己看待事物或行事方式迥异的人,他们不是以"理解他者"的心态与之沟通交流,而是在背后以"变态""没人性"或"异教徒"评价之。这就意味着:在他们那里,不存在任何"可以理解的分歧",于是任何说理也都不必要了。就自己圈子内的人来说,他们自己人②之间似乎天然地无分歧;③至于他们自己人与"外人"之间

---

① 学术界的一种流行说法可以佐证,即"一个人所面对的最好的批评家是他的学生,而他最好的学生是最有批判性的"。Cf. R. G. Collingwood, *An Essay on Philosophical Method*, Oxford University Press, 2005, p.220。

② 正是因为此种"群体思维"强调"自己人"(即跟自己站在一边的人)观念,心理学上一般将其归在"自我偏见"(myside bias)这一大类。

③ 为了保证自己圈子里的这种"无分歧",他们会把出现怪想法的"会员"清除出"自己圈子",或通过某种技术予以"屏蔽"。

的差异,那是无法逾越的"正常"与"变态"(或"人"与"非人""信徒"与"异教徒")之间的鸿沟。在前者那里,说理是多余的;在后者那里,说理是不可能的。可以想象,伴有上述"洞穴假象"的人会在实际交流中产生怎样的"傲慢与偏见"。譬如,在"城市人看农村人"或"农村人看城市人""理科人看文科人"或"文科人看理科人""西方人看中国人"或"中国人看西方人"等话题上,读者可以凭借各自的经验回忆身边有某一方的人,要么是指责对方不可理喻,要么是贬低对方为"不正常"。不论是哪种情况,在他们那里,说理之必要性都消失不见了。

不过,在承认"人以群分"之时,我们不必过于悲观地看待"生活圈子"。每个自然人,一开始总是不可避免地生活在某个"小天地"之中,但人之作为社会人,还有超越"小天地"的一面:我们大多数人都不甘于坐"井"观"天",而是逐步意识到,要想获得更大的成长空间就必须走出最初的那个"洞穴",因此,我们渴望去理解其他群体的"异域"文化,希望不断拓展自己的生活圈子,并借此更好地把握"大世界"。在移动互联的时代,有些人或许无意识地将他手机社交网络上的"朋友圈"当做整个天地。这样做的一个常见结果是:"朋友圈"满是对于"自己人"的点赞以及对于"外人"的谩骂,在"群体思维"或"回音室效应"(echo chamber effect)①强化之下,你完全看不见说理的必要性。但是,相信他们只要被稍加提醒,大都应该能明白一件事:"您的朋友圈是世界的一个碎片,并不是世界的全景。作为样本,它有观察的价值,但是并不等于观察的结果就是真实。因为作为样本,它太小,而且太特别了。"②一旦

---

① 在网络社交活动中,当你处在一个全是"自己人"的空间时,你所听到的"声音"大都是跟自己一样或接近的信息或意见,这好比是处在一个回音室中。对于此种现象,有心理学家概括为"回音室效应"。也有人借用气象学上的"同温层"(stratosphere)来指代此类"同质化"现象。值得一提的是,当代网络技术很多时候会强化一个人所在的"回音室"或"同温层",因为一种在各大平台广为采用的网络"算法"是:当你关注了某一个人或某一类新闻后,网络平台自动会为你推送更多具有类似风格或相同类型的人或新闻,这就像是你购买某一商品后平台很快又推荐给你更多相同或同类的商品。

② 和菜头:《送给微信的7周岁三份生日礼物》,微信公众号"槽边往事",2018年1月21日。

意识到每一个"朋友圈"都只是"世界的碎片"（即某种"洞穴之见"），追求真相的我们就会发现：只有通过说理，才能分清各个碎片何以折射给我们"真实结果"，也才能从碎片化的观察（包括很多时候我们不得不做的"碎片化阅读"）中拼凑出"世界的全景"。

3. 从"市场假象"看

所谓"市场"，在培根那里是指我们思想交流所凭借的"市场"，即人类语言。当我们说"语言是思想交流的工具"时，应该意识到语言"市场"上的问题反过来会抑制我们的交际效果，否则很可能深受"市场假象"之害。基于这一点，有人或提出：说理之人都是在玩弄文字游戏，为了避免其中的"语言假象"，我们应专注于思想认识本身；而要解决思想认识上的困难，"实践"相较"说理"更能出真知。

对于上述意见，我要说：我们言语活动的确包含着诸多需要当心的陷阱，但试图由此否认说理的必要性，这本身表明他未能认清语言与思想的内在关联。事实上，为了揭示或防止我们可能被某种"语言假象"所欺骗，我们恰恰离不开说理。譬如，有人可能表示：

> 为了知道这个人是不是好人，没必要去争论和说理，通过跟他实际交往一下，不就知道答案了吗！

这听上去是一个简单直接的止争之法。但是，待我们果真通过实际交往去了解这个人后，我们常常发现争论还是升起了。因为 A 与这个人打交道之后了解到的可能是："他是好人"；而 B 与这个人打交道之后所了解到的可能为："他不是好人"。追究下去，会发现 A、B 二人之所以通过实践检验得来的答案不同，是因为他们背后可能对何谓"好人"或"他这个人的一贯表现"争论不休。A 可能认为所谓好人就是懂得关心对方的，B 却可能认为所谓好人必须任何时候都不能撒谎；A 可能认为这个人的某一"不受欢迎的"行为是偶然的、微不足道，无法掩盖其一贯的"良好表现"，而 B 却可能认为这个人虽然善于掩饰自己的缺点，但他的这一行为恰恰暴露了其一贯的"不良表现"。如此分歧，相信每一位读者不难设想出更多的。我们原以为之前关于"通过实际交往就可以知道这个人是不是好人"的说法清楚易懂，不存在任何语言问题，最后却发现：争端终究还是缘于我们对于"好人""一贯表现"之类常用语词的理解上。

类似的例子，我们可以设想 A、B 二人的以下对话：

A：这两个孩子谁比较聪明？

B：当场测试一下，不就知道了吗！

测试完毕，A、B 或者两个孩子各自的老师或家长对于分数值可能无法否认，但是分数值低的那位孩子的老师或家长（当然也有可能是第三方的某个人或机构）或许会提出：这次测试分数值的高低并不能说明哪个孩子真的比较聪明，因为这几个题目不足以公平测试孩子的智商（IQ），或者"智商高"跟我们通常所说的"聪明"并不是一回事。于是，当我们无视语言之于思想上可能造成的陷阱，宣称"实践检验一切"之后，最后却重新看到了"语言假象"的浮现。

从上述两个实例中，我们可以总结出两点：第一，尽管我们很多时候有必要大谈特谈行动的价值，但须知，并非"做事"就能显而易见地解决我们思想认识上的困难，很多时候我们仍免不了"说"理。我们本以为实践出真知，殊不知"实践"之后真正重要和棘手因而唯有通过说理才有望解决的争议才刚刚开始。第二，说理并非独立于言行之外，正如"做事"无法脱离"说理"（有些时候是说理之后才可以做事）一样，我们的言语活动本身就有"说理"这一重要维度。我们对于言语行为的评价，不仅有修辞效果和语法规范上的依据还有（当我们由一些话推断另一句话时）合理性上的评判。正如海德格尔所深刻揭示的那样，"语言是存在的家园"，而我们"思想者"作为家园的守卫者，本质上是"凭借语言从事创造的人"。[①] 当我们意识到上述"好人""聪明"等语言"假象"并试图从思想认识上免受其误导时，真正意义上的说理通常就已经启程了。

---

① Martin Heidegger, "Letter on Humanism", in *Basic Writings*, edited by David Farrell Krell, Harper Collins, 1993, p.217.

4. 从"剧场假象"看

所谓"剧场",是指为解释这个世界所设计出的各式学说或理论体系,好比剧场上映的剧目一样,供我们观看。正如剧场不免带有不真实的布景一样,这些理论体系也往往会植入一些理想化但却可疑的"设定"。作为观众,我们应该警惕以此类"剧场假象"取代我们自身的思考和判断。

相比培根所处的那个时代,毕竟我们今天已经步入一个被誉为科技昌明、高度专业化的发达社会,科学或假以科学之名的"权威"理论及其代言人——各路"专家"——似乎已无法等同于培根当时所谓的那些"剧场"。于是,或许有人想说,在当今的科技时代,很多问题都可以由各领域的专家为我们摆明"道理",因而我们普通人就可以省力了,让各路专家甚或人工智能(AI)为我们成就"科学思维"。我们普通人的说理总不会高于那些专业人士或智能设备吧!① 在不否认科技进步这一显明事实的同时,我想指出:这种见解包含着对于科学和专家的严重误解。

首先,尽管"统一科学"(the unification of science)的梦想和规划由来已久,但至少目前人类仍无法真正做到把各类现存的以及可能的科学分支铸成"铁板一块",从而能以"统一的科学"完整地解释一切现象、解决一切难题。因此,人类科学历来是并将在很长的时期内继续(且不说"永远")是"分化的""不完整的"和"未完成的"状态。鉴于这种形势,科学研究的"空白"或"未尽事宜"总会存在。的确,我们的切身经历告诉自己,科学所能解释的东西正变得越来越多,但我们同时也能感受到,人类所意识到但科学却无法解释的问题也愈发多起来。更何况,通常都认为科学专注于事实问题,是价值中立

① 通常认为,西方近代科学的兴起与蓬勃发展是与文艺复兴之后人们弘扬自身理性、倡导自主思考等所谓"实证主义精神"分不开的。但具有讽刺意味的是:在科学家们(尤其是心理学家)通过一些实验"证实"人类思维容易出错等结果后,一种"反方向"的思潮开始出现,即,与其鼓励容易犯错的大众积极思考,不如把一切交给更具"理性能力"的专家或科学实验去解决。关于实证主义精神"异化"的相关讨论,可参见 Vincent Ryan Ruggiero, *Making Your Mind Matter*, Rowman & Littlefield Publishers, Inc., 2003, pp.xv-xvii。

的,而人类关怀的很多难题却是价值问题。

其次,根据当代思想及学术上一种标准的理解,科学本质上都是建基于特定假说或设定之上具有一定解释力和预言功能的理论体系。这或许也是对于"科学统一"观念最易于人接受的一种理解,即"科学方法的统一"。很显然,统一的科学方法,并不保证反而鼓励有差异的科学假说。由此,科学理论不仅存在部门分工,甚至在同一对象领域也会出现真正的理论竞争。

还有,在被视作固定的知识体系时,科学更像是"死的"理论,而当把科学理论适用于并不总是规整但却"活生生的"现实世界中时,我们需要各路专家来指示我们如何正确或更好地应用"科学理论"。但是,我们都经常见到,专家(包括人工智能)之间也会有真正的分歧。

上述情况的存在,想必已经能使读者明白:正如培根把他那个时代诸多理论学说称之为"剧场"并非意味着它们不具有重要价值一样,当我们说科学时代依然面对着类似的"剧场假象"时并无意否定科学对于推动当代社会进步的巨大贡献,而是希望提醒:相比人类所关心的问题而言,科学仍旧存在着"未尽事宜"①,对此,我们必须在科学理论之后自行选择"应该如何相信"以及"应该如何行事"。在科学"留白"但我们却关心的事情上,必然要每一个体(包括关心此类问题的科学家们)"亲自"为某种观点说理辩护;即便是在现有科学领域内,由于科学理论之间以及专家之间会存在实质性竞争,所谓说理并不只是照搬其中的"大道理"而已,我们每一个体必须说服自己或他人为何有必要选择这套科学理论或这位专家而非选择其他。

简而言之,科学知识的极大丰富,权威专家的云集,仍旧为我们个人说理留下了很大空间。面对严重超载的"信息""科学"和"专家",我们不仅要有"海绵"(sponge)思维,更要有"淘金"(panning for gold)思维。② 我们尊重科学的

---

① 当然,我们说科学存在着"未尽事宜",也并不意味着那一定就是科学的缺点或不足。或许,有些问题(譬如"善恶""好坏""美丑"等)原本就不被视作"科学问题"。

② 有关"海绵"与"淘金"之喻,参见 M. Neil Browne and Stuart M. Keeley, *Asking the Right Questions: A Guide to Critical Thinking*, 11th ed, Pearson, 2015, pp.5-7。

"权威",但并非我们只要"照着讲"就行,我们更多时候也需要"接着讲"。①所谓"接着讲",就包括我们要讲讲如何才能融贯地理解各个权威之间的差异进而做出自己的选择。就大学生活而言,"淘金思维"或"接着讲"也正是学术训练的重点。一位偏重知识学习的读者或大学新生,一定要懂得下面一段话真实代表着"导师"对于你殷切的学术期待:

> 现在,我们都看到了那些大佬的道理。但是,难道你就不想说说你自己的理? 事实上,我们很想听听你接下去怎么说。

二、定位说明

很少有一门课能直接对应一门学科的。实际情况往往是,一门课只能涉及某门学科中的很少一块内容。更何况,在通识教育的理念下,我们这门课其实是与多门现有学科交叉的。有鉴于此,我有必要先对"课程定位"做几点具体声明。

1. 关于课程名称

正如前文所特别交代的那样,"说理的学问"这门课以"说理"为关注对象。作为日常现象,"说理"首先是一种心智活动。这种活动的本质是动词化的"推理"(reasoning)或曰"给出理由"(giving reasons),以区别于那种名词化的大写"理"(Reason)。

需要事先提到的是,"说理"并非一个人的"自说自话",总是设定有对话人在那里。② 不止你我可以"给出理由",他人也会"给出理由"。所以,我们不难意识到,说理之人,很多时候不仅给出理由,还要听他人的理由,最后可能还要交换理由。不过,如读者所见,本书的英文名称最终还是选用了"Talks on

---

① "照着讲"与"接着讲"之分,参见冯友兰:《新理学》,北京大学出版社2014年版,第7页。

② 对此,本书"第一讲"中会有详细论述。

Giving Reasons"。之所以这样做,笔者的主要考虑是:(1)由于"给出理由"先于"交换理由",而且所谓"交换理由"不外乎不同主体同时给出理由并迫使对方继续或重新"给出理由"而已;(2)尽管不时涉及"理由交换",但本书总是以指引人"给出理由"为着力点。

另外,对于"说理的学问"一语中的"学问"二字,可以稍作解释。"学问"在现代汉语中常用来指某种"需要我们去学的新知识",不过这两个字也有"水平"和"询问"之意。本书所谓"说理的学问"同时包含这三层意思,但侧重点在于"水平"和"询问"上。因为,在某种意义上,"说理"是几乎人人都在做的一件不需要专门学习也能做的事情。但为了更好地说理,为了提高自己的说理水平,我们的确得去"学"才行。这种"学",关键点在于"问",提出各式各样的批判性问题(critical questions),问他人,也问自己。

2. 课程目标任务

对于"选修"这门课的读者,本书承诺将全程贯彻如下"目标任务":

> 本课程旨在对于实际(real-life)推理现象及其本质提供一种结构分析与规范评价,引导读者深入了解"好的说理"的一般特征及应用特点,并通过领域广泛、参与式的案例剖析,指引读者在日常生活及各种正式场合建立充分的推理/说理意识,养成有关推理评价的核心技能,促进深度说理和学术写作能力。

上述文字落脚点在于"深度说理"和"学术写作"这两个概念。相比于目前国内流行的通识课模式,本课程的特点之一是把深度说理与学术写作结合起来。这倒不是说我们这门课就是为了迎合更多读者而特意提供一套糅合或杂烩的东西出来,其真实的动因是:学术思考应该跟学术写作或严肃性写作互动起来,并体现在深度说理上。通过这门课,你将能深刻领会到"深度说理"和"学术写作"是如何内在关联的。不过,在此姑且允许我这样帮助你们试着形成一个大概的认识:

> 通俗来讲,说理就是"给出理由"。但是,你们会如何给出理由呢?常

见的说法是"因为……"这也是日常对话中的用法。显得比较正式的说法是"理由有下面几个：……"①这是书面语中的惯常做法，在作文题或论述题中尤为多见。然而，所谓"学术写作"或曰"学术论文"，对于说理有着更强的要求，主要体现在：你不能只是列举一二三，更要考察各条理由之间的关系以及每条理由何以可靠。正所谓"条条是理""头头是道"！简而言之，学术论文中的说理，一定得是有所组织的"系统化说理"或"深度说理"。②

再具体一些，本书将着力帮助读者结合下面几项工作，做好相关说理训练：

第一，弄清楚身边常用的一系列说理概念。说理概念，可归属于母语中的高阶概念，它们包括但并不限于"言之有理""讲道理""评理""讲理""明理"等。你可以认为这是在深度学习你的母语，但实质仍是通过母语来明白"说理"之所是。因为语言是"道理"的唯一载体，我们学习"说理"时，势必会重新思考我们的某些母语（如条件关系词"只要"与"只有"的联系，"因为"的含义，"除非"的用法，等等。）

第二，认清说理的"边界"或"属地"。你将会明白，说理之"理"并不等同于"万物之理"，"物理"或"心理"之"理"并不能简单地归置于"理由的空间"里。于是，一个你可能从未思考过的问题变得格外重要，即"是不是人们所说所做的一切都要有充足理由才行？"或者"哪些地方才要说理？"一方面，该说理而未说理的地方，令人觉得荒唐可笑！另一方面，不需要说理而说理的地方，反倒会让人困惑！

第三，让自己更善于说理：学会如何提出各种所需要的理由。理由都分为哪几类？如何在适当的场合，提出适当的理由？如果说理就是寻根究底，那么

---

① 当然，这并不是说我们在说理时不可以从多个不同视角进行论证。后文将看到，为了强化某一结论，我们有时会选择分别从多个"事实根据"出发，也可以同时援引多个源头的"理论支撑"。然而这"不同的视角"与其说是"多个理由"不如说是"多个并行的说理结构"。

② 关于"理由"本身的复杂性，我们或许可以提到英语中"reason"之外常用来表示理由的一个词，即 case。"Case"常用于法律领域，表示诉讼一方的论据或申诉，不过在日常语言中人们也常用"make a good case"表示"某人的理由很充分"。与 reason 相比，case 更强调"一整套的理由"。就此而言，本书所谓的说理，不仅是指复数的"理由"，而且是法律上类似 case 那样的成套"理由"。

信息的原始出处或一手文献就显得很关键;但另一方面,我们又不可能也没必要为一切东西寻找证据。

第四,明辨别人说理中的是非好坏:学会评判他人所给出的理由。在你自己有能力推理的地方,任何专家或科学都要让位;但是,坚持自主说理,并不意味着无视他人的说理。他人的说理,可以成为你得以"接着说"的基石:你可以吸收别人说理中"好的部分"以改进自己的说理,也可以批判他人说理中"不好的部分"。而识别他人说理中的谬误(即所谓歪理),不仅是指我们能"感觉出"合理不合理,而是指要能明确说出哪个环节出了问题以及何以弥补。

第五,把结构性说理应用于学术阅读和写作中。结构性说理,使得"作文课"上升到"小论文"以及"学术论文"。你会明白,让学术论文显得与众不同的不只是专业术语或某种行话,而是说理的深度。就说理而言,写论文同你在大学之外从事各种有挑战的实践事务(如准备文案或标书,工作调研),并无根本不同:很多时候,只是说理的主题或素材不同,课堂上的例子大都是经典范例但比较局限,生活和工作中则无比丰富且变化多样。

对于这门课所要实现的以上"目标任务",结合我们这个时代的某些人文特征来理解,或许可以让读者得到更直观的把握。这是一个什么样的时代呢?站在城市街道上,或是打开网络页面,基于第一感觉,可以说:我们生活在信息爆炸、广告遍地的时代。之所以我们看到广告遍地,当然是广告主们觉得有必要将自己的"信息"广而告之。为什么非要"广而告之"呢?那又是因为我们的世界上所谓"信息"超载或曰爆炸,广告主①想让自己的声音脱颖而出,赢得大众"关注"(attention)。② 当然,我们自己作为"信息的消费者"都很清楚,这

---

① 我们大可以在广义上理解"广告":它本质上是一种以盈利为目的的宣传,大到思想观念的"兜售",小到商品的"安利"(或曰"种草")。

② "关注"或"注意力"或许是我们这个快节奏时代最为稀缺的东西之一。这倒不只是说很多人以及各类商家或机构总觉得"被关注度"不足,从深层次上讲,还有一层意思是:在我们每一个体那里,"注意力"或心理学家所谓的"带宽"(bandwidth,即"心力")原本就是极其宝贵的资源,在特定的时间只能关注非常有限(通常只有一个)的东西。就此而言,英语中所谓"pay attention"(注意)看来真的是一种跟付钱一样值得我们慎重对待的行为。

些东西之所以被称为广告,是因为尽管广告主想让我们相信某某"信息",消费者却需要对其保持警惕。某些"信息"可能一开始被标榜为"新闻""真相"或"科学",随后又可能被指责为"假新闻"(fake news)①"后真相"(post-truth)②或"伪科学"(pseudo-science)③甚至"垃圾科学"(junk science)④。尽管我们内心坚信各种直接或变相的广告终究无法取代"真理",但在这个信息爆炸的世界,我们的确经常感受到了"信息污染"(information pollution)⑤,我们甚至时而因为无法分辨真伪、去芜存菁而陷入"信息焦虑"(information anxiety)⑥,恨不得可以选择不生活在这样的"信息化社会"。从这个角度来把握我们时代的特征,似乎不得不无奈地说:我们生活在一个喧嚣浮华、煽惑人心的信息世界!或许,并不是我们这个时代才这样。据说,对于19世纪的欧洲,王尔德(Oscar Wilde)就曾感慨:"如今是这样的时代,看得太多而没有时间欣赏,写得太多而没有时间思想。"但毫无疑问,21世纪的"信息革命"把这一点

---

① 假新闻,是当今的一个世界性难题。不论是国内的微博、微信,还是国际上的各大社交网络,都不时见到有爆出"假新闻"的现象。这不是单靠某一公司或机构的"打假"所能解决的难题,因为所谓"假新闻"的指责,可能是双向的。譬如,许多新闻媒体指责美国总统特朗普散播假新闻,但特朗普反过来也为某些主流媒体颁布"假新闻"奖。

② "Post-truth"是牛津词典2016年的年度词语,被认为暗指一种伴随互联网出现的政治文化,即能塑造公共舆论的主要是情绪或私人信念,而非客观事实。

③ 根据哲学史上的用法,"伪科学"主要是指一些被认为超出科学研究范围的、无法由经验证实或证伪的"理论体系"。

④ 所谓"垃圾科学",通常是指那些纯粹为某些政府、企业、宗教等利益集团而推出的"科学成果"。这些"科学成果"的样式风格很像科学,但其中的数据和分析被认为是由利益集团"绑架"的因而缺乏足够的客观可信度。

⑤ 所谓"信息污染",是指你被提供的信息中包含着大量跟你无关的因而不愿意接受的冗余和低价值的内容。

⑥ "信息焦虑"大意是指:一个人每天翻阅和查找了大量"信息源",却没能找到自己想要或需要知道的任何信息,另一方面又担心自己错失什么信息,由此产生焦虑心情。参见同名图书 Richard Saul Wurman, *Information Anxiety*, Doubleday, 1989 以及 Richard Saul Wurman, *Information Anxiety* 2, QUE, 2001。关于"信息焦虑",一个比较容易理解的例子是:当你试图在各类信息媒介上寻找一份适宜自己的工作时,竟发现大量的招聘信息都是适合别人的。最终你找到拟招2人的一个岗位去求职,心想全国或全市只招2人,这被录取的机会也太难了吧。不过,在求职面试那天,你可能发现,其实前来应聘的人总共就只有你一人。这意味着,不仅你会因为找不到适合自己的招聘信息而"焦虑",招工部门也常常因为招不到自己所需要的职员而"焦虑"。

推到了更为显眼的位置,那就是:"信息爆炸"并不直接意味着一种财富,"目不暇接"对于思想来说反倒可能是一种负担。身处信息世界中的我们逐步明白,比起不限量地接收"信息",更重要的往往是对于有效信息的识别、筛选和处理。见到有国内老一辈学者撰文回忆:他们自己曾在年轻时"贪婪"或"饥不择食"地阅读一切所能得到的图书,视一切"文字信息"为"精神食粮"。估计年轻读者已经很难想象这种读书方式在今天如何可行了。在当下这个时代,比起"重视阅读"这一点来说,我们更需要的是独立思考,需要把自己有限的时间和精力用于寻找真正重要的"信息"之上。而要做到这些,本书开展的一些"说理性"工作将为读者提供有益训练。如果按照所谓"二八法则"来看的话,我们这门课的目标就是:要你通过专注20%的道理(包括如何基于说理活动识别、筛选和处理所接受到的"信息"),来节省你80%的时间和精力。

3. 这的确是高级写作课的一部分

关于大学之"大"或高等教育之"高",历来有很多说法。不论如何,大学/高等教育本质上是一种"后中学教育"(post-secondary education)。"后中学教育"这种提法,既提示了大学与中学教育的连续性,又强调了二者之间的差异。关于大学之于中学的异同,我们可以从它对于说理的追求上看出一二。

众所周知,小学和中学一直开设有作文课,其中就有议论文这种体裁。而长期以来,国内(除了英语系等少量院系)大学生却没有作文课,考试中只有所谓的"论述题"。这被很多人"欢喜"地理解为"考上大学,终于脱离了写作文的苦海",直到有一天莫名其妙老师竟开始让他们写"论文"。事实上,在世界知名大学中,ESSAY是大学里的常规动作,那就是"大学生作文",有学者提议将其翻译为"格式化随笔"。① 从词源上看,essay这一文体据说源于1580年法国哲学家蒙田(Michel de Montaigne)的作品标题"essais"(该法语词的词

---

① 参见徐贲:《明亮的对话》,中信出版社2014年版,第176页。

根意为"尝试",即试着弄清/搞定某个问题)。①

国际上很多注重通识教育的大学,一直都有正式的、面向各专业的"大学写作课""说理文写作课"或曰"学术写作课"。② 你可以将这种在大学里重现(尽管在我国仍未大范围推广)的作文课视为"高级写作课",但是,我这里要强调的是:大学写作课的一个基本目的就是教你如何进行批判性或曰分析性写作,其中的"批判性"或"分析性"就是本书所谓的"说理",它们是真正意义上的"学术性写作"之标志。从本质上看,在大学里,"学习如何更好地写作,意味着学习如何通过写作更好地思考"③。

当然,我讲"这门课可以是高级写作课的一部分",是就说理课与写作课的相同点而言,即"通过文字组织来促进思想"。二者的差异也是明显的。首先,通常写作课中的文体/语法部分,将不会在我们这门课中涉及。其次,也是更值得关注的一点,文学上的写作,讲求的是"共鸣"和"感染力";而学术上的写作,可能也讲求"共鸣"或"感染力",但它首先应该有说理作为核心。这牵涉说理文与文艺体(fiction)之间的根本不同。后者往往是在讲述自己版本的"个性化"故事,越有个性,越显得精彩;而作为读者,你为了跟上作者的故事,不仅他说什么就得相信什么,而且你往往需要顺着作者的思路,自觉补上有关遗漏环节。譬如,一部电影,可以通过角色的一两次捣乱场景,来让你想到这个人总是喜欢捣乱的性格特征;一部小说,可以通过"春天来了"的字句,来暗示你"形势开始好转"。但是,就说服效果而言,文艺体却不如说理文那样具有"公共性"和"规范性",更多倒是任由读者"选择性"接受。

4. 这是一门案例教学型的逻辑思维训练课

这门课在课堂上采取的教学形式主要是:教师引导下的小组讨论式案例

---

① Cf.Paul Graham,The Age of the Essay,http://www.paulgraham.com/essay.html.

② 提起"语言文字",很多人立即联想到文学。但不能忘记,语言文字的另一基本功能是说理,而且可以用来做学术论理。这也是大学中文系、外语系之外也需要继续开"作文课"的原因。

③ David Rosenwasser and Jill Stephen,*Writing Analytically*,fifth edition,Wadsworth,2006,p.3.

分析。尽管是基于这样的形式,但请相信我,我不是要闲谈"说理"这样严肃的话题。正如课程名称所示,我的确是要把"说理"当做一套正式的学问来讲的,即作为广义"论理学"或"逻辑学"的一门基础入门课。① 不过,我们这门课的"逻辑教学"是:基于身边的案例材料,用一系列的"问",帮助我们"学"如何"说理"。用作我们逻辑思维训练的案例材料,更多是日常生活中以及当前报刊上的各类说理片段。这些东西不一定是标准意义上的论文,也不一定是什么说理文典范,但通过对它们的分析和评估,可以帮助我们迈向人文、社会、自然科学领域标准学术论文的殿堂。

"逻辑",历史上就是个多义词。而作为一门大学基础课程(且不论各类高阶课程),"逻辑导论课"可以是"形式逻辑"课,也可以是"数理逻辑"课,还可以是"批判性思维"课。我们"说理的学问"这门课算得上是侧重逻辑推理的"批判性思维课",但它明显不同于"数理逻辑"或"形式逻辑"。我本人多年来也一直在高校一些院系开设"形式逻辑",有时也称之为"逻辑导论",就目前流行的教材版本来看,这种课大致相当于"以传统逻辑为基础,采用日常语言与符号语言混杂的方式,试图通俗理解现代逻辑的初步知识"。其中的主线是以人工语言刻画的各类符号公式,而日常语言的作用只是为了方便理解那些公式。不过,读者在本书会看到,我们并不刻意采用任何符号公式。我们所关注的是真实出现在各类语境中的推理实例。你很少会看到有人工符号,除非我们所要考察的科学文献本身是涉及到人工符号的。② 我们知道单一命题的真假并不是单靠形式推理所能解决的,因而我们会重点关心说理结构本身的"逻辑"有效性,同时也会询问"前提是否真实""结论是否可以接受"这样"非形式"的逻辑问题。

---

① 读者很快可以看到,这种意义上的"说理的学问"并不同于中国宋明时期的"理学",也不同于冯友兰所谓的"新理学"。后二者大体上属于可用于说理的某一套哲学理论,并不关注"说理活动"本身。

② 然而,本课作为一种"非形式的"逻辑课,重点并不在于不采用人工符号,而是在于将我们的推理论证置于真实的说理语境中。跟"形式逻辑"或"数理逻辑"不同,读者将在本书中体会到:推理、语言、文化总是彼此交织在一起的。

作为一门思维训练课,"说理的学问"不追求理论体系,侧重于以案例分析的方式展示信念何以可靠。在我看来,流行话语中的"知识"与"真理"这些词太大,也太神圣。因为,我们都"不值一提地"(trivially)知道它们是绝对好的东西。一旦有人提出某某知识或真理的不好,通常人们就说那并非真正的知识或真理,所以,知识和真理是永远不会出错的东西,我们的学习就是学知识的,科学就是对真理的发现。但是,知识的完整状态在哪里呢?真理到底掌握在哪些人手里呢?在如今这个强调"更新"的时代,已经没有人敢自负地表示他能够完全分清哪些是,哪些不是真理和知识了。我们无法把知识与真理限定在任何一个范围或体系,但依然希望它们是存在的,即便现在不能看清,将来也一定能看清。这种希望很类似于人们对于"神"或"上天"的设定。故此,在本书中,我们将尽量放弃这些大而神圣的词语,转而用"信念"(即我们在某种情况下所相信的东西)来表示。① 同时,我们将在一开始把信念分为"非衍生信念"与"衍生信念"。前者大致可称为直接信念,又分为来自于本人的感知记忆与来自于社群的"common sense"(常识或共识)。后者大致可称为间接信念,又分为来自于他人的证词信念与来自于本人的推断信念。在这四类信念中,本书将重点关注最后一类,它也是我们大多人可靠信念的来源。第三类信念,当涉及到"有选择地接受"时,会转化为第四类信念。而前两类信念,是我们推理的出发点,它们是通常情况下无需论证(而只需引申或发展)的信念。当然,这样说,并不意味着前两类信念就不会出错(毋宁说是"无所谓对错"),重点在于:我们无法在一开始单靠推理就能分清它们绝对的真假,它们只是我们作为推理者在特定情境之下"别无选择的出发点"。

5. 它是对"批判性思维"教学方式的新探索

当然,这门课基于实践案例的教学方式跟当前有些大学开设的《批判性

---

① 即便有时为了顺应某种表达习惯而采用,我们也会尽量沿用其"平凡"而非"神圣"的意义,或者说,如实用主义哲学家杜威所提醒的那样,我们将把名词"truth"转化为形容词"true"以及副词"truly"之后进行理解。

思维》课很接近，二者之间也有诸多重叠。但是，需要注意："批判性思维"，是一个在当今大学教育中太过时髦因而也经常混乱不清的课程概念。在本书中，所谓的"批判性思维"将仅限于"通过推理，审慎地判定一种断言是否值得信赖"，即"追求好的理由"。因此，根据我们的理解，"批/判"不是重点，关键是"理由的提供与评析"。

有读者可能看到过，有一些"批判性思维"课会把逻辑思维、理性思维、创新思维、发散思维、辩证思维等糅合在一起。我不准备反对那些做法，但我们这门课将弃用那些宏大的"话语"。简单点儿讲，本书是一门基于推理现象的"批判性思维"教材。我们是基于对"推理"文本的批判性阅读和写作，通过审查理由的类型以及品质，来显示我们的思想何以"有逻辑"、何以"符合理性"、何以"显示出创新"、何以"有发散性"、何以"有辩证性"！

在我看来，"说理"能纠正"批判性思维"一词所传达的过于偏颇之意。因为，现代汉语中的"批判"一词缺乏建设性，至少在字面上过于强调了攻击性和破坏性。如果我们只看重"攻击和破坏"，而忽略了理由之提供和评估，那么，批判性思维将有走向"条件反射式批判"（the knee-jerk thinking 或 the judgment reflex）的危险。所谓"条件反射式批判"，就是指某人对于任何不喜欢的观点，都习惯性地表示"反对"，认为其"不好""不对""不公平""没道理"或"不可信"，却不进一步提供具体的理由。[1] 美国心理学家罗杰斯（Carl Rogers）认为，我们人总是习惯于快速评价一切东西，尤其是直接拿一种价值观碰撞另一种价值观。[2] 就像看过一部电影之后，很多人都会对影片内容评价一番，而其他人也会习惯性地批评这些人的评价。但由于大家都没有提供具体理由，此类对话要么很快变成"伤感情的"争吵，要么以"见仁见智"结束。也正因为这样，本书作为"说理的学问"将侧重于从文本读写上训练批判性思维

---

[1] 参见 David Rosenwasser and Jill Stephen, *Writing Analytically*, fifth edition, Wadsworth, 2006, p.20.

[2] 罗杰斯的心理学名著《成为一个人》中的"清除个人以及团体之间的交流障碍"一章，专门谈到了此类人际交流障碍，并提出我们可以借助于以客户为中心的心理治疗方法帮助清除此类障碍，参见 Carl Rogers, *On Becoming a Person*, chap.17, Boston: Houghton Mifflin Company, 1961.

能力,即更倾向于从批判性阅读和批判性写作中训练批判性思维。

6. 它不是一门修辞或辩论技巧课

我可以理解不少人都希望自己有雄辩的口才。因此,他们渴望有一门课能培养律师那样的辩论才能或政客那样的演讲才华。很遗憾,我们这门课不能给你那样的承诺。有必要郑重声明,这门"说理的学问"不是修辞或辩论技巧课。它在乎的是说理本身,它传达给你说理的技巧或者规范,但并不保证你一定能说服或掌控你的听众,甚至不能保证你的"说理"一定是动听的。"说理的学问",主要传授的是"好的说理"所应具备的"骨架"和"内核",并不承诺能担保你写出"10万+"的公众号推文。①

正如我们前面所言,本书是一本逻辑思维训练教材。从哲学史上看,古希腊"哲学家"(Philosophers)与"智者"(Sophists)的不同,可以理解为逻辑与修辞在认知风格或价值取向上的差别:作为一种事业,哲学家以逻辑为工具,追求智慧但并不自诩拥有智慧②;而智者们以修辞为工具,自诩拥有智慧并以此传授论辩制胜之道。单从"论辩取胜"这一目的的实现来说,通过转移注意力、歪曲论题,最终诉诸情绪,往往是最重要的制胜法宝。但是,专注逻辑说理的"哲学家"却反对以这样的方式取得说服效果。他们坚信:从长远来看,真正能说服人的话不仅要动听,首先还得是情理上讲得通的才行。

另外,说理所追求的说服力,并不止步于辩论场所(如赛场),它可以而且经常落实在论文写作上以便形成可供今后检验的文字。与此相关,说理并不一定追求反应快,反而推崇反复思考、审慎表达,以便经得起长久检验。它甚至不追求赢,不是要打败对方,而更多是通过省察彼此的信念,让我们自己在参与对话中成长。对于说理者来说,不一定总是先有固定不变的观点,然后不

---

① 我们本书第一讲中会看到,说理尽管有时能产生很强的说服力,但它的效力受到自己的领地所限。

② 与普通人印象中习惯于把"哲学家"联想为"智者"不同,从词源学上看,Philosopher 一词的意思正好是"爱智慧之人"而非"之人有智慧"。

顾一切地维护它;更多情况倒是对自己暂时持有的观点有意持开放态度,以便寻找完善或修正原有观点的机会。①

三、内容概览

浏览本书九讲的章节目录,读者基本可以把握本书的主旨思想。除此之外,读者或许想预先知道本书用于分析和解决问题的概念工具箱里都有什么。这里不妨明确指出:本书最主要的概念工具就是图尔敏模型及其一系列的批判性问题。② 在应用图尔敏模型分析和评估相关说理实例时,我还会适时提炼出一系列常见的引起概念混淆的语言列表。有关它们的概念辨析,可以作为我们评析说理的辅助工具。③ 这些容易引起思想混乱的词语,大都是你在词典中查不到标准答案的。譬如,"有可能"(possible/probable)"不可能"(impossible/improbable/cannot)"(不)合理""为什么?""很聪明"(Having good memory/Intelligent /wise)"矛盾""问题"(problem/question)"规律/规则""常识""科学(的)""需要"(desire/need)"严格""存在"等等。

为了让读者更为直观地领略上述概念工具何以有可能帮助我们更好地说理,且允许我具体结合一篇报刊说理短文的批判性阅读及相关分析来向读者展示。

假设你在网络上看到一个非常醒目甚至还会令人震惊的标题,譬如"让

---

① 需要提醒的是,"修辞"(rhetoric)一词,在当代学术文献中,有时也用来指包含逻辑学在内的广义修辞学。譬如,亚里士多德的修辞术,其中包含逻辑、信誉和情绪三要素。如果是这样理解的话,我们的"说理课"有助于修辞术的提升,而且是其第一要义。因为,毕竟,从长远来看,真正能说服人的话不仅要动听,首先还得是合乎情理的才行。

② 当我们说本书以图尔敏模型为概念工具时,并不是说本文的很多论述都是图尔敏本人说过的。实际上,了解图尔敏本人的读者将看到,本书只是在基本要素和说理精神上尽量与图尔敏保持一致,但在该模型的应用分析(包括对于论文写作的帮助)以及某些要素的阐发引申上,与图尔敏本人的书籍存在很大不同。

③ 如果说图尔敏模型主要是为我们提供一种"框架"的话,相关概念的辨析则是要帮助我们做到"用词严谨"。

猛犸象复活只需三步"。① "这是严肃的新闻写实,还是某种文学性的 fiction (虚构作品)? 信息的原始出处是什么,可靠吗? 这个标题是一种事实陈述,还是推断猜测,抑或只是价值判断? 其中的内容会跟我们有何相干?"一般而言,你通过这些问题所作的快速反应,可以决定是否要接着去读正文。②

如果不追求"说理的学问",你的考察很可能到此为止,接下去不读就罢了,即便浏览过也就此完事。但既然我们处在"说理的学问"课堂上,这里不妨深究一下。接下去你将看到,从深度说理或学术写作的角度,我们完全可以,而且在一些场合也需要接着提出更多的批判性问题,激活你的思维,开放你的视野:

■ "正文怎么样,是说理文吗?"

通过初步阅读,你会发现:这只是一篇新闻报道,算不上正式意义上的说理文。不过,报道中引述了一位中国科学家的观点以及他所提供的证据知识,至少从这位科学家的视角来看,他虽然只是向我们介绍(或"科普")"让猛犸象复活只需三步"并未为之论证,但他的确是在为另一种观点(譬如,"只待合格代孕体,科学家就可复活猛犸象")说理。

■ "基本的说理结构完整吗? 主要的事实根据何在? 都有哪些大道理可以用作担保?"

从报道所引述的科学家证言来看,对于观点"只待合格代孕体,就可复活猛犸象",可以提供的事实根据包括:"2013 年,人们在西伯利亚冰层里发现了完整的猛犸幼象,后来通过幼象的毛发,获得了猛犸象完整的细胞核";"现在的克隆技术和干细胞技术可以做到让猛犸象细胞重现出猛犸象的胚胎细胞";"但是存在排斥反应,科学家当前还不知道如何让猛犸象胚胎在代孕母

---

① 该信息最初发表在《科技日报》2017 年 2 月 20 日头版,后在网络上广泛转载,标题也时有变动。获取报纸原始的数字版信息,可访问 http://digitalpaper.stdaily.com/http_www.kjrb.com/kjrb/html/2017-02/20/content_362529.htm? div=-1。

② 之所以要作这样的决定,那是因为:对大多数人来说,时间和精力都是宝贵的因而倾向于有选择地阅读。希望本书的读者并不是无聊之极以至于随便什么都愿去看。

体子宫内着床、发育直至顺利生下猛犸象。"而报道中的科学家之所以能基于这些"事实"推断"只待合格代孕体就可复活猛犸象"，其所提供的"大道理"正是"让猛犸象复活只需三步：第一步，复活猛犸象细胞；第二步，恢复细胞的全功能性，形成胚胎细胞；第三步，找到代孕母体孕育生产出猛犸象个体"。

■ "其所针对的问题，在什么意义上是值得拿来说理的？主论点明确吗？"

从新闻报道的"新颖性"来看，论点"只待合格代孕体就可复活猛犸象"的确抓住了大众读者"猎奇"的眼球。不过，从深度说理的角度来看，论题之"新"并不是唯一重要的甚至也不是最重要的。每当为一种主张而开展说理时，我们需要弄清楚：这种主张属于有争议的话题吗？倘若从主流科学家内部来看，大家对于"只待合格代孕体就可复活猛犸象"并无分歧，难处只在于如何找到合格代孕母体，那么，也就没必要为此说理了。另外，如果论者的主论点是"只待合格代孕体就可复活猛犸象"，其中的"复活"一词需要读者谨慎对待，尤其是它跟日常语言所谓"死而复活"中的"复活"有何异同。因为报道中已经提到：不同机构对于"复活"其实有着不同的理解或定义。"如果以培育出活的胚胎细胞为准，中国科学家已经让猛犸象复活。但如果以培育成猛犸象个体为准，还有一段路要走。"

■ "其所援引的事实，在什么程度上可以被接受，有可查的文献信息吗？论者隐藏但却在预设的基本道理都有哪些，又有哪些是可疑的？其最终的信念支撑来自哪里？"

同样是从学术写作而非新闻报道的要求来看，文中说理所用的"事实""道理"或"理论"不能停留于某一个人的口述意见，而是需要面向"共同体"或"同行专家"，主动交代可作查证的文献信息或其他来源出处。此外，论者把"让猛犸象复活只需三步"作为其推理担保，遗憾的是这个"大道理"在多大程度上能被业内更多人所接受，文中却没有提及，更没有提供权威的佐证材料。或许，论者最终的信念支撑是科技进步及其权威。如果是这样，"科技能让我们复活猛犸象"会对我们的常识信念"生物不可能死而复生"造成冲击吗,或者说会与后一信念产生矛盾吗?

■ "论者有没有忽视例外情况的存在,有没有留意到现有的以及明显的可能异议? 在这些'例外'或'异议'下,论者的主张需要调整吗?"

即便论者对于有关"事实根据"和"理论支撑"提供了可信的参考文献,仍有一点需要考虑,即这些所谓"事实"或"道理"是一般而言的,还是毫无例外的数学规则或科学定律? 如果仅仅是一般而言或归纳统计意义上的共识,那么,某些极端情况下的例外(譬如,科技伦理的改变或许会禁止复活猛犸象,在西伯利亚冰川中提取的古生物细胞核与科学家在现代生物提取的基因组之间或许存在某种重大差异,从而对于猛犸象复活带来意想不到的新困难)就不能遗漏。另外,就当前的同行研究成果来看,有无对前述"事实"或"理论"提出严重异议的科学家? 这些异议,是否已经得到了适当回应? 事实上,在最初报道"让猛犸象复活只需三步"新闻的同期报纸上,我们可以看到来自国内古生物学家的另一种声音:"让猛犸象完全复活是不可能的,只是让现代亚洲象具备许多猛犸象的特征,更不可能在野外生存。"对于以上"例外"或"异议"的关注,并不意味着一定是反驳论者的基本主张,不过它们往往能使得读者明白,论者的结论并非绝对的必然性结论,而是或然性的或带有特定条件的一种断言或预言而已。

■ "论者所设定的受众(audience)是哪些,是仅限于大众层面,还是某一专业领域? 其论证效果因此受到影响吗?"

从严肃说理的角度来看,由于说理中经常诉诸对话各方的基本共识,而不同群体的人很可能拥有彼此不同的"共识",所以,一篇好的说理文要求论者考虑到其所面对的受众。从新闻报道中的引述来看,论者说理时似乎已经假定了所有读者都是科学知识学习者或至少是完全相信科学家的。但是,由于说理中涉及"复活"一词的恰当用法,而这并非科学家自身有资格能回答的问题,我们可以设想,有些读者可能提出:基因科学家所谓的"复活"与其说是用词不当,毋宁说那是一种"再造"。所以,至少就这些读者来看,论者的说理效果或许并不怎么好。

需要明确的是，我们对一篇文章作出如此之多的提问，并不是为了挑刺儿，更不意味着原文的阅读价值不大。我们之所以引入图尔敏模型并就各个要素提出批判性问题，一是为了帮助我们揭示原文的说理结构，厘清共识和分歧（尤其是那些此前未意想到的），从而确定各方争论的着力点；二是为了帮助我们更多地收集和思考与原文话题相关的素材和疑点，弄清楚自己倘若要写一篇文章进行回应的话，应该如何在此基础上"接着讲"。譬如，你可能不甘于简单回应两句，而是想多说一点，讲仔细一些，这时你就需要把自己的说理评价写成一篇供原文作者以及更多读者参看的评论文或驳论文，或是就原文的话题提出自己的立论及论证，从而撰写完成属于自己的一篇像样的说理文。

四、心智准备

读者"选修"这门课，不要求有"形式逻辑"方面的训练，也不限制专业背景。但是，它的确要求读者做好一些心智上的准备：

首先，对严肃（说理性）读物有兴趣，且有志于发展学术写作能力。这意味着，你不能满足于思想懒惰①，尽管你周围人大多懒得采取批判的态度。更进一步，说理甚至不是"批判"那么简单，而是真正严肃负责任的态度，因为他要求你提出足够的理由，谨慎对待言语思想。

其次，最好懂得欣赏下列思维品质："有能力处理并能包容不确定性"；"知道如何培养好奇心"；"意识到语言的重要性"；"善于观察"。② 这里的关键点不在于你是否已经在多大程度上具备这些品质，而是你要懂得欣赏它们。

最后，最好做到心地坦诚，愿意去掉思想伪装。相信你一开始所相信的东西，直到你找到了怀疑的理由。对于尚不能从内心确信的东西，敢于给它留有

---

① 再说一遍，笔者并不否认：懒惰，图省事，是人的自然本性之一。这当然也有大量心理学上的依据，政客、律师、广告商等都一直在成功利用这一点。

② David Rosenwasser and Jill Stephen, *Writing Analytically*, fifth edition, Wadsworth, 2006, p.xx.

存疑空间,即,"开放思维"(open-minded)。

以上第一点值得特别注意。对于第二、三点,如果你现在无法自信地给出肯定回答,并不要紧,因为只要有了第一点,随着本书的展开,相信你会逐步认同其他两点的。但是,如果对第一点无动于衷,你有必要考虑是否选错了书(或走错了课堂),是否过于匆忙地"选修"了这门课。这就像是说:你可以坦承自己不善于清晰思维,但你不能批评别人老是"醉心于清晰的思维"。因此,如果你认为"清晰思维"是错误的话,那么,一切指导你清晰思维的做法都将被认为是误导你。

在读者做好上述心智准备之后,本书将逐步引导你看到一位说理之人所应具备的心智态度或认知倾向,诸如"欢迎对话";"不惧批评";"寻求共识比消除异见更重要";"单纯为辩护而辩论是没有太大意义的";"提供对方无法理解的理由,并不是在说理";"查找资料,交代出处,对于深入开展说理而言是必要的";"结构化说理总是应该被优选";"问题的难度往往超出我们当前的驾驭能力";"说理的最后没有定论或依然存有分歧,这并不意味着说理无效果";"主动限定自己的观点或结论,甚至让自己的结论保持开放状态,依旧可以成就一篇好的说理文";"通过说理意识到此前隐藏的共识或分歧,这很多时候倒是说理的主要功能";等等。

五、如何使用本书

从课程计划来看,本书原本用作一门每周 3 学时的十三堂课程。除去"导论课"(本篇"绪论"代之)以及接下来的九讲内容,在课堂教学实施过程中,为取得更好的效果,教师有必要穿插安排 2 次有主题的深度案例讨论课,并在课程即将结束时安排 1 次小组演练课,当场交流和指导学生的说理习作。当然,根据教学对象的特点和需求,也可以把上述某些篇章内容设定为"重中之重"或"重中之难",选择对它们作"一分为二"处理,从而扩展为更多"堂"课。

正如刚刚提到的,课程主要的概念工具是图尔敏模型,由此本书的主体内容也聚焦在图尔敏模型及其应用上。第二讲是"图尔敏模型"概述,第三至第八讲分别围绕图尔敏六个要素论述如何说理。不过,由于"说理"这一概念在当下汉语环境下并非总是自明的,建议读者先通过第一讲了解本书所谓的说理究竟何指。另外,对于希望追求深度说理的读者(尤其是有学术写作任务的在校大学生)来说,第九讲的内容不容错过:它将在全书前面各讲的基础上稍有提升,为读者在"图尔敏模型"的辅助之下写出一篇像样的"论文"提供一些参考方法和常用技巧。

作为一本逻辑思维训练教材,本书把读者的参与度看得很重。为此,每一讲均安排了若干特色模块。用好这些"模块",有助于读者更好地消化本书精华。譬如,"热身案例",主要是以生活中的实例出发引入本讲关注的重点话题。之后正文各节,将以阐明和演示必要的分析和说理工具为主,涉及难点的地方,还会穿插"小练习",以帮助读者即学即用,强化相关意识。当读者对于相关概念存在"意犹未尽"或感觉需要"补充说明"的时候,可以参看"敬告读者"模块。"要点整理",主要是通过罗列一些"核心判断",回顾梳理本讲的主旨内容。想要从教材文本延伸到更多有趣讨论的读者,可以从"延伸阅读"模块挑选书目做进一步阅读,自主钻研。每一讲最后安排的"拓展练习",读者不必完成其中每一道题目,但请切记一定要选择部分题目做完整而详尽的尝试回答。有些收获,只有动手去"做"之后才有望得到。顺便提示一下,本书案例讨论(如前文的"猛犸象"一例)和练习题所涉及的某些素材,并未直接摘录,而是要求读者按照报刊信息或网址亲自去查找原文及相关文献。文献的检索、追踪与利用,本应是说理及学术训练的一个重要部分。

对于练习题,本书目前的版本里未提供参考答案,仅对个别题目给出了"答题提示"。我们鼓励读者在本书的概念框架内自由探索这些题目。毫无疑问,这些均属于开放性题目,但这并不意味着它们的答案无好坏或对错之分。你在认真完成某一道题目之后,可以将答案发给身边有意"说理"的人评判,然后看你能否针对他的"异议"自圆其说。当然,在遇到争议较大的话题或棘手难解的题目时,也可以直接发送电子邮件给本书作者进行交流,我的邮箱是:wisdomie@163.com。这个邮箱不仅用于与读者交流解题思路,也可以接收读者使用本书过程之中的任何其他反馈或建议。本书尽管在出版之前已经过多轮试用和反复修改,仍难免存在不当之处。

第一讲　说理之自觉

"说理的学问"正式开讲,我们先对"说理"活动做一次概述,澄清"说理"之实质,以防止在今后的讨论中坠入不必要的"概念陷阱"。读者将会看到,从言语表达来看,说理通常表现为对"为什么"问题的一种回答,但究其本质,说理是对话之人的合作推理。很多时候,一旦你明白推理究竟是什么不是什么,说理的界限很自然也就清楚了。

案例热身

"你确定她是在说理吗?"

Jeep"指南者"汽车在国内推出的广告短片中,有一版是由在一部热播电视剧中扮演"娘娘"的演员孙俪代言的。视频中配有如下一段独白(即所谓的"文案"):

我喜欢镜头前做"娘娘"的孙俪,更喜欢私底下做娘的自己

陪在他们身边时甚至觉得自己需要比"娘娘"更强大

要做他们永远的盔甲

又能清楚看到自己的心柔软得像个沙发,因为那是他们的位置

家就像蜗牛,在安全的外壳下窝着温暖的全家

抬头做"娘娘",俯首做母亲,刚与柔不分家

"你觉得这段话怎么样? 你喜欢吗? 如果喜欢,喜欢它什么地方? 如果

不喜欢,不喜欢它哪里?"相信每一位读者对于这些问题都有信心给出自己的回答,尽管答案很可能五花八门。

接下来,让我们换一类问题。"这属于你欣赏的说理文字吗? 如果欣赏,欣赏它哪些部分? 如果不欣赏,你觉得可以如何改进?"读者在回答这些问题之前,请注意:这里不是笼统地问这段文字怎么样,而是具体问它作为说理文字怎么样。当然,即便这样限定,相信不少读者还是会急不可待地抛出自己的答案,因为毕竟对于很多人来说,发表评论是轻而易举之事,又可以借机展示自己的才华甚或权威。

不难设想,读者表示自己喜欢或欣赏与否时,大都已经预设了所谓"至理名言""美文"或"好的说理文字"应具备的特征,尽管大家对于所指"特征"的具体内容很可能存在争议。后面这种争议,在某些场合是很有意义的话题。不过,我们姑且搁置这一争议,让我们退回到一个比前述问题更具优先性的一类问题:"你觉得她是在说理吗?"或者"它有资格被称作说理文字吗?"需要提醒读者,这个"是不是"或"有无资格"的问题是一个先于"好不好"或"欣赏与否"的独立问题。换言之,一篇工整考究的美文或广告文案,并不意味着一定得是说理文。

至此,我希望读者已经模糊意识到:一段话或一篇文字,你可能非常喜欢,或是很欣赏其中某一点,但它或许并非在说理。也就是说,并非所有你喜欢或欣赏的文章都是在说理。一旦有了这种模糊意识,我们接下来就可以着手把"说理"或"说理文"由自发引向自觉之境。

一、厘清关于合理性的两种否定说法

说理是理知时代的一般需求。我们谈到"说理"时,当然是关注和追求"合理性"。这里所谓的"合理"并非就是字面所传达的那种"合乎某某道理"之意,它用作英语中"rational"或"reasonable"的汉译名,是指我们一谈到"说理"时总会想到的那种"理之过程"(rational process)。对于这样的"合理",我们从一开始要厘清其两种否定情形(或者说,它的两个负概念)。① 英文中形容人说话没有采取说理的方式,用的否定词是 nonrational;而当我们想表达某人说的话"不合理"时,用的否定词是 irrational 或 unreasonable。很显然,这里涉及两组不同的二分法。

1."合理的话"vs"不合理的话"

谈到合理性,很多人想到的二分法是"合理的话"与"不合理的话"之分。所谓"合理",是指所提供的理由好,经得起考证;所谓"不合理",是指所提供的理由不好,经不起考证。这些听起来很自然,没什么问题。不过,当我们追问"此种划分的母项是什么"或"是在什么论域下做出此种划分的"时,问题很可能就出来了。因为有人会不假思索地把"人的话语"认定为划分母项。也就是说,他的二分法暗示着:人所说的任何话(当然也包括任何文字),要么是合理的,要么是不合理的。这显然犯了"虚假二分"(false dichotomy)的谬误。因为一个不容忽视的言语事实是,我们实际所说的话很可能无所谓合理与不合理,有时我们根本就不是在说理。

类似本讲"热身案例"中"我要做他们永远的盔甲"之类的话,听起来可能令人感动,但并没有任何理由②与之伴随。由于"她"只是在表达决心、承诺或感受,压根儿也没必要提供任何理由。③ 不管怎样,其中既然没有理由,也就不存在合理与不合理之分。这些无所谓合理不合理的话,在生活中比比皆是。当一个人说出这样的话时,另一个人可能会表示赞赏和同情,或是不认同甚至

---

① 在某些学术文献中,rational 与 reasonable 之间也可以做出区分。不过,我们这里将暂且抛开二者之间的差异。

② "理由"是汉语中"理"一字的多种意思之一。除此之外,"理"可能是指"道理",也可能是"理论"。读者将在后文看到,在本书的语境下,"理由""道理"和"理论"之间有联系,但也有区分。

③ 从人际交往来看,对于个人感受的纯粹描述(如"我被这部电影打动了"),相比对于个人价值判断的表达(如"这部电影很感人"),往往更容易被对话人接受。说前一句话的人,不需要交代任何理由,顶多只需要解释电影中具体什么地方打动了他。这主要是因为前一句话只涉及本人,不像后一句话那样试图要别人也承认"这部电影很感人"。

反感,但由于其中不涉及理由及其好坏问题,其本身严格说来既不属于合理的话,也不属于不合理的话。

如此解释,有读者或许仍存疑问。他可能举例说:我们口头所说的一个简单命题如"猛犸象能够复活",显然这句话本身并没有包含任何理由,但为什么人们要争论这句话"合理"或"不合理"呢? 对此,我想指出:日常及学术讨论中,人们的确经常争论某一命题是否合理,但其实我们评价为"合理"或"不合理"的绝不只是孤立的这句话本身,而是对方的一种思路,即基于如此这般的情况而得出这一命题。如果参与到有关猛犸象能否复活的争论当中,我们很快就能意识到,我们在评判"猛犸象能够复活"这一说法合理或不合理时,所针对的其实是:基于"任何生物都无法死而复活""人类现在有基因技术"等一系列省略或预设的理由,能否推断"猛犸象能够复活"这一结论? 譬如,当一个人基于"任何生物都无法死而复生"以及"猛犸象已经灭绝"等事实而断言"猛犸象能复活"时,我们可能认为这一说法是不合理的。而当一个人基于"人类现在拥有比较成熟的基因技术"以及"猛犸象细胞核已经在西伯利亚冰层中发现"等事实而断言"猛犸象能复活"时,或许我们又会认为这一说法是合理的。在日常交际活动中,我们往往会出于交际效率和便利的考虑而有意或无意地省去一些"理由"或"前提"。① 这其实是人类言语实践的一个显著特点。始终铭记这一点,对于我们避免由于某些言语表象而坠入概念陷阱很有帮助。

在经过如此澄清从而意识到"第三种"可能性之后,我们现在应该清楚:对应"人的话语"这一母项,穷尽其各种可能性的其实是如图 1.1 的三分法。

而通常的合理与不合理的话之分,实际只是如图 1.2 针对另一母项即"说理型话语"的二分法。

需要注意:与前述三分法的母项"人的话语"相比,该二分法母项"说理型话语"显然是一个经过限制的概念,即后者是前者的"种概念"或曰"下位概

---

① 当然,我们在后文会看到,这些省去的"理由"或"前提"也并非总是能增强交际效率,有时反倒会成为分歧和误解的根源之一。

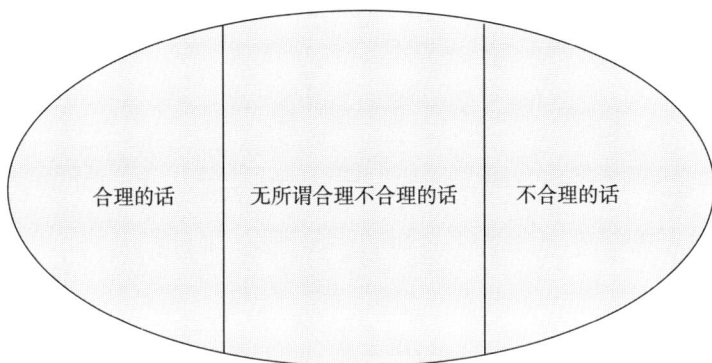

人的话语
图 1.1

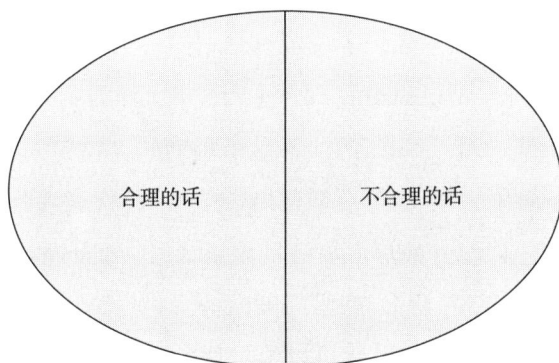

说理型话语
图 1.2

念",前者是后者的"属概念"或曰"上位概念"。而倘若有人依然坚持对"人的话语"这个具有更大外延的概念"一分为二",那么,相应的二分法应该是如图 1.3 的说理型话语与非说理型话语之分。

2. "说理型话语" vs "非说理型话语"

"说理型话语 vs 非说理型话语"是一个先于"合理的话 vs 不合理的话"的二分法。我们言语活动一开始,不仅有"说什么"的问题,同时也有"怎么说"的问题。如果通常所谓的话题是指向"说什么"问题的话,那么,说理型话语

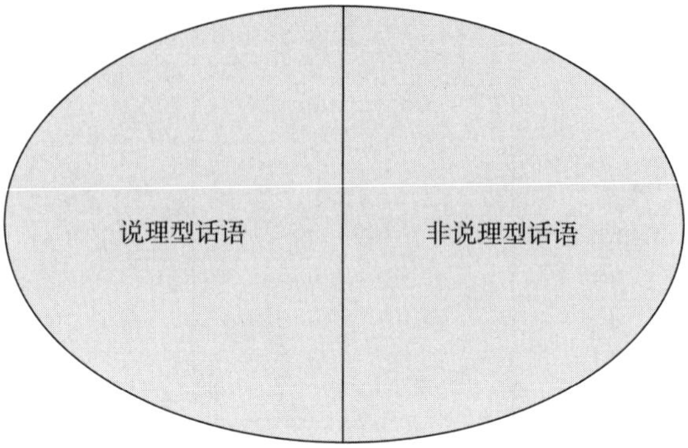

人的话语
图 1.3

与非说理型话语之选择就是要解决"怎么说"的问题。至于"合理的话"与"不合理的话"之分,只有在你选择了说理型话语这一言说方式之后,它才会出现。正是为表示"原本不说理的话"之不同于"不合理的话",英文中通常把前者归在"nonrational"名下,而把后者归为"irrational"。哲学家图尔敏(S.Toulmin)认为,"非说理型话语 vs 说理型话语"这一区分代表着我们语言的两种基本用途:工具之用(instrumental uses)和论证之用(argumentative uses)。① 前者如发号施令、表达感情、请求、抱怨等等;后者则为说理型话语。须知,一个命令是不需要给出理由的,尽管你可以给出理由说自己有资格下命令或有理由不服从一个命令。从大的方面来看,说理只是言语的诸多功能之一。哲学家维特根斯坦(L.Wittgenstein)也曾经列举多种多样的"语言游戏":

> 下达命令,服从命令;按照一个对象的外观来描述它,或按照它的量度来描述它;根据描述(绘画)构造一个对象;报道一个事件;对这个事件的经过作出推测;提出及检验一种假设;用图表表示一个实验的结果;编故事,读故事;演戏;唱歌;猜谜;编笑话,讲笑话;解一道应用算术题;把一种语言翻译成另一种语言;请求、感谢、谩骂、问候、祈祷。②

---

① Stephen Toulmin,Richard Rieke,and Allan Janik,An Introduction to Reasoning,New York and London:Macmillan,1984,p.5.

② [奥]维特根斯坦:《哲学研究》,李步楼译,商务印书馆1996年版,第17—18页。

在如此之多的"游戏"中,跟说理直接相关的只是"对这个事件的经过作出推测""提出及检验一种假设""解一道应用算术题"等。同样提出类似区分的哲学家还有奥斯汀(J.L.Austin)、塞尔(John Searle)。他们认为,说理,只是"以言行事"(do things with words)诸方式中的一种,即,"以言说理"。①

不只是从哲学理论上,即便从我们平常写文章的情况来看,也不难明白:并非所有的文章非得说理不可。众所周知,如果是记叙文,你只管把你的所见所闻记下来就可以,无需怀疑它们是否为事实;而如果是抒情文,只需要讲清楚所想所感就可以了,也无需怀疑它们的真实性。记叙文和抒情文的重头戏都是描写(不论针对的是外部事件还是内心活动),而不是说理。描写,更多是说话人个体的抒发,听者要跟着说话人,善意理解,否则就不是在欣赏,也就不可能被感染。② 正如有学者所言:

> 描写既是主观用事,所以它不希望读者"相信",而希望读者"感觉"到。你只要感到"白发三千丈",感觉"沧海月明珠有泪,蓝田日暖玉生烟",描写就算成功。③

知道在"合理的话"与"不合理的话"之分之前存在"说理型话语"与"非说理型话语"之分,有助于我们理解本书所关注的"说理"(作为人类独有的一种现象和活动)与我们在日常生活中所说的"讲大道理"之间的差别。想必你曾强烈地感到,有人爱讲大道理。譬如,从你的父母和中学老师的教导,或牧师的布道中,你反复听到"做人应该诚实""节约粮食""做个乖孩子"等等。但是,根据我们这里区分的说理型话语和非说理型话语,这些"大道理"本身恰恰不是在"说理",因为它们不伴有任何理由。事实上,我们之所以厌恶这

---

① 二人关于言语行为的更多细致区分,可参见 J.L.Austin,*How to Do Things with Words*,Oxford University Press,1962 以及 John R.Searle,*Speech Acts:An Essay in the Philosophy of Language*,Cambridge University Press,1969。

② 譬如,在罗大佑的《童年》歌词中,有这样的描写:"一天又一天一年又一年,迷迷糊糊的童年。没有人知道为什么太阳总下到山的那一边,没有人能够告诉我山里面有没有住着神仙。多少的日子里总是一个人面对着天空发呆。"试想:在怀疑其真实性的情况下,你如何欣赏这些?

③ 王鼎钧:《讲理》,北京三联书店 2014 年版,第 99 页。

些"大道理",往往不是因为这些话讲得不对,而主要是因为给我们讲这些"大道理"的人只是给我们列出一条条原则或价值观作为"要求"甚至是"命令",而从不问我们是否理解或接受(譬如到底什么算是"诚实""节约"或"乖"),更不给我们提供答辩或回应的机会(譬如,你可能想回应:"他们自己做到了吗?""这样做果真有好处吗?")

我这样说,有人立即会提出疑问:我们日常讲话中难道不是经常说某某命令或要求"合理"或"不合理"吗?对此,我需要再次提醒读者注意我们日常言语活动的一个显著特点,即,出于交际效率和便利的考虑,人们常常会基于会话人的背景及相关场景信息而把某些被认为"显明"的理由省去。所以,当有人说"节约粮食合理,而浪费粮食不合理"时,若在追问之下补充还原,其完整的意思应该是:"粮食是稀缺的而人口众多,出于人类社会可持续发展的考虑,人人都应该节约粮食;而若不节约粮食,则是不合理的。"这时,所谓的"命令"或"大道理"已经不再是孤立的一句话,由于伴有理由而转变成了典型的说理型话语。

▦ |小练习|

指出下列每一段话中哪些文字可显示它属于或包含说理型话语?

- 20 岁到 30 岁之间的日子,可能是最苦的日子。你离开学校,脱下学生气,沉迷过的偶像一个个消失,身边的朋友一个个远离,建立一个不喜欢的交际圈,在现实和梦想的交际中逐渐消失存在感。人生不是一条平坦的大道,而是一个不断修正的过程。不知道自己想要什么没关系,一定要牢记自己不想要什么。

- 二十岁那时候,情况不一样。我还记得清清楚楚:我决心要快活幸福地过一辈子。(弗朗索瓦丝·萨冈:《你喜欢勃拉姆斯吗》)

- 据悉,今年全国两会将首次开启"代表通道"和"委员通道",并继续办好"部长通道"。目前已有 3000 多名中外记者报名采访全国两会,其中境内记者 2000 人左右,港澳台记者和外国记者 1000 多人。

■ 10万+成了这个内容创业时代最大的宗教。为了这一切,标题党、震惊部只是表象。其本质都是对最普遍的生理趣味的无底线顺从,是对最普遍的集体焦虑有意识的挑逗,是对最普遍的不安全感的技术性抚慰。(梅雪风:《你以为他们是社会良心,可他们只想向你收智商税》)

■ 科学再一次证明:寒冷的环境可以使人变得年轻! 张大爷今年70多了,出门冻得跟孙子一样。

■ 世上莫名其妙走霉运的人多的是,都在一边为命运生气,一边化悲愤为力量地活着。(东野圭吾)

3. 我们语言中其他类似的区分

上述有关"合理性"之存在两种二分法的情况,在日常语言中并不是孤立现象。"不合理的话"于"非说理的话"之不同,犹如"不道德的事"(the immoral)于"跟道德无关的事"(the nonmoral)之不同,犹如"不科学的"(unscientific)于"非科学"(non-scientific)之不同。当你在否定"合乎道德的"时,根据所对应的二分法不同①,你的意思可能是某某做法"不道德"(譬如,公共场合随地吐痰),也可能是某某做法"跟道德无关"(譬如,某人饭量偏大)。当你在否定"合乎科学的"时②,根据所对应的二分法不同,你的意思可能是某某事情"不科学"(譬如,你身边的一个人一跃而起飞上了天),也可能是某某事情"非科学"或"跟科学无关"(譬如,他酷爱蓝色)。与这些相类似,当你在否定"我爱她"时,你不止可以说"我不爱她",还可以说"我不记得这个人,无所谓爱与不爱"。迪斯尼电影《寻梦环游记》中的一段台词所表达的就是这种区

---

① 我们这里说"根据所对应的二分法不同",跟逻辑教科书上所谓的"根据否定辖域的不同",视角有异,旨趣一致。前者是在强调划分母项的不同(即,对"人的做法"做二分,还是对"可作道德评价的做法"做二分),而后者是在强调命题中"内否定"与"外否定"的不同(即,是说"这种做法不道德"还是说"并非这种做法是合乎道德的")。

② 关于"科学/science"一词以及相应的形容词"科学的/scientific",本书这里采取"绪论"中所提到的那种狭义的但相信也更接近国际标准的解读,即所谓科学,是建基于特定假说或设定之上具有一定解释力和预言功能而且可重复检验的理论体系,它只是人类诸多可信赖的认知模式中的一种。故而,"科学的"并不能直接等同于"正确的"。

分:"我一直以为爱的反义词是不爱,直到现在我才明白,爱的反义词是遗忘。我不会忘了你,因为我一直爱着你。"

必须承认,类似的区分在英语中尤为常见,因为英文单词的否定前缀有很多。与我们这里所讲相关的一组否定前缀是"un-"与"non-"。"un-"往往含有绝对否定之意(前文的 irrational、immoral 可归为此种否定前缀);而相对来说,"non-"通常具有更多中性色彩,且不使用比较级。譬如,我们可以说某做法"very immoral",却不说"very unmoral"。不过,需要提醒读者的是,随着英汉文化交流的深入,我们现代汉语(尤其是学术语言)中已经引入了其中很多类似的区分。

|小练习|

■ 以"工作"为例,谈谈 unacademic 与 non-academic 的不同用法。

■ 以"运动员"为例,谈谈 unprofessional 与 non-professional 之间的用法不同。

■ 以"组织机构"为例,谈谈 unprofitable 与 non-profit 各自的使用场合。

二、说理之作为对"为什么"的一种回答

我刚才讲,我们在说理时追求合理性。这样说,通常还意味着,我们说理时是在探究,即以"为什么(Why/For what)"来追问。但是,在把"说理"与"探究"以及"为什么"这些词捆绑在一起时,我们需要当心! 事实上,"说理"只是对于"为什么"两种可能的回答方式中的一种,只是两种不同层面的探究活动中的一种。"另一种",尽管跟这一种经常关联在一起,但本身并非本书这里所谓的"说理"。

1."为什么"是问原因,抑或是问理由

"为什么"有时是在问"原因/cause",即,(已经发生或惯常发生的)自然事件的原因。如,"打雷为什么有闪电?""特朗普为什么当选了美国总统?""你为

什么哭?"这些事件通常被认为是自然发生的、"外在于"当事人的①,是当事人个体无法选择、主观意志无法决定也因而无需负责任的,其所涉及的"为什么"侧重于"为什么发生这样的事"。另外一些时候的"为什么"则是在问"理由/reason",即,人们如此认识或做事的理由,主要关心一种主观判断(包括实然命题和应然命题)凭什么被认为是真的或对的,其侧重点在于"为什么这样说"或"为什么这样做"。如"为什么你说上海是魔都?""为什么人要锻炼身体?""你为什么不吃早餐?"这些话所提到的断言或行动,被认为直接决定于个体意志,因而主体有责任为自己的选择做辩护。在此意义上,我们只可以问人"做事"(如"某人不吃早餐")的理由,而无法②问"无意识行为"(如"某人打喷嚏/心跳")的理由。因为,严格来说,后者对于主体而言并不属于"做事",是主体无法选择因而也无需负责任的。既然本来就没有责任,何谈找"理由"去辩护呢?

让我们通过一个例子来比较对于"为什么"的这两种理解和回答。"你为什么迟到?"通常认为这是在追问"迟到"一事之所以发生的外部原因,于是,我们可以听到"因为路上堵车了""因为睡过头了"如此等等的回答。此类回答试图引入某种被认为无法控制的事件来为主体行为开脱责任,也即我们所谓的"为迟到找借口(excuse)"。不过,在一些罕见的情形下,有人也可能认为"你为什么迟到?"是在正儿八经地追问一个人选择"迟到"的内在理由。于是乎,一种令人意外甚至有点冒犯人但倒更像是老老实实交代"理由"而非寻找"借口"的回答可能是:"我早就做好了迟到准备,因为我不喜欢课堂的前半段。"③前后两类不

---

① 我们说"外在于"当事人,并不是指这些"原因"一定处在人的肉体或精神之外,毋宁说是:这些"原因"无法为当事人所左右或"使唤",就好像是处在他身外的那些"自然物"一样。事实上,从哲学上看,当我们说到"自然"(nature)时,既可以是指人周遭的自然环境,也可以是指人自身的生理乃至心理机制。

② 当然,这里所谓的"无法"不是指某人在物理上没有行为能力制造"你有什么理由打喷嚏?"这些字符或声音,而是指一种言语活动规范:当他这样说时,大家会表示困惑,认为其不擅长言语表达,或有点不明事理。

③ 此类"理由"的冒犯之处可能让我们联想到对于迟到者的一种反问式批评:"你迟到还有理由了?"很多时候,由于"迟到"从一开始就设定为"不好的东西"因而不允许它是"有意为之的一种主体选择",所以,迟到者最好只是交代外部"原因",而不能说自身有内在的"理由"。

同的回答,可以说都是对主体认识能力的一种体现,但它们代表了两个不同的认知方向:一个向外求"原因",一个向内求"理由"。有鉴于对于"为什么"问题竟然存在如此迥异的理解和回答,为避免不必要的分歧,我们或许有必要把某些日常问题表述得更为确切,至少得明示我们是在"问原因"还是在"问理由"。在前者"问原因"的情形下,你是在询问"基于什么样的前情",所以不妨可以明确一点说:"你迟到了,具体是什么情况造成的呢?"在后者"问理由"的情形下,你是在询问"为着什么目的",也不妨可以明确一点说:"你迟到了,你有什么可以表明这样做是正当的吗?"

需要承认,我们以上在"原因"和"理由"之间所划出的界线①,主要是概念上的一种逻辑划分,具体到这两个词在我们语言中的实际用法,可能存在一些复杂情况。(1)日常语言中,我们经常会在广义上使用"原因"一词,以至于兼指"理由"和狭义上的"原因"。譬如,现代汉语中不仅可以说"上海被称为魔都的理由",似乎也可以在相同意义上说"上海被称为魔都的原因"。英文词典中的"cause",既有与"effect"相对的意思"a person, event, or thing that makes something happen"(此意上的常见搭配是"cause of…"),也有与 reason 同义的意思"a fact that makes it right or reasonable for you to feel or behave in a particular way"(此意上的常见搭配是"cause for …")。② 与此相应,从语言实际用法来看,"因为/because"一词(或"原因是……/the cause is …")作为对"为什么"的回答既可以指明原因也可以是交代理由。(2)关于主体活动的"为什么",所谓的"原因"或"理由"经常纠缠在一起,难以分辨。譬如,"你哭了",这件事可能有原因(如"某人伤害了你");但你之所以哭,可能还有理由(如"某人带来的伤害达到了你难以承受的程度,让你觉得无法或不愿控制自

---

① 日常语言中,关于"为什么"句式,除了询问"原因"和"理由"之外,可能还有另外一种功能,那就是"归类"或"命名"。对于此种"为什么"的回答,通常不采用"因为"句式。譬如,你问:"他为什么这样奇怪?"对方可能回答:"他疯了。"再如,你问:"他为何老是这样烦躁?"对方可能回答:"他这是中年危机。"就对话中所提到的那些特征而言,"疯"或"中年危机"既非其形成"原因",也非某人的判断理由,倒更像是借助于"疯"或"中年危机"对那些特征做了归类,贴上某个标签。

② "cause"的这两个义项,取自 Longman Dictionary of Contemporary English。

己的情绪")。更有可能出现的是,当事人自己或许也搞不清自己是出于某种原因而"被弄哭了",还是基于某种理由"选择了哭"。还有,即便是严格意义上的"做事"(如"我来上课"或"我一天吃三顿饭"),当有人问你为什么时,你可能回答:"这没什么理由。"言外之意,你可能是受习惯驱使、身不由己地"做"那些事情,因而很难说得清到底是出于什么"理由"。

尽管在语词的日常使用上存在上述难以区分的情况,但是在理论探讨以及其他一些较为严肃的话语情境下,从一开始就从概念层面上区分作为"判断之理"的"理由"与作为"万物之理"的"原因",对于我们成功而高效地交际还是很有帮助的。(1)即便"原因/cause"一词的确在日常语言中有模糊用法,但当我们把其中的"原因"或"对于'为什么'的回答"区分为"事件发生之原因"与"选择判断之理由"时,言语表达的意思会变得更加明确。譬如,相比于泛泛追问"你当年没上北大的原因",我们可以更具体地问"你当年为什么没能考上北大?"以便探求"事发原因",也可以更具体地问"你当年为什么没报考北大?"或"你当年考上北大后为什么没去报到?"以便探求"选择理由"。(2)即便人所作出的某些事经常既有"原因"又有"理由",但当我们将其分开谈论时,可以达到特定的强调目的。譬如,我们可以为了求"理由"而只问"你有什么理由哭?"这时所得到的回答应该是"因为我被冤枉了"之类的理由。我们也可以为了求"原因"而只问"是什么让你哭了?"而这时所得到的回答应该是"因为他打我了"之类的原因。

小练习

下列每一段话,哪些是在谈论"理由",哪些是在谈论"原因"?

- A:"他准备去湖边;你知道为什么吗?"

  B:"不知道,为什么?"

  A:"我看到他把游艇套到了卡车上。"①

- A:"你刚刚假装咳嗽了一下,为什么?"

---

① 该例子改编自 Stephen Toulmin, Richard Rieke, and Allan Janik, *An Introduction to Reasoning*, New York and London: Macmillan, 1984, p.204。

41

B:"因为我是想提醒你不该那样说话。"

■ A:"你刚刚咳嗽了一下,为什么?"

B:"因为我的喉咙发痒。"

■ "为什么太阳会升起? 为什么苹果落地? 为什么他这么帅?"

2. 说理是对于断言之理由的追问和回答

正是在上述理由与原因之分的语境下,我们可以把"说理"限定为对于人们主观断言或认识之理由(而非自然客观状态或进程之原因)的追问和回答。如果你认为"原因"和"理由"均涉及某种"理"的话,那么,需要明确:我们"说理"所要展示的"理"是言语判断之理,而非自然万物之理。[①] 言语判断之理与自然万物之理处在不同的"概念领地"(logical geography)[②],前者面向他人和社会,侧重于让自己的思想和行为被人理解;后者指向外部自然,侧重于从外部去解释一种物理或心理现象何以产生。

这里,我们又引出了"解释"(explanation)与"理解"(understanding)一组范畴。基本上说,它们可以看做是与原因理由之分对应的一组哲学范畴。正如前文中提到的,我们对于"为什么"的两种回答,都是人之认识能力的体现。面对某些自然现象,我们有时会产生"wonder"和"surprise",由此可以提出一类"为什么";同样,面对周围人的"异常"言行活动,我们有时也会有类似的"困惑"或"好奇",由此可以提出另一类"为什么"。在认识论上,对于前者的回答,通常被称作"解释";而对于后者的回答,通常被称为"理解"。[③] 显而易

---

　① 本书所指的"言语判断之理"与"自然万物之理"的区分,类似于徐贲在《明亮的对话》一书中的如下区分:"贤人顿悟参透的是理,牧师布道说的是理,老百姓心目中的天道是理,发展是硬道理坚持的是理,但……这些都不是公共说理的那个理。公共说理的'理'指的是一个由'理由'来充分支持的'结论'。"(第 34 页)相比之下,王鼎钧在《讲理》一书提到"明理""讲理"或"评理"时常常混淆"言语判断之理"与"自然万物之理",他的不少例子(如第 9—10 页上)属于后者而非本书这里的"说理"。

　② "概念领地"一词借用自哲学家赖尔(Gilbert Ryle)。

　③ 在日常语言中,"解释"与"理解"这两个词的用法跟"原因"与"理由"的用法存在一种类似的复杂情况,即,有些时候,"解释"一词在广泛意义上使用,以至于包含了这里我们所谓的"理解"。譬如,"你能解释一下为何你坚信这一点吗?"这里的"解释"就是"让人理解"之意。

见,解释,主要用于外在原因之揭示与告知,如物理学家以"光的折射"来解释插在一杯水中的筷子为何看起来变弯了;理解,则主要用于分享某人何以如此判断或行事的内在理由,如一个人为了让另一个人理解自己为何养蛇作为宠物,而提到"我喜欢它"。此外,通过"找出原因"所达到的"解释"是进取型的,是主动赋予自然现象一种"原因",试图由"被动接受"现象过渡到"主动掌控"现象;而"交代理由"时所达到的"理解"则是防卫型的,是为了免于被人怀疑而作的澄清和交代,通常只有在可能存在怀疑时才有必要提到"理由"。就此区分来看,我们可以说,说理作为对断言之理由的追问和回答,本质上是一种防卫型的"理解"活动。①

从"解释""理解"与"说理"之间的上述关系出发,我们不难意识到:当人们询问以及回答"为什么"时,有时并不是在说理,而只是以科学家、智者或教师的身份在揭示"隐秘原因",只是在布道或传授所谓的"科学"知识。譬如,某专家可以从心理学上告诉你为什么会失眠。他给你引入了大量心理学的理论和观点来向你解释"失眠现象",但从未想过你会怀疑他所引用的心理学理论,因而也不追求让你理解他的这种观点为何是对的。类似这样解释而非说理的情况,我们生活中有很多。解释者往往以一种"单纯传授"的"居高临下"姿态,或者简单地告诉你"是什么"或"该如何做",或者只是抛出所谓高深的"大道理"或"新技术"。它们或许是授课的一种必要形式,但一定不属于"说理"。授课式的解释,或许很严肃认真,也可以做到详细和耐心,但最终可能还是不被人理解。之所以如此,正是因为解释一种现象,毕竟不同于理解对于一种现象的解释。解释之人有时会用对方更加听不懂的词来解释原本对方就听不懂的话,而为了让人理解,说话人则需要站在双方的共识之上给出对方听得懂的"理由"。

不过,认识到"解释"之不同于"理解"并不意味着我们否认二者在我们的

---

①　这里的"防卫"一词提示我们:说理,是基于对话的、在拥有不同意见的多人之间开展的一种活动。关于这一点,本讲第三节会展开。

言语或思想活动中经常结合着使用,更不是说科学家所提出用以解释万物之理的各类知识或理论跟我们说理无关了。代表万物之理的科学道理与说理的相关性,至少体现在两个方面:首先,我们可以借用某某科学道理(尤其是得到会话各方认可的)来为自己的某种认识判断加以辩护,从而获得其他人的理解认可。譬如,你问我为什么要投资黄金,我可以援引经济学货币理论以及当前经济形势作为"理由"。其次,尽管说理之作为"理解"所直接针对的不是所要"解释"的外部自然,而是人类的言行,但当"解释"被称为人的言行活动时,它也可以成为理解和说理的对象。我们不仅看到有人借助于科学道理来解释某种现象得以发生的"原因",有时也会看到有人对科学家所谓的"原因"或"知识"进行评估并提出支持或反对的理由,而后者通常就是在说理了。譬如,前述那位专家可以向其他同行证明自己所提出的用以解释你失眠的这套心理学理论为何比其他人的理论更值得信赖。为此,他需要说明,凭什么(理由)让我们相信他所指的"原因"才是真正的原因所在。当然,从科学工作的一般程序来看,最简单且有力的证据就是:他这套理论能成功解释更多的失眠现象,而且比其他所谓"原因"解释得更好,能准确预言的现象也更多。①

最后还要指出,虽然我们坚持从概念层面区分"理由"与"原因"以及"解释"与"理解",并基于这些区分把说理定性为一种重在交代理由、旨在理解与被理解的言语活动,但我们完全没必要因为这些区分而否认"理解"与"解释"之间以及"理由"与"原因"之间存在一种内在关联甚至可以在某些时候(尤其是口语中)实现某种转换。譬如,"为什么人会死?"这貌似无一例外是在追问"原因",但它确实也可能是(以一种省略式)说"你为什么认为人会死?"从而变成一种对于"理由"的追问。同样地,"为什么天突然下雨了?"实际上可能

① 从某种意义上可以说,关于事物或现象之原因的解释性说法,更像是出现在我们论证或说理之中的一个有待辩护或已经得到辩护的观点。或者如有些学者所指出的那样,"出现于某一论证内部的解释,应该被视作单独的一个主张。实际上,它可以表示为一个加长的前提句或结论句。"参见 Ronald Munson and Andrew Black, *The Elements of Reasoning*, sixth edition, Wadsworth, 2012, pp.21-22。

是在(以一种省略式)说"你为什么认为今天下雨很突然",从而也变成了对于"理由"的追问。事实上,正是有了这种概念上的区分,我们才看得清原本两种不同的意思何以能彼此转换。譬如,"为什么人会死?"如果回答者直接交代"原因",譬如他回答说"是因为病而死",那么,这通常不被认为是一种说理,因为他交代的只是"原因"而没有"理由",尤其是他没有说明凭什么(理由)要我们相信"生病"而非"意外""战争"或是"衰老"才是"人死"的真正原因。但是,从另一种意义上看,他的确又像是在说理:他是在用"见到很多人生病而死",来论证"他为什么认为人会死"。

▦ |小练习|

下列话可能是某些文章的标题(有的来自"知乎",也有的来自"微信"公众号,也有的来自某一本"十万个为什么")。揣测作者在正文中是准备说理的吗? 如果不是,你可以通过什么样的追问,迫使其说理?

■ 为什么计算机也要睡眠?

■ 中国 Top 3 大学是哪些?

■ 计算机、金融专业的就业前景会持续光明吗?

■ 给自己挖坑栽跟头是怎样一种体验?

■ 大事难事,看担当;逆境顺境,看胸襟。

■ 心小了,所有的小事就大了;心大了,所有的大事就小了。

■ 人是如何变强的?

■ 脑袋上有多少头发才算秃头?

三、说理就是对话情境下的推理

当我们把说理当做对"为什么"的一种回答时,或有读者觉得这种定义略显随意,不够正式。现在,我们来换个严肃和庄重一点的说法:说理就是会话情境下的推理,是批判性思维的集中体现。与前者比起来,后面这种学术化表达并没有额外增加什么内涵,不过它的确提供了一个新视角来帮助我们把握说理之本性,借此也可深化我们在前一节中对于认识判断之理的理解。

1. 说理的"理"是推理的"理"

从上文关于原因与理由之间以及解释与理解之间的区分,我们已经明白:说理的"理"仅限于人类思想(言语)的"理"。为进一步突出这一点,可以更确切地说,本书所谓说理之"理"其实就是人类推理论证之中的"理"。在此意义上,英文中的"reasoning"①一词既可以作为"推理"也可以作为"说理"的译名,只是在现代汉语中"推理"多用于逻辑学等专业领域的学术研究,而"说理"更接近于日常用语。

"说理"之作为"推理",我们需要强调,它是人类典型的一种思维活动,但也不能与"人类思维"画等号。通常认为,我们思维活动的单位有概念、判断(或命题)和推理(或论证)。② 如果说概念的思想品质是"明确",判断的思想品质是"真",那么,推理的思想品质就是"合理"。虽然判断总是由诸概念组合而成,推理又是由诸判断建构而成,但就三种思维活动单位的品质而言,唯独推理才有"合理性"可说。因此,当有人只是简单提到某一概念或做出某一判断时,他并不是在说理。"说理"所要展现的主要是推理之品质,它的本质在于:查看或追问某种凭借特定概念和判断所建构的推理是否具有逻辑上的合理性,即是否能由其中的前提推出其中的结论,其中的"理由"部分能在多大程度上支持"观点"部分。

推理之于概念与判断的不同,可以为我们从言语表达上识别一个人是否在说理提供一种检验方法。因为,一般而言,我们都用词语或短语来表达概

---

① 需要注意:在英文中,"reasoning"侧重于一种活动,不同于作为客观实在或人类官能的大写"Reason"(通常译为"理性")。

② 在一些学术文献中,"命题"与"判断"之间以及"推理"与"论证"之间存在进一步的区分。本书中将忽略这一点。

念,用句子表达判断或命题,用由多个句子组成复句或段落去表达推理或论证。词语(短语)与句子段落的差别通常比较容易看得出,因此,我们不会把光秃秃的一个概念混同于命题或是推理,也不会把孤零零的一个命题混同于推理。譬如,倘若只是提到"上帝"这个概念,它就没有表达判断,更没有做什么推理,于是,我们既不能说"上帝,是合理的",也不能说"上帝,是不合理的"。同样,倘若只是提到某人关于上帝的一种判断,譬如,"上帝存在",由于这只是对某人信念的表示而已,并不涉及由此推彼的问题,所以不属于推理,也就既不能说"你认为上帝存在,是合理的",也不能说"你认为上帝存在,是不合理的"。① 相比之下,凭借一些"推理"标志词(如"之所以这么说,是因为⋯⋯";"理由如下,⋯⋯";"有关证据包括⋯⋯";"据此可以断言⋯⋯";等等),我们一般也可以认出那些明显属于推理的言语表达。比如,某人说:"我完全设想不出上帝的样子,据此有理由断言上帝不存在。"这就不再只是概念的引入或简单下一个判断,而属于真正意义上的推理,于是,别人就可以合法地(尽管不一定是公正地)评断"你因为设想不出上帝的样子而断言上帝不存在,是不合理的",或是"你因为设想不出上帝的样子而断言上帝不存在,是合理的"。

　　不过,单凭言语表达来识别"推理",并非总是显而易见的。有一些棘手的情况,需要引起注意。(1)带有"所以"或"导致"等联接词的句子,可能只是在表达一种因果关系命题,而非真正意义上的推理。譬如,"我遇见你,所以我喜欢你",或者"我离开你,所以我想念你"。这两句话都包含两个子句,但其中的子句并非表示说话人的一种认识判断,倒更像是对于某种自然事件

――――――

　　① 我们这里讲:既不能说"上帝,是合理的",也不能说"上帝,是不合理的";既不能说"你认为上帝存在,是合理的",也不能说"你认为上帝存在,是不合理的"。所有这一切的"不能说",并不是因为我们自身认识的限度甚至无知所导致,而是依据我们语言和思想内在的一种要求,即"不能违背语法和逻辑"。顺便提及的是,如果有读者依然觉得可以而且只能说"'上帝'这种观念是不合理的"以及"你认为上帝存在,是不合理的",那么我要提醒一下:他多半已经把"合理性"混同于某种狭义的"科学性"(即,现有科学所接受并能加以解释的)了。如果有人换作说"'上帝'这种观念不科学"以及"你相信上帝存在,是不科学的",我倒更愿意赞同。

的"无意识"描述,所以,它们表达的是两个自然事件之间的因果关系,而非两种认识判断由此推彼的逻辑关系。其中的"所以",替换为"然后就"(and then)或许能减少误解。相比之下,"我喜欢你,所以我陪伴你",或是"我心疼你,所以我离开你",其中的"所以"就不只是"然后就"之意,而更像是在通过推理去表达某种行动理由,即,由"我喜欢你"这种判断出发,推断"我应该陪伴你",或由"我心疼你"出发,推断"我应该离开你"。再比如,"下雨导致地面湿",其中"导致"一词所表达的也是"下雨"与"地面湿"等自然事件之间具有的前后因果关系,并不意味着说话人一定在推理。能明确表示说话人在推理的言语表达法,应该是"刚刚应该下雨了,因为现在地面到处都是湿的"之类的。[①](2)各种所谓的"心灵鸡汤"也会用或长或短的话表达一些判断,它们很可能让你感觉很励志或暖心,从而诱使你认为是其中的"说理"或"推理"让你信服了。但是,这多是错觉。往往,你在冷静观察后会发现,其中根本没有做任何推理,说这些话的人不讲自己的支持理由,也不听别人的反驳理由。譬如,"年轻时一心想着事业和金钱,到后面才发现亲情和友情的重要。"与其说是这句"心灵鸡汤"所提供的什么"理由"让你信服了其中的某种判断,毋宁说它(以一种精致甚或诗意的语言)道出了你内心原本就相信或愿意从此开始相信的某种东西,即亲情和友情比事业和金钱重要。但是,你相信一种东西,跟你基于推理而相信一种东西,并不是一回事。[②]为了更进一步认清这种"心灵鸡汤"完全不涉及说理,我们不妨设想另外一群人原本不拥有这句话所表达的信念,他们可能对这碗"鸡汤"完全无动于衷(因为"鸡汤"里没有任何试图让他相信的理由),反倒是对所谓的"毒鸡汤"(如"我年轻时以为金钱至上,而今年事已迈,发现果真如此")钟爱有加。与其说"毒鸡汤"能从推理上驳倒"心灵鸡汤",毋宁说"毒鸡汤"可以

① 细心的读者或许会发现,跟因果关系在时序上要求"因"在前而"果"在后不同,在推理关系中,涉及结果的句子可能充当"前提",而涉及原因的句子却充当"结论"。推理之"前提"与"结论"的关系,强调的是说话人的认知次序,而非一定等同于事件本身的自然序列。

② 这里涉及"非衍生性"信念,可以看看本书"绪论"第二节第四小节,也可参看后面第六讲。

粗暴地取代"心灵鸡汤"的地位,因为二者所表达的信念都未经过推理,就此而言是可以平等相待的。①

敬告读者

本书谈到这里,或许已经涉及与一些读者内心信仰或价值信念相冲突甚至让他们反感的观点,类似的例子在后文还会不时出现。笔者希望在此郑重声明:(1)对于本书所涉说理实例的政治或道德内涵,我尽量不持立场,也不强加任何立场于读者。(2)如果有关论证实例的结论与你深刻相信的某种价值相违背,甚至触发了你激烈的情绪,请尽量把注意力转回论证本身上,即前提与结论之间的逻辑支持关系。要知道,在说理课上,大家完全可以持有许多彼此冲突的"非逻辑"(但并非"不合逻辑")信念!事实上,正是这种信念冲突才使得说理成为一种必要。而且,即便我们说"逻辑对于我们完善信念大有帮助",但是,在逻辑法则之下,我们最终要相信什么,还是我们每个人自己的事情。②

---

① 从说理的视角看,不论是"心灵鸡汤"或是"毒鸡汤",都可以作为论题,设法为之提供支持或驳斥的理由。读者不妨可以试试看。不过,通过这里的分析,我们的确能看到,如果你不相信某些"心灵鸡汤",又不打算采取说理的方式,或许最为奏效的"应对方式"就是"不关注"(don't care),或是干脆拿出一碗"毒鸡汤"与之对抗。除了正文中的那一组例子,其他很多用于对抗"心灵鸡汤"的"毒鸡汤"也曾在网络上传播。譬如,当一部分人说:"上帝为你关上一扇门,一定为你打开另一扇门"时,另一部分却说:"上帝为你关上了一扇门,然后就去洗洗睡了"。当一部分说:"真正努力过的人,才会明白其中的奥秘"时,另一部分却说:"真正努力过的人,就会明白天赋的重要"。当你说:"长得好看的男人都不靠谱",别人或许接着说:"那不好看的呢? 既不好看,又不靠谱!"当你反问:"你以为只要长得漂亮就有男生喜欢? 你以为只要有了钱漂亮妹子就自己贴上来了? 你以为学霸就能找到好工作?"别人或许竟然说:"我告诉你吧,这些都是真的!"在你反问:"你以为有了钱就会像你想象中那样快乐吗?"时,别人或许答复说:"不,你错了。有钱人的快乐,你根本想象不到。"

② 信念有差异的人,是可以共享"说理"方法。正如王鼎钧当年曾劝告中学生那样:"现在,你可以用这个方法写《〈红楼梦〉是一本坏书》,以后,你进了大学,意见改变了,可以用这个方法写《〈红楼梦〉是一本好书》。意见也许是一时的,方法是长久的。"(王鼎钧:《讲理》,北京三联书店 2014 年版,第 70 页)读者在本书第八讲中会进一步明白,说理之功用,很多时候不是强迫你接受某一结论,反倒是提醒你不要遗漏其他的可能性,因而说理之人在不同的条件语境下完全可以正当地持有不同的结论。就此而言,说理具有一种解放思想的启蒙力量。这种"思想解放"与说理致力于追求的"思想严谨"并无冲突。因为,很多情况下,正是为了"严谨"才考虑了"多种可能性"。

2. 说理是一场基于推理的平等对话

说理之作为推理,意味着它是一场严肃的对话,不论正式程度如何。① 推理之所以关注前提与结论之间是否以及在何种程度上具有支持关系,是因为推理之人明白那不是一个人"说什么就是什么"的事情。从本质上看,推理是邀请他人参与进来的一场对话。它不是自说自话,总是同时涉及"说者"(立论方)和"听者"(质疑方)。它也不只是"给出理由",而是要与他人"交换理由"。换言之,我们在推理时始终要提醒自己是"跟谁在说理"。

千万不要以为推理只是一个人的事情。即便是你一个人在独自作报告或独立写论文,总是预设有(至少是虚拟的)听众或读者作为你的对话者,而根本不是你个人的"独白"。在实际的或设想的听众/读者中,有一群人是你作为推理者特别关心的,他们就是跟你之间存在意见分歧的那些人,也正是你的"对话者"。② 日常生活中有人或许指出"分歧不利于对话",但其实不要忘记事情的另一面:假若原本就没有分歧,假若没有任何人曾怀疑过或大多数读者/听众都不会怀疑你所持有的某一种判断,对话就完全没有必要了。所以,必须意识到,先有怀疑,然后才有推理的必要性。即便是一种显然有真假可言的命题或信念(譬如,科学上的一条论断,对于刚刚发生事件的描述,一个人讲述的故事),倘若你在某个实际语境下找不到任何怀疑者,此时你也就没必要通过推理为其可信性作辩护了。

说理之作为推理,第二点需要强调的是,它一定得是平等对话。所谓平

---

① 最不正式的"说理"莫过于日常争论或吵架,但依然是一种严肃的对话。最为正式的"说理",应该是各种学术论文,包括大学生作为课程论文的 Essay,也包括学位论文(dissertation 或 thesis)以及其他各类研究论文(researched paper)。

② 当然,我们这里的对话者是特指说理意义上的。在日常生活的某些场合下,不是任何与你意见分歧的人,都可以拉过来"申诉",他还得是在法律程序上对你留有说理空间的人。譬如,对于你遭遇的一次你认为不当的执法行为,只能事后找专门的接待机构,而不能对着具体执法之人"说理"。因为具体执法之人,很多时候并不关心"执法"正当与否的问题,因此,他对你的意见主张压根就不感兴趣。

等,主要是指:对方不只是你所提出之命题的接受者,他们同时也是批判者和评价者。就此而言,当你在"说出理由"进行推理时,必须始终把对方的反应考虑在内。正如一位学者所言:"推理作为一项活动,是邀请他人看清你所看清的东西,而不是强迫他人认同你。"①你可能在开始推理之前已经认定有很多东西是不容置疑的。但从平等对话来看,在对方确认或认可之前,没有什么是不容置疑的"理由"。因此,你必须保有充分的耐心,不仅要在一开始为各个作为"理由"的主要命题提供可查证的权威出处,而且要善于从对话双方的共识(而非只有你一个人坚信的东西)出发,一步一步"推"到某种结果。从说理的角度来看学术论文,论文的主旨之一就是向不确定的他人(但属于特定的读者群)分享你心中的诸种理由。所以,论说文的关键不是提出你认为的理由,而是想方设法让读者大众也能共享你的这些理由。千万不要说,你有某种理由是无法分享的,因为从说理的本性来看,不具有公共性或无法分享的所谓"理由"都并非真正的理由。这种分享,类似于你向法庭或陪审团举证,你心中再多的所谓"理由"都必须得到他人的认可,方能作为用得上的支持性理由。

说理之作为推理,还有一点需要指出的是,说理或推理总是有目标方向的,以区别于闲聊型的说话。由于说理是一种起始于分歧的对话,所以,说理的目标就是平息怀疑,并由此确定一种信念。如果你原先持有一种对方所怀疑的"主张",你说理的"终极"成功就在于让对方不得不放弃原先的怀疑——否则,他将会陷入逻辑矛盾。当我们在这里说"说理的目标在于平息怀疑"时,笔者料到会有读者感到困惑。他们可能指出一个事实,即,在典型属于说理的大量科研论文中,科学家们经常把自己的研究成果称作某种"发现"。譬如,2004 年,日本科学家团队宣称"发现"了 113 号化学元素。对此,我们的解释是:所谓"科学发现"虽然的确往往意味着最早由某一个人或某一群人首次发现了什么,但它们之所以被称作"重大的科学发现",关键还是因为那是一

---

① Anthony Simon Laden,*Reasoning:A Social Picture*,Oxford University Press,2012,p.vii.

种对话情境下的推理所得。以"113 号元素"为例,据说在日本之前已经由其他国家科研团队合成了这一元素,但之所以日本团队才被认为是 113 号元素的"发现者",那是因为他们首次通过大量证据平息了同行科学家们的可能怀疑,从而确定了"这是不同于之前 112 种元素的新元素"这一信念。类似这样的"发现"在科学研究中并不乏见,但任何"发现"之所以被认为是发现而非重复,那其实是一系列面向对话者进行推理论证的结果。

3. 为何需要从推理角度来理解"说理"

本节中,我们已经在"说理"与"推理"之间搭建起了一种统一关系。不否认这两个词在日常话语中并非总是作为同义词使用,但在笔者看来,从推理角度来理解"说理",在当下大学通识教育中有着特殊的意义。

首先,相比过于笼而统之的说法"说理就是讲道理","说理即推理"之说更能凸显说理作为一种思维训练的严谨性。"说理就是讲道理"一说至少存在两个问题:(1)"道理"是多义词,可能是指"物理学"或"心理学"中的"道理"或"知识",也可能是指"理由的提供",也就是说它混杂着本讲第一节中所提到的两种对于"为什么"的探寻。但只有后者才是我们真正意义上的"说理"。(2)它容易给人一种暗示,似乎"说理"只需把原本隐藏或不知道的某个"道理"讲出来即可。然而,实际上,只有"推"的过程才有"合理性"可言。从推理的角度来看,很清楚:说理之所谓的"理"并非某种固定属性,更重要的是表达一种关系。这种关系就最简单的情形来说是"前提"与"结论"之间的二元关系,而更多情形下是意味着一种三元关系:由事实 X 出发,基于 Y 之类的规则或道理,推出结论 Z。不止是三元关系,我们在第二讲中将看到,影响推理的其实还有其他方面的因素。

其次,站在"说理即推理"的高度上来看待国际上流行的"critical thinking","推理意义上的说理"或许比当前译名"批判性思维"更能达意。让我们来粗略分析一下"critical thinking"这个英文表达。由于"thinking"一般对应现代汉语中的"思维"一词,余下对于"critical"的理解将是关键。根据韦氏词典

(Merriam-Webster),"critical"一词常见有三种释义:(1)"Expressing criticism or disapproval";(2)"Of or relating to the judgments of critics about books,movies,art, etc.";(3)"Using or involving careful judgment about the good and bad parts of something"。这三种释义在我们当代汉语著作中似乎也都存在:释义(1)类似于我们在严厉或不友好地批斗某人时所谓的"批判"(如"文化大革命"期间的大批判);释义(2)类似于我们文艺批评或科学评论中所见到的那种"批判";释义(3)类似于学术界所用的"康德三大批判"或"批判性思维"。① 不过,在非学术的日常汉语中,只有对释义(1)的情况才用"批判"一词,对于释义(2)的情况则会选用"批评"或"评论",对于释义(3)的情况则会选用"审辨"或"辨证分析"。② 所以,读者在沿用"批判性思维"这一译名时,一定要注意:其所谓的"批判性"更多体现为一种审慎的辨证分析。但到底如何才能更清楚地表达其审慎性或辨证性之意呢? 笔者认为,鉴于在现代汉语中"说理"和"推理"已是我们较为熟悉的惯用词,如果在把"critical thinking"直译为"批判性思维"的同时,能指明"推理意义上的说理"作为其意译,读者或许能免去很多困惑。

四、有关说理的几个认识误区

当我们以"说理"这个日常用语作为书名的关键字时,有人很可能将之视

---

① 不过,从词源学上看,"critical"一词的希腊词源为"κριτικός"即"kritikos",意思为"跟判断或判断力有关的",所以接近于这里的释义(3)。

② 从当代英语文献来看,与"critical thinking"相关,比较流行的同类说法还有"critical reading""critical writing""critical edition"和"critical analysis"。在学院生活中,"critical reading"对应于上述"critical"的释义(3),通常译为"批判性阅读"。"critical analysis"也对应于释义(3),可译为"批判性分析"。具有复数形式的"critical writings"则对应于"critical"的释义(2),可译为"带有评论性质的文章"(或"评论文")。我们的说理文作为一种充分考虑异议的结构化写作,既包含有"critical reading",也可以看做是一种"critical writing",只是比通常的评论文更具建设性。至于不带复数形式的"critical writing",与"descriptive writing"(描述性写作)相对,接近于"critical"的释义(3),可译为"批判性写作",本书所谓的说理文乃其典型代表。另外,"critical edition"接近于释义(3),但通常又有专门所指。在韦氏词典关于"critical"的释义中有一条是:"including variant readings and scholarly emendations"(附有不同解读法以及学者校订)。据此,"a critical edition"可译为"学术版"或"评注版"。

为过于简单因而无"学问"可谈的一个话题。然而,通过前文的论述,相信读者已经感受到,越是在人们生活中习以为常的东西,人们越是容易"囫囵吞枣"。在正面论述说理之本性之后,本讲最后将引领读者对照和分析若干常见的认识误区,以便能从更多维度领会本书所谓"说理"之要义。①

1."说理无非就是讲别人不知晓的事情"

我们每个人都不是无所不知,每一个人又都或多或少知道别人所不知晓的一些事情。当然,有人知道得多,有人知道得少。基于这种差别,有一种声音认为,说理就是讲别人不知晓的事情,因此,谁知道得最多,谁就最有资格说理。这是关于"说理"所存在的一种常见误区。之所以说其中有认识偏差,并不是因为说理本身不包含任何新东西,而是因为说理所要呈现的绝不是"信息量"由"已知者"向"无知者"的单向传递。从根本上讲,我们之所以需要说理,往往是因为参与对话的各方都已经知道些什么却对于某种情况无法达成一致意见,于是,各方通过让其他人注意到他们原本可能遗漏的信息来说服对方。但在说理过程中,每一方都不只是"新信息"的提供者,同时也可能是"新信息"的接收者。更重要的是,说理之人试图让对方关注的那种"新信息",可能并非有关自然和社会的经验或知识,而是关于某一推理步骤是否奏效的反思结果。在此意义上,说理之人所坚持的某一种观点可能之前已有很多人持有(因而算不上"新"),但他却以一种"前人所未知"的"新颖方式"论证了为

———————————

① 有理科生读者或许注意到,本讲对于"何谓说理"的讨论,并未达成数学上的那种定义。是的,我们没有给出也不追求对于"说理"的那种抽象定义。这是因为当我们从哲学上谈论"说理"这一概念时,已经预设读者对其有初步的认识,而本书这里所要作的"定义"工作顶多只是帮助你们廓清其中的混乱之处。这是哲学与数理型科学界定它们的概念时的一个重要不同,对此,哲学家柯林伍德曾谈到:"初入哲学之人发现自己要听人讨论对错、真假、苦乐等等。倘若他向老师说:'我不知道何谓对错,请在讨论之前先给我下个定义。'他的老师一定会回答:'我正试着尽快给你提供一种定义,但假若你在幼稚园学过的东西不足以让你跟上我关于对错之本性的讨论,你最好回到幼稚园去。'因为任何哲学研习一开始时我们都已对所谈话题知道些什么,正是在此基础上我们继而懂得更多……"(R.G.Collingwood,*An Essay on Philosophical Method*,Oxford University Press,2005,p.97)。

何"旧"观点是正确的或是更有参考价值的。

2."提供的真实材料越多就越显得有理"

很多时候,说理是需要大量材料的,而且得是真实的。关于"真实材料"的获取,人们在过去曾依赖教科书或报刊,今天的网络时代则简单得多,只需简单的"复制—粘贴"即可完成。所以,今天很多人在说理(包括写论文)时满足于从互联网上下载各式各样的所谓"真实材料",以为只要提供的材料是真实的而且足够多,就能显得更有理。但他们在做"复制—粘贴"式的搬运工时,往往忘记了"真实材料"并不直接代表着"理由"。理由总是相对于什么才成为理由的。也就是说,再多的真实材料,必须跟你的观点相关才有资格作为理由。事实上,相干性才是"材料"之作为理由的品质,数量并不怎么重要。我们可以回想一下小学生写检讨书的事情,是不是谁写的字数多,谁就越能认清错误呢? 显然不是,至少我们已经发现,有些学生东拼西凑的几页纸,在老师看来,还不抵另一位学生的半页纸。"检讨书"可以看做是一种说理,即向老师讲明你是否以及何以认为自己的某一做法是不对的。以此来看,"理由"并不是以量来评价的。再有一个反例是,在美国第 45 任总统大选期间,单从所谓"真实材料"(至少是反映在各种传统媒体和新媒体上的)数量来看,支持"希拉里胜选"的所谓权威言论、调查数据何其多,甚至还有援引关于印有特朗普头像的厕纸销量最高的"材料"。但是,说理难道就只是这样堆砌材料吗? 有心的读者或许早就注意到了,当我们读到一篇自己欣赏的说理文时,发现其中所讲的事实或道理都是自己此前都了解或不难获取的"平凡无奇的"材料,但为什么这些东西(在自己这里不行而)到作者那里却能形成如此清晰而有信服力的文字呢? 那是因为这些材料经过特别的组织整理而转变为了"理由"。是说理让材料显出力量,而材料本身再多堆砌也不等于说理!

3."说理就是居高临下地教训人"

读者可能听说过这样虚构的对话。一个文艺范的青年人说:"世界那么大,我想去看看。"而另一个现实派的老者却教训他:"世界那么大,你凭什么去看看?"后者这种"居高临下教训人"的姿态,有时会被认为是说理之人所特有的。这是很不公正的!殊不知,对于"批判性思维"最肤浅的解读莫过于"哈哈,我抓到你了,你又说错话了!"毫无疑问,正是因为对话各方存有分歧,我们才说理的。但是,说理绝不是向对方"吹毛求疵"或"挑刺儿"。说理之人旨在追求真理,却并不是真理的代言人。尽管他知道"理正泰山倒",但他绝不预先设定自己的结论是绝对正确的、不容修正的,他毫不动摇坚持的更多只是说理的方式。说理之人,为了能知道说什么才好,往往懂得心平气和去倾听①,并鼓励对方讲得更多一些,就像《柏拉图对话篇》中的苏格拉底那样②。甚至输赢对于说理之人也不是重要的。

　　说理不是非要辩论出一个我对你错的结果。当说理非要辩论出一个我对你错的结果时,它需要借助外在形式、程序或权威的"决断",如法庭的"判决"、通过投票或其他方式的"表决"、来自专门人士的"裁决"等等。这些决断是外在于说理的,尽管它也需要在一个更高的层次上有所说理。③

借用古希腊智者芝诺的话,我们可以说:说理不是"攥紧的拳头"(closed fist),而更像"摊开的手掌"(open palm),④其要义在于"从对话中寻求彼此理解,达成新的共识"。有研究批判性思维的学者指出:对于批判性思维,一种偏弱的理解是"运用批判性思维技巧来捍卫你自己当前的信念";一种偏强的理解则是"运用同样一些技巧来评估所有的主张和信念,尤其是你自己的那

---

① 在此意义上,"理性"是与"平和"相连的。此种"平和"心态与"永葆激情"或"立场坚定"不应该是彼此不相容的。

② 据说,苏格拉底之所以被称为雅典最有学问的人,正是因为他知道自己无知。鉴于人总是有妄自尊大的劣根性,苏格拉底这种"有学问的无知"至今仍被作为"真正意义上的哲学家"之典范,启发更多人要保持一颗谦抑的心。

③ 徐贲:《明亮的对话》,中信出版社2014年版,第35页。

④ Cicero, *De Finibus*, Book II, 17.

些"。① 只有后一种意义上的"批判性思维"才是说理之人的姿态:做一位"学习者",而不是"斗士"。如果非要说有输赢的话,那么,说理的结果应该是对话各方的"共赢"而非"零和"(zero-sum)。

4."与人说理就是劝说人"

从实用性来看,不少人会把"劝说人"作为说理之根本。这其中包含着很大的误解。说理,的确是要让人相信什么(convince someone of something),但是,其途径是有讲究的,它要做的是以理服人。服人,是其理想的结果,但并不是说理之成为说理的"必要条件"。通常认为,我们若要以非暴力的方式让一个人接受某种观点,可以采取说理的方式,也可以不采取说理的方式。前者的工作机制主要是"convince",类似于汉语中所说的"晓之以理"或"摆事实讲道理"。后者的工作机制主要是"persuade",类似于汉语中所说的"动之以情"或"好言相劝"。② 只有通过提供理由或证据来达到说服人的目的才叫作"以理服人"。如果完全脱离"以理服人"来追求"劝说人",那么,所谓的"说理"就很可能演变为教会、政党的"宣传"(propaganda)。很多商家的广告,其实也类似这样的宣传。③ 在宣传的艺术中,至为关键的是"套路"而非"说理"。④ 哲学家斯泰宾(Susan Stebbing)在《有效思维》一书中有专门一章谈到宣传之不同于说理。做广告的人只希望以最有利的形式呈献他的货色,而不会向我们

---

① M.Neil Browne and Stuart M.Keeley,*Asking the Right Questions:A Guide to Critical Thinking*,11th ed,Pearson,2015,p.8.

② 参见陈嘉映:《何为良好生活》,上海文艺出版社 2015 年版,第 20 页;C.L.Stevenson,*Ethics and Language*,New Haven:Yale University Press,1944,pp.130-40。

③ "propaganda"一词,源于中世纪的罗马教会。在现代英语中,这个词有时用作贬义词,含有"不诚实""误导大众"等意思;不过,有时也用作中性词,泛指为着特定目的而试图影响他人意见或行为的任何一种表达方式。在现代汉语中,"宣传"通常是作为中性词使用的。

④ "广告"或许也有提供理由的,但大多是不提供购买理由的广告。后者"主要分为三类:(1)触动人们心情的广告(如借助幽默、优美的途径、可怕的场景、悠扬的音乐、感人的画面);(2)描述该产品正被我们崇拜的或是与自己同类的人(有时这些人是演员,有时则不是)所使用的广告;(3)描述该产品所使用的环境正是我们希望自己置身的环境。"参见[美]布鲁克·诺埃尔·摩尔、理查德·帕克:《批判性思维》,朱素梅译,机械工业出版社 2012 年版,第 80 页。

提供全部信息让我们对他的货物的价值做出独立的判断。这里,由于广告商所提供信息不全,原本是无法对商品品质做出有效判断的。但是,广告商估准了我们很多人不喜欢想太多,因此他们的做法就是通过心理暗示的力量,诱使人急于下结论。

> 反反复复的肯定具有影响行为和灌输信念的力量,这个道理不仅是出售货物的人知道,在公共场合演说的人也知道,尽管他们从来没有想到过人类有这么一种奇怪的特征。当然,这种特征之所以显得"奇怪"是因为我们忘了,总的说来,人类不是理性的动物。真奇怪,我们会忘了这一点。广告家倒是对人性有更多的了解。①

实际上,相比"宣传"仅仅追求说服的效果,"说理"更强调相互学习和理解的过程。后者懂得,真要说服一个人有时会极其容易(譬如,通过"迎合"或"诱骗"等手段),有时又极其困难(譬如我们要去说服一位否定真理或知识的怀疑论者或愤世嫉俗者),所以,结果有时并没有那么重要,关键是参与说理之人能否在对话中彼此共进——当然,你首先得找到合适的或真正的对话者才行。

5."一切都需要给出理由"

有一种在知识分子中尤为流行的声音是:我们在相信什么东西之前,必须先把它置于理性法庭之上进行审判,能给出充分的理由者方可被接受。"理性法庭的审判"这种源自近代启蒙主义者的口号,是诱人的,也是误导人的。要知道,即便是法庭,也有不受理或不予立案的情况!② 我们说的话有时会产生不好的效果,我们所做的事可能会失败,这些并不证明一切话语和行动都要有理由才行。有些话和事,(至少在某些时候)无所谓对错,因而也就没必要

---

① [英]斯泰宾:《有效思维》,吕叔湘等译,商务印书馆2008年版,第60页。
② 关于"理性的法庭"这一说法,还有一个需要提防的地方是:我们在实际生活中进行说理时,往往是分不同领域设置不同的"理性法庭",而且这些法庭并非坚持完全一样的程序和标准。相关内容,可参见本书第九讲第二节。

为之正确性作辩护。譬如,有人对你说:"我刚刚看见了我的一位中学同学。"你可以提醒他可能看错了,但无法要求他提供理由。事实上,理性只在感官无力之时才登场。本书"绪论"中已经提到,我们的信念可以大致分为衍生的与非衍生的,前者是有理由的,而后者则是无理由的。① 你可以认为,此种非衍生型信念是某种意义上的偏见。但这种偏见顶多是诠释学意义上我们人人(作为个人、阶级、职业、种族)都有的"前见"(pre-judice)而已,并非什么贬称。② 作为说理之人,我们有时只需要确认那是一种未加证明也无需证明的"前见"即可,并不会由此显示一种傲慢。③ 反过来,倘若你不在说理,你说出一句话之后,别人不讲理由而直接反对你,那倒不属于"真实的怀疑"。对此,你不用"理"(作动词用)他,因为一开始的举证责任是在质疑方。而只有在你自己打算说理之后,举证责任才转移到断言方。④ 这就好像是提出控告的原告方必须先提出足够的理由方能被立案;而只有在立案之后,被告方才有必要举证。因此,我们也会发现:美国食药监局(FDA)要让商家提供某种无风险证明,必须先证明这样多出的风险检查是确有必要的(如,消费者个人无法完成,必须由商家提供)。⑤

要点整理

■ 人类不少发挥正常功能的话语,其实无所谓合理不合理,因为它们未曾或原本就不准备交代任何"理由"。而作为一种常见的言语方式,

---

① 譬如,与论述"我与你"的公共话语不同,那种记录"我与我"的日记体文字通常是不需给出理由的。

② 也可参见《电视机》一文,载于王鼎钧:《讲理》,北京三联书店 2014 年版,第 197—216 页。

③ 对于其他人所持有的不同于自己的"前见"不予同情,那才叫"傲慢"。伟大的论文,并不是消灭一切偏见,而是在已明确的"前见"下试图减少偏见。

④ 当然,尽管每一方都负有举证责任,但所要证明的东西还是不一样的。

⑤ 相关例子,参见 Stephen Toulmin, Richard Rieke, and Allan Janik, *An Introduction to Reasoning*, New York and London: Macmillan, 1984, p.106。

"说理"所对应的只是那种已经交代理由的说理型话语。

- 正如"合理"并非泛泛而谈的"合乎道理"一样,"说理"也并不是笼统意义上的"讲道理"。"说理"所要求合乎的"理"不同于某种有关自然或社会的具体知识,而是特指人类言语思想本身的规则,违反这些规则就会导致思想不严谨或混乱。

- 通俗来讲,"说理"可看做是对于"为什么"的一种而且只是一种回答方式。它追问和探究的并非严格意义上的"原因"而是通常所谓的"理由",更多属于"理解"而非单纯的"解释"。

- 比较正式地讲,"说理"可视为动词化的"reasoning",它是对话情境之下的推理,或曰基于推理的平等对话,开始于对话者之间的意见分歧,并以消除此种分歧为直接目标。

- 说理求"新",但并非只有"结论新"才算新颖。说理求"真",但并非只是材料的堆砌。说理希望能"说服人",但仅限于"以理服人"。说理可以展示我们的"批判性思维",但并不只是挑人毛病。说理时要求"多讲理由",但并不意味着一切都需要理由。

延伸阅读

- [英]斯泰宾:《有效思维》,吕叔湘等译,商务印书馆 2008 年版,第三章"戴上眼罩的心灵"。这是我国一位著名语言学家对于一位国际分析哲学家逻辑力作的翻译。书中提出的很多关于说理的论述非常到位,例子也很有针对性。

- 陈嘉映:《说理》,华夏出版社 2011 年版,第七章"看法与论证"。该书具有较浓的哲学味道,所谈论的东西相对深沉。尽管如此,仍不乏可读性,因为书中的"论道"大多结合我们日常语言开展。

- 本讲注释中所提供的其他你认为有必要跟踪阅读的文献。

拓展练习

[1]找来你身边的一位同学、同事或朋友，彼此分享你们各自最为欣赏的说理文本，并向对方简要评价其何以吸引人。

（提示：在选择"说理"文本时，你更应该关注的不是"说什么"，而是"怎么说"。至于"说理"之好坏，读者在现阶段不必绞尽脑汁思考什么是值得你欣赏的说理文本，尽可以直抒胸臆地描述你当前一刻的直观判断。不要担心你的标准跟我们这本书所讲不同，目前这只是一个初步评价。待读完全书之后，你可以回顾该题目，看看自己前后的评价标准有何变化，尤其是，你当初最为欣赏的文章是否可算作真正优秀的"说理文"。）

[2]记录一二段你所见过的貌似说理、其实并非说理的文字。

（提示：所谓貌似说理，是指某一段文字很多人听后都相信或被说服。另外要注意，承认一篇文字是在说理，并不意味着其中每一句都是在说理，也不意味着它说理说得好。）

[3]设想你自己身处某一正式场合需要演讲或写文章，然后试着通过回答以下提问来强化"说理之自觉"：

你是在说理，还是根本没打算说理？

你是在晓之以理，还是在动之以情？

你把自己当成了"传道者"还是"说理之人"？

你认定某某为原因，有什么特定的理由？

你在讲道理时有没有设想你的读者/听众中曾有或将有不同的声音？

你何以认为这是一个说理的时机？

[4]电影《大话西游》中菩提老祖与至尊宝曾经激烈争论："爱一个人需要理由吗？""不需要吗？"假设你想对你的爱人表白，你觉得有必要在说出"我爱你！"之后继续论证你的确爱他/她吗？再假设一个人写情书，你觉得情书内容是罗列并详述各种理由从而表明"我有一万个理由爱你"好呢，还是强调缘

分和怦然心动从而显示"我莫名就爱上了你"比较好呢？还可假设，一个人在求爱遭拒后继续说"我爱你，与你何涉？"你觉得这句话对于说服对方爱他/她，能否有什么帮助？

请结合以上各种场景，纵谈"爱一个人"需要有理由吗？如果不需要，与之更具相关性的应该是什么？如果需要，应该在哪些方面寻求理由？另外，倘若是一部分"爱"需要理由，另一部分"爱"不需要理由，请分别举例。

（提示：典型而言需要说理的事情，往往意味着它们是我们有能力选择的。而如果背后导致其发生的是一种无法抗拒的自然力量，后者通常应该称作"原因"，而非"理由"。）

[5]关于哲学，有一种通俗的说法是：它是在追问和回答"我是谁？""我从哪里来？""我到哪里去？"之类触及灵魂的问题。从某种意义上说，任何人都有资格询问和解答这些问题，但是我们同时又认为，哲学家对这些问题的询问和解答似乎更为深沉。请结合实例谈谈：那些被誉为深沉的哲学家是不是在说理？他们之为深沉与宗教圣人或大师的"深沉"有何不同？你认为，一位哲学家如果不凭借说理，能做到有别于后者的深沉吗？

[6]2016年11月8日，不被媒体看好的特朗普击败热门人选希拉里，当选第45任美国总统。这一事件令很多人（尤其是进步派人士或知识分子）一度感到震惊，有些人甚至断定那些在大选中投票给特朗普的选民是不理性的。当然，后来也有学者指出：投票给特朗普的那些人其实并非不理性，至少与投票给希拉里的选民相比并不缺少理性。① 对此，你怎么看？结合你搜集到的有关信息（包括但并不必局限于脚注中的那篇文章），谈谈：你是否觉得那些选民是不理性的或不够理性？如果是，请试着陈述你的理由；如果不是，请设想投票给特朗普的选民可能是基于什么样的"好理由"。

---

① 其中一个例子是著名心理学家斯坦诺维奇（Keith E.Stanovich）公开发表的一篇题为《投票给特朗普的选民们不理性吗?》的文章。获取原文，可访问 https://quillette.com/2017/09/28/trump-voters-irrational/。

第二讲　说理的结构

第一讲中我们着重回答了"这是不是在说理?"的问题。正如我们所看到的那样,这个问题在许多读者那里并非十分清晰,而是需要我们透过自然语言现象上的重重迷雾才可以抓到其实质。但是,对于本书的大多数读者而言,"如何说理才好?"才是他们的中心关怀,它也是本书接下来持续关注并分步阐明的问题。

本讲旨在"亮相"我们课程"工具箱"中最主要的家伙什儿——图尔敏模型。它在本书中用作帮助读者理解"更好说理"的一个"支架"或"阶梯"。读者可能知道,在一般的逻辑导论教材上,对于推理的处理方式是"前提 + 结论",接下来再限定是"必然性推理"还是"或然性推理"。这种处理方式总的方向上没错,但容易掩盖一些虽然在形式/符号语言中不重要但在日常/自然语言中不容忽视的关键点。我们的课程之所以采用"图尔敏模型",与其说是要以此取代关于推理的逻辑处理方式,毋宁说是借助于图尔敏模型使得我们的逻辑分析或批判性思维更适合于日常尤其是学术说理。

案例热身

"讲理由,谁不会? 果真如此吗?"

下面是许多读者都熟悉的一篇寓言故事,在国内很多版本的中学课本也可以读到。关于故事的"寓意",我们的中学老师已经为我们指明,你自己或许又领悟到了什么新的哲理。不过,在此我们先把"寓意"放一边,专注其中的"说理"。

孔子东游,见两小儿辩斗,问其故。

一儿曰:"我以日始出时去人近,而日中时远也。"

一儿以日初出远,而日中时近也。

一儿曰:"日初出大如车盖,及日中则如盘盂,此不为远者小而近者大乎?"

一儿曰:"日初出苍苍凉凉,及其日中如探汤,此不为近者热而远者凉乎?"

孔子不能决也。

两小儿笑曰:"孰为汝多知乎?"

提起说理,很多人会说:"讲理由,谁不会?你可以讲你的理由,我还有我的理由呢!"事实上,单从讲理由来看,这是连三岁小孩都会的事情。正如故事中争论"太阳是中午还是早上离我们更近"的两个小儿那样,他们都提出了各自的理由。但是,如果对话各方你说你的理由,我说我的理由,彼此固执于自己的立场,却不考虑对方理由的好坏,就像我们有时在吵架的小孩子之间或情人之间经常见到的那样,那么,我们至少可以说,这不是一种"好的"说理。从追求好的说理(而非只是采取说理这一话语类型)的角度来看,"说理"不应该是简单化的"讲理由",而应把"讲理"与"评理"结合在一起。毋庸置疑,"说理"活动的主要一部分是"陈述理由",但这并不意味着你陈述理由时可以忽视其他人的理由以及对话者对于你所讲之理由的评价,更不意味着什么样的理由都一样好。回到故事中去看,一儿说:"以日始出时去人近,而日中时远也",他所讲的理由是:"日初出大如车盖,及日中则如盘盂";另一儿却说:"以日初出远,而日中时近也",其所讲出的理由是:"日初出苍苍凉凉,及其日中如探汤"。两人观点对立,均提供了理由,但无法评价对方的理由,甚至后来参与对话的孔子也无法评论他们各自的理由。如此一来,他们的说理走向了死胡同。对此,你怎么看呢?你觉得他们的说理在哪里不够好,可以从哪些方面完善?

　　处在科学时代的读者，或许会说：故事发生在古代，里面的"孔子"以及"两小儿"都不懂科学，倘若他们掌握自然科学上关于"热传导""光折射""大气层"等方面的专业知识，就可以有"更好的说理"了。但简单地引入现有的此类科学知识，很多时候只是解释了为什么我们普通人眼中看到"日初出大如车盖，及日中则如盘盂"，身体感到"日初出苍苍凉凉，及其日中如探汤"，却并没有让我们理解为何我们最后应该相信太阳在中午比在早上离我们更近（或是太阳在早上比在中午离我们更近）。假若有读者断言"太阳在中午与在早上离我们一样远"，并援引地球自转同时也绕太阳公转等天文学知识作为其理由，我还要提醒他注意：故事中相关的议题是"太阳在中午还是在早上离这两个小儿更近？"而非"太阳在中午还是在早上离我们地球更近？"

　　继续讨论下去，我们不难发现，为了能让更多人（包括那两个小儿）理解为何我们最后应该相信太阳在中午比在早上离我们更近（或是太阳在早上比在中午离我们更近），我们将不得不引入越来越多的证据或理论，要远比故事中两小儿所提供的"理由"丰富。而且，我们会意识到，所有这些理由都不是孤零零的。"太阳到底是早上离人近还是中午离人近？"这个话题，至少从面向普通人的说理来看，绝不像初看起来那么简单！我们不必急于得出一个"压倒一切"的结论。现在，让我们来思考一个有关说理本身的问题：如此多样的来自各种渠道的材料，我们该如何将它们组织起来从而优化说理（或者直接写成一篇像样的说理文）呢？

　　各类所谓"理由"的支持性或驳斥性证据、材料或理论，何以清晰而有序地呈现出来，以便产生逻辑上的说服力？由这个问题出发，我们便进入了本讲主题："说理的结构"。读者将明白，好的说理并非简单的"讲理由"而已，而总是分层次的、有结构的、组织化的。如果一段话成为说理性文字只需要其中提供理由的话，那么好的说理所追求的则更像是"穷理"①或"申而

①　陈嘉映在《何为良好生活》一书中说："所谓穷理，不是在平面上追索，而是向纵深处追索。"（第19页）

论之"①,试图达到一种成套论理或系统说理。图尔敏模型,正是为着这样的目的而设计的。

一、图尔敏模型

图尔敏模型(The Toulmin Model of Reasoning/Argument),是英国哲学家图尔敏(Stephen Toulmin,1922—2009)所提出的一种用以揭示和评估对话人说理结构的方法。它把说理中所涉及的要素分为四个或六个②,并将它们以一种近乎立体的方式组织起来,然后通过指引读者重点考察这些要素之间的种种支持或驳斥关系,帮助我们评价和分析他人的某一说理是否够好以及如何才能更好,或者如何自行建构一套相对较好的说理。在少数简单或理想化的情形下,我们可以运用四个要素来建构图尔敏模型,这可谓基本模型。但在关注经验世界的更多日常及学术说理中,我们往往需要同时引入另外两个要素,从而形成六要素的扩充模型。

1. 基本模型

让我们通过一个简单的日常实例来引入图尔敏基本模型及其四要素:

设想两个人在饭店相遇,其中一个人主动对另一个人说道:"我看到你点了一杯苹果汁。你一定很喜欢苹果汁!"凭着我们第一讲中养成的"说理意识",这个人是在说理,因为他试图下判断并为自己的判断提供一条理由。但是,这往往只是作为对话之说理的"开始"而已。对方当然可以直接肯定或否定第一个说话人的判断,但他(作为一位冷静而克制的说理者)也可能直接追问:"为什么呢?"于是,这个人或许会搬出些"道理":"因为,人们喝东西总归是挑选自己喜欢的啊。"对于新搬出的"道理",对方可以直接予以接受或否

---

① "申而论之"有时简称为"申论"。后者也是国内公务员录用考试中的一个测试项目。

② 这些要素,我们在下文详述。

定,但他(作为一位冷静而克制的说理者)也可能继续追问:"你确信吗?谁告诉你是这样的?"于是,这个人或许会继续说:"这是基本常识啊!"

至此,通常便达到了一个基本完整的说理片段。在对方的"帮助"下,其中一个人有机会完整地呈现了"自己的逻辑",尽管对方可能并不认同。我们注意到,为了支持自己的判断"你一定很喜欢苹果汁",第一个说话人提供了多个理由,但这些理由并非同时呈现,而是有先后次序的。有的理由是他主动告诉对方的,有的则是藏在背后,对方不问他就不说的。这种"先后"和"层次",让我们意识到他的说理是有程序、有结构的。

如果把上述第一个说话人"基本完整的说理"放在图尔敏模型中,我们可以清晰地看到其说理具有如图2.1的"结构"。

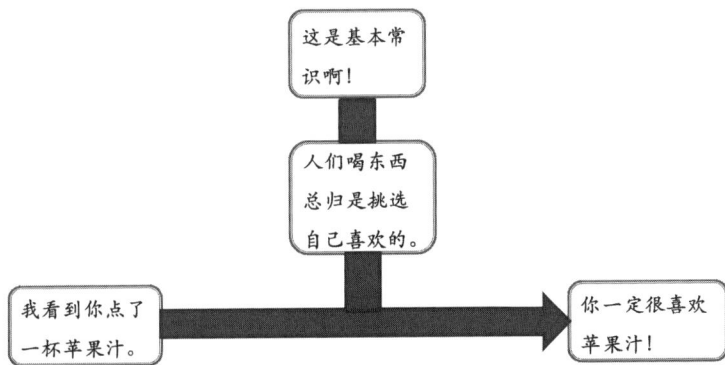

图 2.1

对于该结构中各个要素(即每一方框中的话),图尔敏强调要将它们归为不同的"范畴":从程序上看,说话人试图让对方相信的"结论性"判断("你一定很喜欢苹果汁")是第一要素,被称为"主张"(Claim,简记为 C)。第一次给出的理由("我看到你点了一杯苹果汁")是第二要素,被称为"根据"(Grounds 或 Data,本书简记为 G)。① 第二次给出的理由("人们喝东西总归是挑选自己

---

① 这里作为"根据"的只有一句话"我看到你点了一杯苹果汁";但是,在很多情况下,所谓的"根据"涉及彼此关联的一整段话,其中包含多方面的"事实"信息,所以,"根据"大都是复数形式的"Grounds"。

喜欢的")是第三要素,被称为"担保"(Warrant,简记为 W)。第三次给出的理
由("这是基本常识")是第四要素,被称为"支撑"(Backing,简记为 B)。[①]
"主张""根据""担保"和"支撑"这四个要素之间的结构关系,呈现为如图 2.2
所示的基本模型。

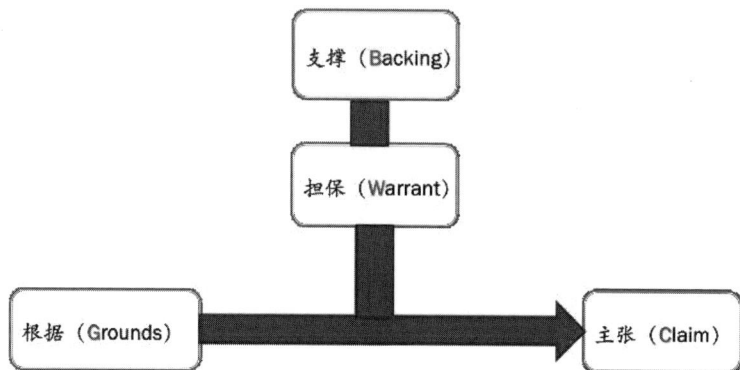

图 2.2

该模型,作为对于我们说理现象的描述,具有广泛的适用性。在具体的语
境下,有些说理片段并不会明示其中的"根据""担保"和"支撑"所在,而是需
要读者根据文本信息去提炼的,还有的甚至是被省略或有意隐藏因而需要通
过继续对话来补充或恢复的。但不论怎样,其四要素总是在"说理者"那里
的,至少是潜在的。随机举出另一个例子,如:某人谈道:"听说他出生在美
国。那他一定是美国国籍了!"这个人的说理,在经过还原之后,很可能就是
图 2.3 的结构。

更重要的是,以上图尔敏模型对于深入揭示我们说理的结构进而追求更
好的说理,具有不同寻常的指导和帮助作用。为了形容一段说理文字如何之
好,我们常常喜欢用"言之成理""条条是理""头头是道"等措辞。但是,单说
"某人的所有话都有理",这不仅不够诚实,也往往过于简单。之所以说"不诚

---

① 图尔敏所引入的"主张""根据""担保"和"支撑"等词语已成为当代说理和论证理论中
的术语,其特有含义与这些词的日常用法具有联系但不尽相同,需要读者在一开始时予以注意。

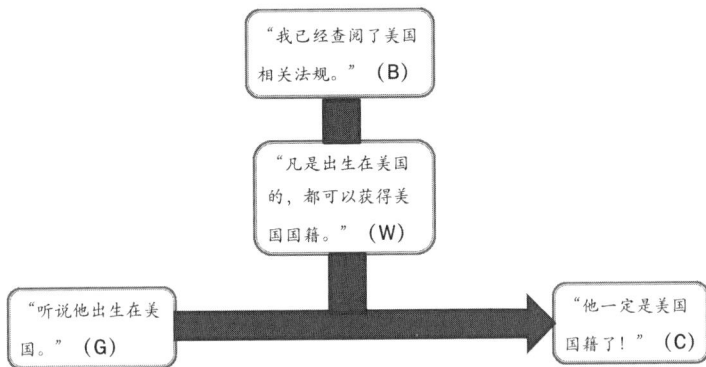

图 2.3

实",是因为虽然大多数信念都可以找到理由,但我们总有某些信念是没有理由可言的,譬如,"人追求幸福"或"我突然感到头晕"等。① 之所以说"过于简单",是因为所谓"理由"各式各样,有必要区分来说。就图尔敏模型来看,其中的"根据""担保"和"支撑"似乎都可以称作"理由",但它们所在的层次和所发挥的功能却是不同的。

我们也常听到说:追求一种好的说理,不过就是"就事论事""按事实说话"或"拿事实作证"。这样说,似乎是符合"实事求是"大原则的。但是,如此更像是同语反复,并不能让我们明白某人的说理如何就做到了"实事求是"。实际上,我们生活中所用的"事实"一词往往过于含糊! 所谓事实,有诸如"我看见了日出"这样的"个别事实",还有诸如"人皆有一死"那样的"一般事实",二者处在不同层次。还有人喜欢把"事实"等同于"真相",殊不知我们正是因为难以获知"真相"才想到去说理的。② 所以,如果我们不作界定便引入"道理""理由"或"事实"这些词,只是简单地指出"说理就是摆事实讲道理",那么,我们对于"说理"的理解将一直浮在表面。而现在,引入图尔敏模型之后,我们将看到:所谓的"摆事实讲道理"至少涉及三个不同层次的"理由",并

---

① 这关系到衍生型信念与非衍生型信念的区分。更多关于这方面的讨论,可参看本书第六讲。

② 关于"事实"一词的多义现象,本书第四讲中将有详细论述。

且,相比于"道理"或"事实"这些常见但却容易混用的"理由","根据""担保""支撑"等新术语有助于我们显示说理的层次、深度和结构。

关于图尔敏模型所能显示的说理各要素之间的"紧密结构",我们还可以通过与下面两种简单化的"图式"加以对照来理解:

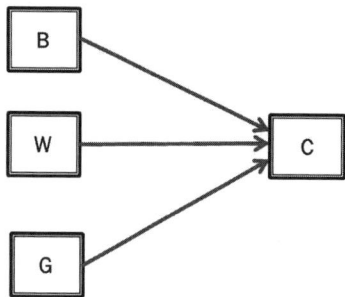

图 2.4

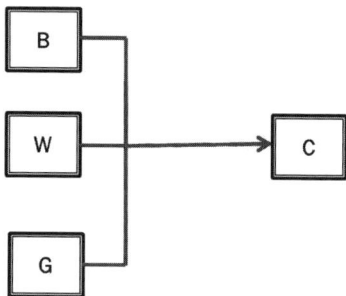

图 2.5

图 2.4 是说:C(主张)有三个彼此独立的并列理由 B、W、G;图 2.5 是说:C 需要由 B、W、G 三个理由结合起来方能获得一定支持。相对于图尔敏模型,图 2.4 忽视了 B、W、G 之间的非独立性,图 2.5 虽然强调三者需要结合,但忽视了它们之间的相互依赖和先后次序。如此对比之下,可以看到图尔敏模型对于说理之深度和层次的特别关切。

总结一下,依据图尔敏模型,任何一个基本完整的说理片段,总会明确或暗含"主张""根据""担保""支撑"等四个要素。主张,是要求说理之人"有观点""有见地",其他三要素则是处于不同层次的三种理由。为了表明一个人的判断(即"主张")有理由,我们不仅通过提供"根据"来显示其"有据可查"或"有佐证材料",而且通过提供"担保"来显示其"背后有道理"或"推得出来",还通过提供"支撑"来显示其信念"有理论深度"或"有根基"。简言之,这个基本模型所刻画的是:说理之人鉴于 B 所提供的确信度,用 W 担保他可以拿 G 来支持 C。

在此,需要提醒读者的是,当我们利用该模型把某人的一段话或一篇文章展示为包含而且仅仅包含 C、G、W、B 的说理结构时,并不意味着这个人的说理就一定是很好的了。成就一篇好的说理文字,要求我们多方面准备,多番下工夫。但由于一个好的说理至少得是结构化的,明确"完整的结构"将是我们通往"好的说理"的"敲门砖"或曰"脚手架"。一个人的说理片段在经过如此刻画之后,我们便看清了他到底在如何说理,并可以在此基础上分析和评价其说理"好在哪里"或"不好在哪里",从而获取下一步的完善之道。

我们举一个简单例子。你可能听到身边的人如此戏谑地说理:

> 人这辈子有两样东西是别人抢不走的,一是吃进肚子里的食物,另一个是藏在心中的梦想。所以做一个有梦想的吃货,你就是无敌的。

对于此种"说理",我们该如何评价其好坏呢?

如果我们不是急于判定别人的价值观好坏的话,如果我们希望做一名冷静而克制的说理者的话,在有所评价之前,我们最好设法将其置于图尔敏模型之中。其中明述的 G 是"人这辈子有两样东西是别人抢不走的,一是吃进肚子里的食物,另一个是藏在心中的梦想",明述的 C 是"做一个有梦想的吃货,你就是无敌的"。W 和 B 是省略的。在缺少对话机会的情况下,我们可以猜测但难以确保说话人省略的到底是什么。不过,要想评价其说理好坏,就必须完整还原其说理结构。不同的还原方式,会显示出说理好坏的不同。譬如,当事人可能自己补充说(或我们猜测)他省略的 W 是"只要能不让别人抢走你的东西,你就是无敌的",省略的 B 是"大家都这样说"。① 在如此还原之后,有人会立即觉察到:说话人的 W 是成问题的,尽管有"大家都这样说"作为 B。因为,根据其他人的经验或对于"大家说法"的理解,一个人要做到无敌,光是守住自己已有的东西,可能远远不够。这倒不是说你要去抢别人的东西,而是说有时候你得追求新事物才行。

当然,说话人的说理很可能是一种隐喻说法。或许他是在一本正经地说:这是一个吃货当道的时代,我们人人都是一名吃货,只是有时候你不那么资深

---

① 本讲这里提到的"支撑"(如"大家都这么说"等等)只是一种概要的简略说法,我们在第六讲中将看到,在比较正式的说理中,"支撑"需要展开论述,往往涉及某方面的一整套理论或信念集。

而已。关于此种隐喻的存在,一个例证就是,我们甚至会用"你不是我的菜"这样的表达。于是,所谓"做一名地地道道的吃货"可能是指对于自己趣味的用心鉴赏和孜孜追求。所谓"无敌"实质上可能是指过一种真正有意义的人生。① 如此一来,他省略的 W 就可能是"如果一个人既能不断提高自己的趣味鉴赏水平,又有长远的梦想,那么,它就拥有了一种无敌的人生。"省略的"B"可能就是"我们的精神导师是这样教的"之类的。经过如此解读,有些读者会觉得,或许这样说理倒更靠谱些,但可能依然有另外的读者不予认同。不管怎样,通过图尔敏模型揭示其可能的完整结构,我们由此知道了自己究竟在哪个环节上与这位说理之人存在着分歧。

▉ |小练习|

■ 2018 年,网络上曾流传一段关于乘客在高铁上吃泡面遭旁人高声斥责的视频,由此引发民众关于"高铁上是否应该禁止吃泡面"的热议。请参照中国铁路管理制度、相关城市地铁车厢禁止饮食的规章等材料,谈谈你对此话题持何观点,并试着以图尔敏基本模型分层次展现你的理由。

■ 澎湃新闻网(www.thepaper.cn)在 2019 年 2 月 20 日刊发一篇评论,题目为"赵宇被移送起诉:期待权威披露,警方不能埋头办案"。② 该文认为"警方应该尽快披露本案的核心信息",并为此提供了多方面理由。请试着以图尔敏基本模型刻画其完整的说理结构。

■ 本书"绪论"第三节曾提到《科技日报》2017 年 2 月 20 日头版所报道的有关"猛犸象能否复活"的争论。请在参阅相关报道后,运用图尔敏基本模型,为一方主张"猛犸象是能被复活的"与另一方主张"猛犸象是不可能被复活的",分别建构一个完整的说理结构。倘若你不赞

---

① 或许,这种说法并非无稽之谈。无敌是什么? 对此,众说纷纭。不过,周星驰电影《美人鱼》曾告诉我们:真正的"无敌"应该不是像歌词中那样的伤感——"无敌是多么多么寂寞,无敌是多么多么空虚"。

② 读者可访问 https://www.thepaper.cn/newsDetail_forward_3015456。

赏某一方的说理,或认为某一方的说理不够好,请在图尔敏模型中具体指出你在哪一个环节持有异议。

2.“自圆其说”与外部相关性

以上模型告诉我们,C、G、W、B 等要素各主其位、彼此依存,如此才能构成最基本的、完整意义上的说理。具体来说,C 作为一个有辩护的论点,是否合理,总是首先相对于 G 所提供的“事实材料”而论。但到底哪些“事实材料”才是相关的,要看我们有什么 W 可以把 C 与 G 连起来。至于 W 是否可以信赖,最后还要看 B。这一切让我们明白,当我们追求好的说理时,不能只是“给出理由”,而是要把笼统而言的理由分为彼此关联的不同层次。然而,从“穷理”的精神来看,我们似乎又觉得,如此结构化的说理仍然不够好。最突出的一点是,上述基本模型更多只是考虑了说理之人在正面陈举理由时的形式完整性,即“自圆其说”,而没有足够重视说理的外部相关性:其他人是否认同各要素之间的支持关系以及能在多大程度上认同其中各层次的理由。按照本书第一讲的说法,真正意义上的说理应该是一种对话,即考虑到他者的存在。意识不到他者,就无法进入说理状态。所以,说理之人一开始往往会大致考虑某些情况是对话之人未注意或不知道因而需要将其单列出来特别作为某种“理由”,并且把诸多理由加以结构化处理,以便于获得对方的理解和认同。但是,这种关于语境的“大致考虑”对于确保说理的说服力而言往往显得不足,需要通过后期反思而加以补充。

譬如,“我认为辞职可以减少烦恼[C]。我以及身边几位朋友这几年先后辞职,大家的精神状态明显好很多[G]。一个人的精神状态变好的同时往往伴随烦恼的减少[W]。这是大家都明白的道理[B]。”这是一段具备四要素的完整说理,但它更多只是纯粹个人的内心所感,却没有反思对方对于“精神状态变好”“烦恼减少”“大家都明白”的理解是否与其存在差异,以及我们到底能在多大程度上依照 W 便可由 G 推出 C。

再如,“有一种观点认为,(20 世纪 90 年代里)应该多囤些 BP 机[C]。这种东西现在紧缺,而且很多人都想买[G]。供求关系决定价格嘛[W]！这是经济学上的基本道理[B]。"同样也是包含四要素的一段完整说理,但它更多只是某一形式系统或数理模型下的纯理论说辞,却没有反思对方是否有另外考虑的一些经济学道理(譬如,BP 机在未来的可替代性),以及这套经济理论能否直接照搬到当前对话所谈及的现实情形。关于"纯理论"向外部现实世界的适用不当情况,其实有更直白的例子:"老人家说他今年 71 岁了[G]。那么,他应该是 1948 年出生的[C]。2019 减去 71,是 1948[W]！我这是用计算器算过的[B]。"单从有关年份计算的视角来看,一个人当然可以这样"自圆其说"。但是,说理之人没有涉及但却需要反思的是:这里计算年龄的方式是以周岁计,还是虚岁计？ 从说理所涉及的外部现实情境来看,假若是"老人家自己说他今年 71 岁了",他很可能是按照我国比较传统的方式以虚岁计算年龄。而通常而言,计算一个人虚岁时,他一出生便按 1 岁计算,倘若过了农历新年,再加上 1 岁。① 所以,按照虚岁计算,这位"老人家"实际可能出生在 1949 年,甚或(假若其度过的农历新年比阳历新年多 1 个)是 1950 年。与其说在其此前的说理中数学算错了,毋宁说他误用了数学式子。

通常,说理之人对于"外部相关性"的认识是一个逐步反思的过程。而反思的最大动力,往往在于:一个人发现不止自己有结构完整的说理,即所谓"我方论证"(myside argument),而且对方对于相对立的观点也竟然提供了结构同样完整的说理,即所谓"他方论证"(otherside arguments)。譬如,假设一个人这样自圆其说:"我会等一个人很久[C],因为他说过他会回来的[G]。他说过的话,我都相信是真的[W]。在我看来,爱一个人就应该是这样的[B]。"而持有对立观点的人也可以自圆其说:"我不会等一个人很久[C],因为他是一个遥不可及的人[G]。等一个遥不可及的人,就像在机场等待一艘船,在地铁站等待一辆火车[W]。这是我个人对于爱的看法[B]。"这里的冲突不仅是观点上的,而是说理上的,是系统性的。为了表明自己的说理属于

---

① 与之不同,所谓周岁的标准计算方式是:人一出生从 0 岁算起,每逢阳历生日加 1 岁。

"更好的说理",说理之人必须把自身之外的更多因素考虑在内,并由此反观或完善此前所呈现的各个要素及其关系。譬如,迫于对方提到的"不同情形",第一个说理之人或许会把自己的 C 限制为:"如果那是你真正爱的人的话,你不妨等他";而第二位说理之人或许会把自己的 C 限制为:"如果那是一个遥不可及的人,你可能不必去等他。"当然,他们也可能做出对于原有结构的其他调整。不管怎样,这里重要的一点在于:倘若我们在追求"更好的说理"时希望让说理能够伸展到封闭的"个人内心"或"某一纯粹理论"之外,以便让更多的"对话方"信服我们的观点,那么,我们会发现此前的"基本模型"可能不够用,我们需要对其有所反思和调整。如果我们把基于四要素基本模型所作的说理评价视为关于说理的一阶分析法的话,在此之外继续对原有的说理进行反思,将构成某种意义上的二阶分析。在这种二阶分析下,说理的外部相关性显得格外重要,而之前用以刻画说理结构的图尔敏模型也将得到扩充:由"四要素"的基本模型转向"六要素"的扩充模型。

敬告读者

这里不是要求任何人在任何时候都不应该把说理局限在纯粹私人性或纯理论(形式系统)的范围内,也不是说四要素的基本模型在任何场合下都是不充分的。[①] 但我们在日常或学术说理中,的确有大量的情形(也包括涉及应用的数学或自然科学在内)迫切需要更多地考虑外部因素。须知:我们在评价以下两种说理时,标准是不一样的:

(i)这房子里总共有 4 个人[C]。外屋有 2 个,里屋也有 2 个[G]。2 加 2 等于 4 嘛[W]!这是小学算术知识[B]。

(ii)房子里总共有 4 个人[C]。我看到外屋有 2 个,听到里屋也有 2 个[G]。2 加 2 等于 4 嘛[W]!这是小学算术知识[B]。

---

① 私人性问题之所以比较容易达成看似"充分"的说理,往往是因为它只需满足形式上的融贯性或自洽性,而不去(可能也不必)考虑别人是否同意、喜欢或接受那些私人性的描述或价值倾向。而纯理论的问题之所以相对于很多现实难题显得比较容易,从根本上是因为它们通过把关注力限制于(或曰规定在)特定的参数上,从而预先已经排除了很多可能性。

前者可能是单从理论上"封闭"看的,因而"2 加 2 等于 4"是不容置疑的;但后者却是基于外部经验生活的,说理之人"怎么知道里屋也是 2 个人"就显得很关键,因为他实际上可能只是听到了 2 个人的声音,而这声音其实是来自里屋的电视。①

3. 扩充模型

相对于基本模型,扩充模型新增了两个要素:模态词(Qualifier 或 Modality,本书简记为 Q)与除外情况(Rebuttal 或 Conditions of Exception,简记为 R)。二者结合起来,用来表示 G、W、B 对于 C 的支持强度或相关性。Q(模态词)从强弱上明确说理之人的断言强度("一定""可能""很有可能""推测起来应该是"等等)②,即在可以接受 G、W、B 的情况下,C 的可能性有多大?R(除外情况)则是进一步澄清论证的条件语境(诸如各类的"但书""特例"或曰"附带条件"),即倘若 G、W、B 对于 C 的支持程度不够强,具体是源于什么样的可能异常或例外情形?③

现在,基于 C、G、W、B、Q、R 等六个要素的扩充模型就是图 2.6 的结构。

回到本讲第一节"喝苹果汁"的例子。说理之人的结构可能不是:"我看到你点了一杯苹果汁。你一定很喜欢苹果汁! 因为,人们喝东西总归是挑选自己喜欢的。这是基本常识啊!"而是可以扩充为:"我看到你点了一杯苹果汁。就常识来说,人们喝东西总是挑选自己喜欢的。因此,你应该(Q)很喜欢苹果汁,除非我刚才看到你点的不是苹果汁(R)!"注意,他的主张在此得到了

---

① 从可计算性的角度来看,数学运算只针对相同单位的数量。如果两个数量的单位不同(就像例子中"2 个人"与"2 种声音"),必须设法转变为相同的单位,否则就不可以计算。

② "模态"一词或许在日常汉语中很少用到,但在当代中文学术文献中已较为普及。"模态"一词多半是对英文"modal"的音译。不过,汉语中的"模"本身有"规范"之意,"态"有"样子"之意,因此,把"modal"翻译为"模态",或许也有意译的成分。

③ 关于图尔敏模型中"模态"与"除外情况"的关系,有些文献建议把二者并列,即,"模态词"和"除外情况"分别从不同角度表明"理由"对于"主张"的支持力度。也有文献认为,二者关系应该是后者支持(或解释)前者,即,倘若不是必然,是什么具体的"例外"情况所可能导致的。有学者认为,之所以存在此种分歧,是因为图尔敏本人对于二者关系的定位不够明确。不过,有必要声明,本书采取的是后一种理解,而且直接参照的是图尔敏在他人合著的《说理导论》(Introduction to Reasoning)一书中的做法。

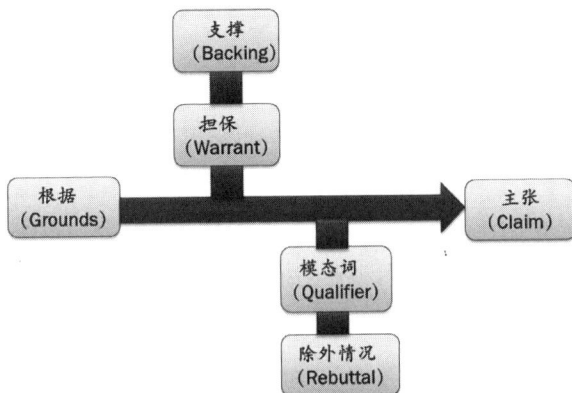

图 2.6

双重限定:模态词"应该"①表示他只是在"推测"(presumably)对方喜欢喝苹果汁,而除外情况"除非我刚才看到你点的不是苹果汁"则进一步解释:尽管其中的 G、W、B"一般情况下"都可以信赖,但(鉴于他没有近距离"嗅嗅"更没有去"亲口尝尝")仍存在看错的"异常"情况,所以,他的"主张"仍只是推测而已。经过如此限制后的说理片段,用扩充模型表示为图 2.7。

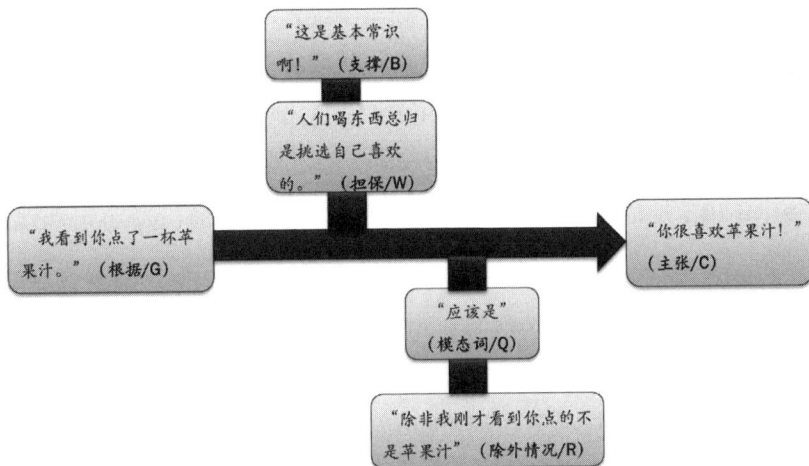

图 2.7

---

① "应该"(must 或 should)在我们日常语言中既可以表示一种强制规范,也可以是指某种试探性的推测。

需要指出的是,如果我们说理中出现的 G、W、B 被认为是"无例外地"加以接受的,那么,可以直接通过模态词"一定"或"必然"来强化我们的主张①,无需再引入"除外情况"这一要素。譬如,在中学课本上,有人如此推断:"(假设或根据规定)这个图形是三角形(G),②而几何学公理告诉我们(B),三角形内角和等于180°(W),所以,这个三角形内角和必然(Q)是180°(C)。"这在欧几里得几何理论中③,是无例外的推论。再如,假若把上述关于"喝果汁"的例子改为:"我相信你点了一杯苹果汁,而根据我个人的经验,人们喝东西总是挑选自己喜欢的。因此,我感觉你一定喜欢苹果汁。"与上文相比,这里把容易出错的描述词"我看到"换成"我相信",把"根据常识"换成了"根据我个人的经验",以强调其理由至少在"个人感觉"上是绝对真实、无条件成立的,所以,他可以说"我感觉你一定喜欢苹果汁",为此没有必要引入"除外情况"这一要素。然而,除非我们愿意把自己的说理封闭于此种完全私人性的情绪之谈,或是局限于"欧几里得几何学"之类的特定理论体系、科学模型或形式系统内部,我们很难为"毫无限定""不带任何附加条件"的主张作出合理辩护。

事实上,就我们日常生活以及学术讨论中经常涉及的大量说理来看,所谓的"理由"往往不是绝对正确、毫无疑问的,所谓的"主张"也往往不是不加限定的。出于这样的考虑,我们更多运用的模态词倒不是"必然"或"一定",而是"可能""很有可能"或"推测起来应该是"。同时得提醒,我们这里所说的用来表示不确定性的模态词,并非纯粹形式上或理论上的(逻辑)可能性(譬如,"任何一句话都可能有人反对","地球明天可能倒转"),而是特指"主张"

---

① 在此意义上,前文提到的基于四要素的基本模型,可以视作以"必然"或"一定"为默认模态词的一种说理结构。

② 就通常做几何学题目而言,课本或试卷上的所谓"三角形",都是一开始规定(预先约定)好的,即三条绝对的直线彼此相交而成。如此规定主要是服务于教学目的。但在现实生活中,为了判定某一物体的表面形状到底是否是三角形,我们可能要花费很多时间去观察和推断。

③ 我们这里只考虑欧几里得几何学。在非欧几何学中,三角形内角和可能大于或小于180°。

在对话情境下存在现实的(而非只是可设想的)怀疑空间。① 因此,正是为了进一步向对话者明确其所谓"可能性"并非空穴来风,我们需要特别引入"除外情况"这一说理要素,以解释具体是什么情况使得我们要在如此"主张"时做出让步。

　　谈到"模态词"和"除外情况",还有必要强调一下,我们说理时提出 G、W、B 来支持 C,显然是追求思想严格;而在面对涉及不确定世界的话题时,我们之所以要引入 Q、R,同样也是"思想严格"的表现。初看起来,由于 Q 和 R 的引入,使得我们说理不够果断,显得有点拖泥带水。因为,一提到"思想严格",不少人或许联想到:某些学识渊博或思维缜密之人说话干脆利落,"一就是一,二就是二","是就是,不是就不是",从不附带任何"保留意见"。② 但是,任何主张之所以合理,总是因为它奠基于特定的理由之上的。从追求好的说理来看,所谓思想严格,并不意味着必须要下"普遍的"或"全称性"断言,而是要"有一说一",尽量做到"滴水不漏"(hold water),即理由之"碗"能"盛得下"结论之"水"。③ 很多时候,鉴于生活世界本身的不确定性和变动性,以及很多"科学道理"都存在有别于现实世界(或从中抽象而来)的理论假设(presumptions)④,我们表述自己的主张或下结论时需要"悠着点",在组织相关理由时也需要提到一些"保留意见",以便为本性可错却在追求真理的说理之人"留有余地"。

---

　　① 　前者所谓的"可能性"可用英文中的"merely possible"来提示,后者所谓的"可能性"更多对应于英文中的"probably"。

　　② 　这样的例子在生活中并不乏见。譬如,某被认为有权威的气象科学家不加任何限定地推断未来某一天的详细气象特征:"当天当地这一点的最高温度一定是摄氏零度"。再比如,某人自认为阅历深厚、思虑充分,于是便断言:"朋友圈越干净的男生,套路越深。其实,沉默就是答案。距离始于,我对你添加了关注,你却对我设置了访问权限。"倒不是说这些话已经被验证是假的,而是说,不论说话者本人显得多么斩钉截铁,它们作为说理的结论,远远算不上真正的思想严格。

　　③ 　英文中的"hold water"一语不仅可以指某一容器不漏水(watertight),也可以指人的说理充分或论证严密,经得起推敲和考证。这两种意思,我们汉语中的"滴水不漏"正好也都有。

　　④ 　公众比较熟悉的科学假设包括经济学上的"经济人"假设、政治学上的"社会契约"假设或社会治理方面的"精英政治"假设等等。

现在让我们通过一个相对严肃的例子来看如何以图尔敏扩充模型刻画说理结构。澎湃新闻网于 2019 年 2 月 25 日刊发了一篇题为"无狗社区:以市场手段解决养狗纠纷"的评论文章。① 从标题来看,该文似乎认为,无狗社区是在以市场手段解决养狗纠纷。但通读全文后发现,作者真正的观点要比标题更加精确和谨慎,而且在谈到诸多理由时不仅提到支持性的材料,还回应了有些反对声。按照图尔敏模型,我们可以整理出如下的六要素:

> 无狗社区不仅遵循了市场经济规律,而且法律上没有问题。[G]
>
> 无狗社区或能有助于[Q]解决养狗纠纷。[C]
>
> 在当今时代,应该在不违法的前提下更多借助于市场手段解决问题。[W]
>
> 这不仅是现代国家的治理理念,也是很多市民的共识。[B]
>
> 除非市场不开放使得"禁狗条款"成为霸王条款,除非没有对导盲犬等情况作"具体问题具体分析"。[R]

读者可以看到,文中关于无狗社区对于养狗纠纷的解决之道的看法,是特别做了限定的。首先,所谓"无狗社区能解决养狗纠纷"的说法,其实只是"或然性的",是"或能有助于"解决养狗纠纷。其次,至于为什么只是说"或能有助于",那是因为无法排除现实中"市场不开放导致更多霸王条款"或"有人不愿对导盲犬特别对待"的可能性。这些限定看似使得作者的断言不那么干脆利索,但这其实反映着说理之人对于思想严格性的更高追求。倘若你看不出其严格性所在,不妨可以试着把其中 Q 和 R 删去,看看作者的"大话"何以能被人轻易找出漏洞。

🗄 |小练习|

■ 重读"无狗社区:以市场手段解决养狗纠纷"这篇评论文,并查阅相关参考资料,再次审查文章作者所提供的种种"理由"。你认为,是否还

---

① 读者可访问 https://www.thepaper.cn/newsDetail_forward_3035768。

有其他"除外情况"能削弱标题中所谓"无狗社区能解决养狗纠纷"的主张？如果有,请试着讲清楚其何以对作者维护原有"主张"构成一种现实障碍。

■ 重读澎湃新闻网 2019 年 2 月 20 日刊发的评论文章"赵宇被移送起诉:期待权威披露,警方不能埋头办案"。你认为,该文作者对于"警方应该尽快披露本案的核心信息"的说理,是否需要另外考虑其他因素？如果需要,请试着用扩充模型重建一套相对更好的说理结构。

■ 请就"高铁上是否应该禁止吃泡面"以及"猛犸象能否复活"等话题组织一场小规模的讨论,在对话中逐步完善自己的说理,最后试着用图尔敏扩充模型呈现你认为比较好的一种结构化说理。

二、图尔敏模型与形式逻辑分析法比较

谈到对于说理结构的呈现或揭示,在图尔敏模型之外,有些人会提到形式逻辑的做法。既然本书选择将图尔敏模型作为基本的"概念工具",而形式逻辑被认为也可以揭示我们说理的形式结构,在此我们就有必要将二者做一下比较,尤其是谈谈为何图尔敏模型对于本书所关注的说理有着特别的意义。

1. 形式逻辑分析法

根据目前国内外主流的教科书观念,所谓"逻辑学"一般就是指"形式逻辑"。不过,如果从对于日常所谓"逻辑思维""逻辑结构"或"思维形式"的研究来看,本书以及很多"非形式逻辑"或批判性思维项目也可视作广义的"逻辑理论"。我们这里提到的与"图尔敏模型"相对照的"形式逻辑分析法",特指流行于当前标准逻辑教科书中的一种做法。

根据"形式逻辑",说理之作为推理,不外乎必然性的与或然性的。必然性推理通常是指演绎推理和完全归纳法,而或然性推理可包括类比推理、溯因推理以及各种不完全归纳法。① 然后,任何推理/说理都具有两个基本要素,即"前提 + 结论"。结论代表着说理之人的观点,而前提则类似于各式各样的理由。如果前提能支持结论,则意味着该推理是好的(有效的或强的)。至于前提能否支持结构,通常是根据教科书中固定的"推理规则"来判定的。

一个在形式逻辑看来的好推理,其结构可以刻画为如下形式:

$$\frac{P_1, P_2, \cdots, P_n}{C}\text{推理规则}$$

上述图式中,"$P_1, P_2, \cdots, P_n$"表示推理前提可以是任意多个。以演绎推理为例,其最典型的样式可以是只有两个前提命题。② 如果把两个前提命题区分为"大前提"与"小前提"的话,其要素就变成了经典的"三段论"(syllogism):"大前提 + 小前提 + 结论"。通常,大前提都是某种一般性知识或规则(Rule),小前提表示具体的个别情形(Case),而结论就是把 Rule 应用于 Case 的 Result(结果)。譬如,图2.8 就是一个在形式逻辑上非常典型的推理实例:

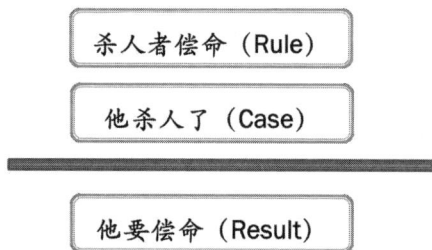

图 2. 8

该"三段论"图式看似简单,但由于任何一句话既可以作为前提,也可以作为另一推理之结论,它实际上可以处理很多复合型的推理。譬如,上述推理的大前提或小前提,本身可能作为其他推理的结论,由此引出另外的三段论推

---

① 普通逻辑教科书以及本书中对于"必然性推理"或"必然性结论"(英文中对应的形容词是"necessary"或"conclusive")的理解是狭义上的,特指那种"不存在出错可能性(否则便不合理)"的推理及其结论。不过,关于"必然性"一语,人们有时在松散或宽泛的意义上用它来刻画"实际上无可怀疑"的一种被认为明智的决定或方案。

② 一些教科书中,存在所谓的"直接推理",即前提只有一个。

理;而该推理的结论,也可能作为另外一个三段论的小前提,再推出其他的结论;如此继续,理论上可以形成无限长的链条。① 类似的链条,我们可以在非常复杂的数学证明或科学推理中找到很多例子。此种结构刻画,也能使得我们看清:某个结论是如何一步一步推导出来的,或者某一结论之所以"推不出",到底是由于哪一步出现了问题。

2. 图尔敏模型的优势

站在本书所重点关注的"说理"论域看,相对于形式逻辑分析法而言,图尔敏模型的优势至少体现在以下两个方面:

第一,它具有更为丰富的要素因而也能更为立体化地呈现说理结构。

从要素构成来看,与形式逻辑分析法中的"二要素"(前提与结论)或"三要素"(大前提、小前提与结论)相比,图尔敏模型这里的要素不仅改变了,还更为丰富了。正是基于这一点,图尔敏模型把在形式逻辑那里笼统归在前提集中的"理由"做了分殊与分层,并且不是简单地凭借固定不变的"推理规则"直接断言:一定/可能推得出或推不出某某结论,而是试图进一步探究:在什么情况下推得出,什么情况下推不出。② 简言之,说理要素之间的关系变得更加立体丰满,也可以说,说理的结构化程度增强了。

以前面提到的关于某人应该偿命的说理为例。在图尔敏模型下,其结构将扩充为图 2.9:

读者可以看到,作为"他要偿命"的辩护理由,这里绝不仅仅是提到大前提"杀人者偿命"和小前提"他杀人了",而是同时指明,"杀人者偿命"之所以可信赖,是基于"法律规定"。此外,他对于结论"他要偿命"做了重要限定,首

---

① 这种链条还有一种复杂性,即每一步推理可能在推理类型上存在差异,譬如,有的是演绎的,有的是归纳的,也有的是类比的或溯因的。

② 提示一下,当说理之人断言"由 A 推不出 B"或"无法由 A 推出 B"时,主要是指:基于 A 来看 B,"B 成立"的机会相对于"B 不成立"的机会并不算大。它并不意味着他是在"基于 A 而否定 B"或"基于 A 而反对 B"。通常情况下,为了表明自己有理由否定或反对 B,我们不仅要表明"由 A 推不出 B"或"无法由 A 推出 B",还需要另外的(尤其是 A 之外的)理由。

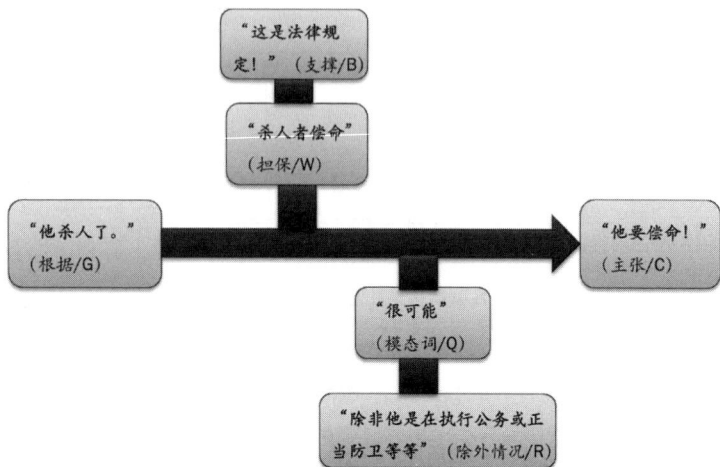

图 2.9

先这只是"很可能",并不能得出"他必然要偿命"之类的绝对化结论;其次,前述理由虽然通常而言可以接受,但也不是绝对无例外的,譬如,"杀人者偿命"在"合法执行公务""正当防卫"等异常情况下就不成立,①这些情况并不是经常性出现,但的确曾在现实中发生过。

当然,这只是简单的说理实例。倘若一篇说理文涉及多个并列或复合的说理结构,譬如,其中的某一要素由前提转变为结论或由结论转变为前提,那么,读者将发现:根据形式逻辑分析法,这顶多意味着一段或多段链条在同一平面上的延伸,而根据图尔敏模型的分析法,由于其各要素原本并非线性分布,这将使得我们的说理由线性或平面的转向立体的或多维的说理。如此增强后的结构化说理,已经不只是"加长"而已,更多是一种"深化"和"拓展"。

第二,基于图尔敏模型的说理,更符合人类实际的认知进程,因而对于更多人来说是一条更为自然的探究路径。形式逻辑上,一般是先有"前提",然后试着推导出"结论"。与之不同,我们生活中的很多说理现象,往往是你因为关注某一话题(且不论是哪一类的),先有了一个初步"主张",然后才会想

---

① 换言之,在我们用"杀人者偿命"作为理由时,它的意思并非"所有杀人者都要偿命"那么强硬或绝对。

到提供各类"理由"为之辩护。此外,形式逻辑中对于"前提"中各个命题的呈现往往是不讲求次序的,而我们实际说理时,往往会分先后,根据对话情境需要,一步一步交代理由。相比之下,图尔敏模型中由"主张"追溯"理由"然后依次呈现"理由"的做法,能更自然地反映当事人对于某一争议话题的探究路径。譬如,在那个"杀人偿命"的例子中,你作为说理之人通常先有一个大致的主张(如"他要偿命")。为了对之提出一种辩护,你首先想到的是有没有一种可信赖的事实证据(如"他被看到杀人了"或"调查发现他杀人了")。然后,倘若他的确杀人了,你凭什么"道理"或"法则"来要求"他偿命"呢? 对此,你很可能想到"杀人者偿命"这一说法。但是,这种道理凭什么值得更多人信赖呢? 于是,你又可能会搬出我国刑法方面的法律规定作为一种可靠的"信念源头"。在所有这一切之后,你已经提出了三个层次的理由,接下来要回过头去反思:它们之作为"理由"能在多大程度上支持其"主张"。鉴于自己的经验或相关背景,或者已经遇到持有不同意见者的其他人,你会对自己原有的主张增加一个模态词"很有可能",即"他"很有可能而非必然要偿命。再接下去,你要表明:你之所以说"他很有可能要偿命",并不是泛泛而谈的某种猜测(就像我们不经思考就可以从逻辑可能性上说"他明天可能会死也可能不会死"那样),而是确实考虑到了某些具体可查(但尚未查清)的可能反例,譬如,"他"当时的确是在执行公务,而且受到过对方威胁,因此存在正当防卫的现实可能性。而这一点就是说理结构中最后的"除外情况"要素。至此,你的说理,总算暂告一段落了。这并不是说你不可以继续探究下去,也不是说你后来不会修改你原有的理由或主张,但至少你已经——以一种不同于三段论的独特方式——向所有参与对话的人清楚表明你在当前阶段的自然"思路"了。

3. 不同于形式逻辑的目的和定位

我们指出图尔敏模型相对于形式逻辑分析法而言在结构化说理方面具有优势,并不意味着形式逻辑分析法的无用或低级。毋宁说,它们二者的目的和定位原本不同。相比较而言,形式逻辑,追求封闭的、语义单一的形式演算,更适合面向机器或某种理想化的人为系统;而图尔敏模型,更注重对于理由的开放式追问,更适于人们在日常生活及学术层面的说理。之所以有这种差别,最为关键的一点是因为形式逻辑不关注"前提"的真实性,而图尔敏模型则强调任何所谓"理由"都可能并非绝对属实。①

从形式逻辑的视角看,任何推理,不管是人工语言还是自然语言下的,其中的每一个词都被"赋予"(即指定代表着)意思单一的概念,而每一个作为前提的句子都是被设定为真的。因此,我们没必要去分析某一个词到底是不是存在不同的理解,或者某一个前提句到底是不是有疑问,其关注点只有一个,即在那些词所指定的意义上,同时,假设所有前提都是真实无疑的,它们到底能否或在多大概率上推出相应的结论。事实上,根据形式逻辑的分析,我们评价一个推理好坏时,总是预先地设定所有的前提均已全部列出并明确为真②,这一点是绝对的,具有排他性的。譬如,上文提到的大前提"杀人者偿命"以及小前提"他杀人了"。这些已经是为推断"他要偿命"所能得到的全部信息了,毫无遗漏。以如此推理的方式说话时,说话人对于其中的前提甚至不必有任何信念承诺(譬如,自己是否真的相信"他杀人了"),也不必担心听话人会误解或指责自己某一说法不够透明(譬如,所谓"杀人者偿命",到底是一般而言的,还是普遍适用的)。在这一方面,听话人与说话人的关系,有点像试卷

---

① 基于这一重要差别,我们不能把由"主张"追溯"理由"的说理过程简单地理解为"由结论到前提"的回溯推理。这种说法的根本错误在于它暗示说理是"先固定了结论,然后非要证明其正确不可",但其实,说理者那里的"主张"是尝试性的,在某种意义上具有动态开放性,因为其所谓的"理由"并非绝对不可错,而是需要借助于对话加以确认和调整的。

② 事实上,也正是因为在形式逻辑上有效推理形式"$(p \wedge q) \rightarrow p$"中的前提$(p \wedge q)$(可读作"p 并且 q")已预先设定真,所以,倘若有人提到一种使得该"前提"为假(且不管结论为真还是假)的现实情形(如"q"不成立),形式逻辑学家会说:那不属于该推理所讨论和适用的情形,因而并不能使得"$(p \wedge q) \rightarrow p$"成为无效式。推广说来,任何指责推理前提为假的说法,在形式逻辑看来,不仅不会使得某一推理无效,反而会在某种意义上(即"找不到前提真而结论为假的情形")使得该推理"自动"成为有效的。如,$(p \wedge \neg p) \rightarrow q$,这里的前提"$p \wedge \neg p$"(可读作"p 并且并非 p")似乎根本就不可能为真,所以,不管结论 q 代表什么,都不存在"前提真而结论假"的情形,因而该推理总是有效的。此即形式逻辑上所谓的"爆炸原理"。

的命题人和答题人之间的关系(命题人有义务也有权界定语境,答题人却无权对此提出异议),也有点像讲故事的人与听故事的人之间的关系(讲故事之人有权设定故事场景,而听故事之人无权质疑)。

　　而我们在根据图尔敏模型说理时,说理之人一开始所提出的各种"理由",绝不只是某种设定为真的东西(assumptions),而是被认为可以得到辩护的信念(justified beliefs)[①]:对于它们,不仅说话人自己是信以为真的,而且希望(并设法使得)参与对话的其他人也能认同。然而,鉴于说理一开始便预示对话各方存在着分歧,对话人到底能否接受说理之人所提出的"理由",说理之人无法在一开始预先精确知道。因此,他往往在一开始时先提出自认为对方可能无争议或争议不大的理由,待发现听话人表示怀疑后,他再补充进一步的理由,譬如,告诉对方"杀人者偿命"是我国法律规定,因此值得信赖。当然,在回应听话者所提出的异议时,说话人也可能澄清:自己此前提出的某某理由,存在例外情形,譬如,在前述例子中,虽然他已提出"杀人者偿命"作为理由,但不忘补充:这句话作为担保存在除外情形(如杀人或是为了"执行公务"或是"正当防卫")。甚至他提出的"他杀人了"这一所谓"事实"可能也存在"隐情"或其他复杂性,譬如,"他"可能只是对于另一方有所伤害,而对方最后死亡则纯属意外。也就是说,在根据图尔敏模型分析和评估说理时,我们绝非像形式逻辑学家那样,仅仅关注某"前提集"对于某"结论"的支持程度,而是直接关注某一主张是否值得更多人(不仅是提出该主张之人而且是对话者)相信。为了对自己的主张提出令人信服的辩护,说理之人必须不仅考察所谓的"理由"能在多大程度上支持"主张",更要询问任何一条理由是否本身属实或值得信赖。这里千万要记住:根据本书中所倡导的说理观念,在很多日常及学术说理中,我们拿出某某作为"理由",绝不意味着我们或其他人已经表明它们是一旦接受便永远不出错的"真理"或"知识"。事实上,在说理人那

　　[①]　关于这种区分及其理论后果,当代逻辑学家和哲学家们已经注意到。有关逻辑哲学上的讨论,可参见 D.E.Over,"Assumptions and the Supposed Counterexamples to Modus Ponens",*Analysis*,Vol.47,No.3,1987。

里,很少有什么东西是无条件的、绝地的、无例外的。我们之所以可以(或曰有资格)拿出这些东西作为理由,那是因为:它们通常而言是可以在对话中成为某种共识的,譬如,它们"通常情况下"都是可以被接受的。因此,当经过对照和反思后发现有所谓的"理由"在当前论题下存在具体可辨的"例外情形"时,该"理由"对于"主张"的支持力度将大大削弱甚至被消解。总之,在图尔敏模型的框架之下,我们的说理不会把用以支持某一主张的理由封闭于任何一个固定集合,而是从一开始就依照对话者的可能怀疑而提出自己的理由;即便是已经提出的理由,也是开放着的:对话者可以继续追问,而说理者也会考虑修改或限定自己的主张。

4. 如何看待说理的开放性

在比较形式逻辑分析法与图尔敏模型时,我们强调:尽管二者各有适用之地,但就本书所重点关注的日常与学术说理来说,图尔敏模型由于能够彰显说理的"开放性"而显得更有优势。对此,有读者或许感到困惑:为何"开放性"能称作一种优势?我们一直追求的"思维确定性",难道不更应该成为一种方法论上的优势吗?对此,我希望从两个方面加以澄清:

第一,如果所谓"思维确定性"是指某种"思想严格"的话,那么,这种"思想严格"并不意味着绝对化思维(categorical thinking),更多倒是要求我们在思想上保持克制。在完全封闭的系统内,尤其是在数学以及各种数理性科学①中,如果我们能够掌握全部的信息,并预先订好一切算法和规则,结论是什么以及不是什么,往往是绝对的。但是,如果把此种"形式演算"的做法不加限定地推广到变动不居的经验世界,并因此把原本不完整的信息当做"穷尽性的前提",把原本有争议的规则视做普遍适用的公式,那样只会产生"不加限

---

① 学术界一种流行的说法是:数学不是自然科学,也不是社会科学,但任何科学都在一定程度上需要数学,甚至实际上已包含着某种应用性数学,譬如,物理学中的数理物理学,经济学中的数理经济学,如此等等。由此来看,所谓"数理性科学"可能是个复称(即 mathematical sciences),包含着许多其他科学中的数理部分。

定的主张"(unqualified claims)或"过分夸大的立场"(overstated positions)。①
要知道,正如果断不等于武断一样②,思想严格并不意味着排除另外的可能性
或不加限定地下结论,反倒要求我们保持克制,坦诚(candidly)面对当前所不
知道或无法确定下的一切:不奢望一句话定性或解决问题,而是一步一步谨慎
前行。后面这些"克制的"做法,与其说意味着"思维不确定",不如说是表明
面对复杂问题进行说理时我们要保持一定弹性(flexible),即敏感于
(sensitive)一切"他者"及"新发现"。③

　　这种融"坦诚""弹性"和"敏感"于一体的思想(而不仅是日常行为道德
上)节制,作为一种品质,并不总是易得的。④ 很多人(包括专家)在某些时候
某些场合会流露出某种"绝对化思维"倾向。譬如,就连罗素这样的数理逻辑
学家,其在某些通俗读物中似乎也不愿节制。他在《获得幸福》一书中有如下
一段话:

　　　　在一般的爱面子的妇女中间,妒忌起很大的作用。你坐在地铁里,有
　　一个穿着漂亮衣服的妇女走过,请你注意看别的妇女的眼睛。你会看见
　　每个人,除了穿得比她更好的那些个,都用不怀好意的眼光看她,竭力寻
　　找对她不利的推论。爱好造谣就是这种总是不怀好意的一种表现:听到
　　不利于另一位妇女的故事立刻信以为真,即使证据非常脆弱。⑤
对于这段话,斯泰宾在《有效思维》一书中直言其中存在着"绝对化"倾向:
　　　　也许罗素先生的第一句话不是作为第二句话的依据,而是从第二句

---

　　① 关于"绝对化思维""不加限定的主张"和"过分夸大的立场"这些提法及其示例,参见
David Rosenwasser and Jill Stephen, *Writing Analytically*, fifth edition, Wadsworth, 2006, pp.88—89。
　　② 从生活实践来看,所谓果断行事,其实仍旧是基于不确定的猜测,只是出于某种迫切性,
行事者怕错过最佳时机,而及时采取的一种试探性步骤。
　　③ 所谓敏感于"他者",主要是指要根据对话人可能的怀疑去选择合适的理由;所谓敏感
于"新发现",主要是指要根据未来发现的新疑点及时调整或修改原有的理由及主张。
　　④ 当然,我们也可以说,正是因为"节制"对于很多人难得,所以才被称为"品质"(virtue)。
逻辑思维上的很多谬误,都是源于某种意义上的不节制。对此,我们在本书后面涉及的谬误中
会讲到。
　　⑤ Bertrand Russell, *The Conquest of Happiness*, George Allen & Unwin Ltd., 1930, p.84,此处译
文选自[英]斯泰宾:《有效思维》,吕叔湘等译,商务印书馆 2008 年版,第 95—96 页。

89

话得出来的结论。很难知道。也可能他是从他自己的经验总结出来的，并没有别的佐证。可是更可能他是故意发概括一切的议论，借以吸引注意。①

那么，我们该如何提醒自己保持克制，防止绝对化思维呢？关于这一点，几乎每一本逻辑和批判性思维的作品都会谈到很多。譬如，对于自己的话，要尽可能提供充足理由；在援引他人的话时，不能脱离语境和论证而作无根据的引申、夸大或简单化曲解；在批评他人时，不能"扣帽子"，不能"打倒一片"，避免"稻草人谬误"或"跟风车作斗争"；如此等等。这里要指出的是，如果我们在做说理的分析和评估时采用图尔敏模型而非形式逻辑分析法，它将能帮助我们更好地理解为何有必要保持克制以及如何更好地保持克制。简单来说，图尔敏模型以立体化的说理结构提醒我们：每当理由的真实性成为关注点时②，我们常常要从纯粹的"形式演绎"关系（对应的常见英文词有 proof/deduction/demonstration）退回到基于对话的"有力辩护"关系（对应的常见英文词有 support/justification/establishment），尤其是要注意借助于 Q 和 R 这两个要素作必要的限定。

其次，说理要保持开放性，并不意味着无规范的"什么都可以"（anything goes）。我们之所以要在说理时保持开放的态度，从大的方面看，是源于人类作为"肉身凡胎"（mortals）的有限性和可错性（fallibility）；从小的方面看，则是因为说理之人固有的"局限性"看法往往（尤其是在面对复杂或争议性大的问题时）只有在对话语境下（借助于共同体）方能得以检验和改进。图尔敏模型要求说理之人不仅整理你自己的已有思路，做到条分缕析，更要预期并开放于对话方可能提出的异议，恰恰是凸显和放大了说理的对话特征。在此种模型之下，每一位说理之人将不会过分强调自己结论的无可置疑，而且由于人们彼此之间难免有事实或价值方面的分歧，我们甚至不能马上决

① ［英］斯泰宾：《有效思维》，吕叔湘等译，商务印书馆 2008 年版，第 96 页。
② 当然，具体什么样的"理由"最需要我们讨论其真实性，这是由我们说理所在的情境（尤其是我们所关注的议题）决定的。

定谁的说理才是"标准答案"或"最优方案"。但是,所有这一切并不意味着我们说理不再"明辨是非"和"探明真相"以至于随便得出什么都无所谓,也不意味着我们如此说理之后"没有什么大的收获"以至于成为原地打转的、"杠精"们的游戏。站在"你""我"对话交际的角度来看,基于图尔敏模型的说理,其中的规范性至少包括:(1)作为听众或读者的你最后可能并不赞同我的"主张",但你无法忽视我所提供的这些支持材料。(2)如果你怀疑我所提供的这些支持材料的真实性及其相关性,你必须像我一样指出具体还有哪些"反例"是切实存在着的。(3)对于我所提出的"理由",如果你均表示接受,而且进一步调查后发现并不存在"除外情况",那么,从合理性的追求来看,你就"不得不"同时接受我的"主张"。有读者或许觉得,这些兼具开放性的规范性依然不够"强大"或"硬核"。但我要说,这倒是更能体现批判性思维之本质:

> 所谓批判性,是说有信心做出有学问的判断,同时又保留和显示一定的谦逊和虚心;它是说要找到你自己的声音和你自己的价值观,夯实你自己的立场,但不能回避各种其他(来自文献等处的)常常显得更加强大的声音以及多种不同的立场。用划船作为隐喻,可以说,阅读和倾听或许会让我们有所颠簸,但只要我们不翻船,那就是有益的。①

三、结构化说理的开展

图尔敏模型,是我们迈向"好的说理"的重要一步。但是,一个人能够通过图尔敏模型来展示自己或揭示他人的说理结构(就像我们前面所做的练习那样),这显然不意味着他就此完成了一段好的说理,甚至也不意味着任何人可以轻易地找准说理结构中的各个要素。本讲前文顶多只是通过例

---

① J. Wellington, A. Bathmaker, C. Hunt, G. McCulloch and P. Sikes, *Succeeding with Your Doctorate*, London: Sage, 2005, p.84.

子来显示,我们如何可以通过图尔敏模型呈现结构化说理的骨架或内核(而不只是简单罗列理由),但该模型中每一要素的本性以及各个要素之间的区分,往往是运用图尔敏模型之人所遇困难的根源所在。为此,在本书接下来的第三讲至第八讲,我们将针对"主张""根据""担保""支撑""模态词"和"除外情况"等六要素,分专题谈谈诸要素的识别和选择以及注意事项。此外,图尔敏模型更多涉及的是结构化说理的共性或通则,而结构化说理的实际开展,譬如在你要尝试着写成一篇像样的论文时,往往还要求我们注意不同情境之下说理的个性,并运用尽可能生动的文字让你的读者接受你的理由和主张。这是第九讲的关注点。作为对本书接下来主体内容的先导性介绍,我们在此不妨先对如何在图尔敏模型框架之下实际开展结构化说理作个概览:

1. 以批判性问题,明晰说理要素

我们提出要用图尔敏模型来刻画说理结构,并不是说每一个人说话只要提到其各个要素,就算是好的说理因而无懈可击了。真正值得强调的是:任何说理,在其完整意义上,一定包含四到六个要素,即便某人在实际说话时漏掉了某一要素,但在追问之下,一定可以补充上。正是基于这样的共性,我们相信:一旦把一个人的说理用图尔敏模型加以刻画,我们就可以看清听者在哪一点上认同说者,又在哪一点上存疑因而需要深入对话;而且更重要的是,唯有先在图尔敏模型之下明示我们彼此的分歧所在,然后才知道我们接下去的"批判"或论证要在哪里着力和发力,否则将导致诸多无效的说理。事实上,说理的"批判性"或"深刻性"往往都体现在对话各方在图尔敏模型这一"平台"之上的追问和回应。在接下去的六讲中,我们将看到,对于图尔敏模型中的各个要素,我们都可以而且也需要提出一系列的问题。透过这些问题,我们将进一步强化结构化说理的"要素"意识,即我们要想解决当前的核心议题,不得不引入一揽子的"说理要素";然后,审查各个要素,发掘分歧背后的更多共识。因此,这些"问题"的提出和回答,有着不同寻常的意义。在有关批判性思维的文献中,这些"问题"被认为是非常明智的(smart),统称为"批判性问题"(critical questions)。譬如,一本经典的批判性思维教材的书名就是"提出恰当的问题"(Asking the Right Questions)①,其所谓"恰当的问题"就是指"批判性问题"。

从表面句式来看,批判性问题大都是所谓的"W 问题"(即英文中以WHO、WHEN、HOW、WHAT、WHY、WHICH 等等引导的问句),不能以简单的"Yes/No"予以回答;而且,它们本身属于开放性问题,没有所谓的标准答案,似乎任何说理之人都有权给出他自己的回答。但从深层次来看,这些问题之所以被称作批判性问题,关键是因为:对话之人借此可以让对方多说一点,说得再具体些、清楚些,从而寻求到更多可检验的具体信息②,而唯有追问和获取更多这样的信息,我们才可以充分理解说理之人各种陈述和预设,进而对它们的可靠性以及彼此之间的关联性作出公平而非基于误解或歪曲的判断和批评。譬如,为了评判一个人的"主张",我们可以提问:"你怎么看?""你对此有什么态度?""他措辞中有什么词是模糊或有歧义的?"等等。紧接着,再针对"根据"要素提问:"你是根据什么这样说?""你有什么证据?""有何为证?""为什么这样说?""何以表明那真的是事实而没有添油加醋?"等等。再针对"担保"要素提问:"你何以能说'因此'?""你是怎样推出这一步的?""是何道理?""何以见得?"等等。再针对"支撑"要素提问:"此种道理本身何以值得

---

① 这本书的中文版曾被翻译为"走出思维的误区"或"学会提问"。英文版可参见 M.Neil Browne and Stuart M.Keeley, *Asking the Right Questions:A Guide to Critical Thinking*, Eighth Edition, Pearson Education, Inc., 2007。

② 由此,我们应该清楚,当我们向专家结论提出批判性问题,并不是不尊重权威和科学,很多时候只是要翻越信息传导上的藩篱,更好地理解权威和科学。这一点让我们联想到康德关于人类理性与大自然之关系的著名论断:"理性左执原理(唯依据原理相和谐之现象始能容许为等于法则)、右执实验(依据此等原理所设计者),为欲受教育于自然,故必接近自然。但理性之受教于自然,非如学生之受教于教师,一切唯垂听教师之所欲言者,乃如受任之法官,强迫证人答复彼自身所构成之问题。"([德]康德:《纯粹理性批判》(第二版序言),蓝公武译,商务印书馆1960年版,第13页)面对大自然或"专家",一方面我们是学习者,另一方面我们拥有提问和评判权。只是,对于"法官"之隐喻,我们要谨慎解读。因为作为法官的并非你一个人,所以你的评判不可能随意"独裁"。

信赖?""你是怎么就相信了此种道理?""所谓的道理真的适用于我们这里所说的情况吗?"等等。再针对"模态词"要素提问:"你的主张强弱程度如何?""你的这种观点是必然的,还是或然的?""你这种结论是不留余地的,还是个人推测,抑或团队推测?"等等。最后针对"除外情况"要素提问:"你这样说,要附带什么样的限制条件?""有什么情况会使你的论证无法适用?""所谓的断言要排除掉什么样的例外?"等等。当我们围绕各个说理要素试图提出和回答上述批判性问题后,我们将不只是在"讲讲理由"而已,而是把"评理"贯穿其中了;我们将不仅对于说理之"理路"获得相对完整而清晰的认识,而且可以揭示自己或他人说理中的谬误之具体所在(究竟是哪一个环节上出现的),指引我们进一步通往"更好的说理"。

2. 立足情境,说"理"成"文"

没有清晰结构的说理,一篇文章难以称得上真正的说理文。而且,说理文的质量一般是由其说理结构决定的。在阅读他人的说理文时,我们通过一系列批判性问题,从貌似杂乱丛生的句群篇章中,提炼结构要义,并在每一要素的表述上做到语言凝练,这通常意味着我们已经可以评估他人的说理之好坏了——这可谓是"批判性阅读"的最高境界之一。然而,当我们自己要进行"批判性写作",要撰写一篇像样的说理文时,却不能停留于用简单直白的句式建构说理结构,而是需要在图尔敏模型的基础上设法让你的说理有血有肉。而要做到后面这一点,我们首先要特别考虑说理的情境所在,即你打算面对什么样的受众去说理。这一点对于担保你的说理在"终端"形成说服力很关键,因为不同的受众,其文化、经验、价值等方面的背景差异甚大,要求你选择性地呈现你的支持材料,针对性地回应个性化的异议。其次,从言语表达上看,我们并不必把说理结构以图尔敏模型"原原本本地"呈现于文中,重要的是通过生动的语言把它们传达给对方。而为了追求生动性,我们可以娓娓道来,可以举更多例子,也可以加入故事。只要你心中装着清晰的说理结构并以此为本,任何为便于读者理解而选择增强生动性的写作技巧,都是与说理文之宗旨无抵触的。①

 **要点整理**

- 设法让说理更为结构化和系统性,是我们追求"好的说理"的第一步。而图尔敏模型,就是我们为增强说理结构化程度而引入的一种思维工具。

- 根据图尔敏模型,一套能自圆其说的、基本完整的说理,至少应该涉及"主张""根据""担保"和"支撑"等四要素;而由于很多时候要特别关注说理的外部相关性,我们需要再引入"模态词"和"除外情况"等两个要素。

- 相较而论,形式逻辑分析法,追求封闭的、语义单一的形式演算,更适合面向机器或某种理想化的人造系统;图尔敏模型,注重对于理由本身的开放式追问,更适于人们在日常生活及学术层面的说理。

- 在很多面向经验生活的说理中,所谓思想严格并不意味着一定要有某种"普遍的"或"全称性"断言,其本质上是要求我们在思想上保持克制。

- 在基于图尔敏模型的说理中,作为"理由"而陈举的各种所谓"事实"或"道理"与其说是已知绝对属实的"真理"或"知识",毋宁说是试探着提出用以开展对话的一些"共识"或"惯常性判断"。因此,它们可

---

① 事实上,即便是中学生写议论文,其中也不要求每句话都是命题(即"是非句")。王鼎钧曾在《讲理》一书中提到以下五种不需要是非句的情形:"1. 写论说文的人,要找一些证据来支持自己的'是非',在叙述证据的时候,其中有些句子不需要是非法。2. 写论说文的人,有时要用一个小故事来启发读者,他在讲故事的时候,可以暂时抛开是非法。3. 写论说文的人,有时需要用一段描写来打动读者,描写时用不着是非法。4. 写论说文的人,有时用诗人的口来说话,诗句不用是非法。5. 写论说文的人,有时用反问的口吻说话,反问的句子不合是非法。"(第160—161页)

能在后期表明存在例外情形。

■ 基于图尔敏模型的说理,不会过分强调结论的无可置疑,甚至也不马上指定哪一套说法才是"标准答案"或"最优方案",但这绝不意味着说理之人一无所获。惟有先在图尔敏模型之下明示各方彼此的共识和分歧所在,然后才知道我们接下去的"批判"或论证要在哪里着力和发力。

■ 图尔敏模型是通往"好的说理"的"敲门砖"或曰"脚手架"。不过,为了开展结构化说理,我们需要借助于一系列的批判性问题对各个要素做出检视与甄别,同时还要考虑说理的情境以及其他能够增强说理生动性的技巧。

延伸阅读

■ [英]斯蒂芬·图尔敏:《论证的使用》(修订版),谢小庆、王丽译,北京语言大学出版社 2016 年版。该书(初版于 1958 年)首次较为系统地提出了图尔敏模型,并详细解释了为何纯形式逻辑的分析并不普遍适用。若遇到难懂难解的地方,反复而细致的阅读当然是必要的,但对于译作而言,有时参看原版相关字句或能更直接地帮你释疑。该书的英文原版信息为:Stephen Toulmin, *The Uses of Argument*, Cambridge, England:Cambridge University Press,2003.

■ Stephen Toulmin,Richard Rieke,and Allan Janik,*An Introduction to Reasoning*,New York and London:Macmillan,1979;second edition,1984. 该书是图尔敏联合其他两位作者撰写的旨在拓展应用图尔敏模型的教材,其中有大量贴近现实或直接采自生活的说理实例。

■ 本讲注释中所提供的其他你认为有必要跟踪阅读的文献。

拓展练习

[1]参阅相关资料,重读"两小儿辩日"的故事,试着用图尔敏模型还原或重构"两小儿"各自的说理结构,并指出他们各自哪一点最易遭到质疑。

[2]针对你曾经遭受误解的一种想法,或是受过委屈的一件事,尝试用尽可能少的话,说清你的"理",然后用图尔敏模型呈现完整的说理结构。

(提示与解释:我们从逻辑合理性上考虑事情,对于自己的断言要倍加谨慎,即要寻找更好的理由。但是,一旦你决定开始说理,就要有勇气陈述你的理由,千万不要"装",当下有什么样的理由全都说出来,不要怕别人反对。因为你只有如此真实表达出你全部的理由所在,并将之呈现为图尔敏模型,别人才有机会公正判定你的话是否在理、是否可以接受、与你的分歧点在哪里。更不要怕别人指责你的什么偏见或先入之见,你只要讲明你并非无缘无故相信一种东西就行。一旦你以图尔敏模型呈现出完整的说理结构后,你和对话人之间已经建立了一个共同平台,你们可以在此基础上继续前行,开展另一轮更深入的说理。)

[3]重读"无狗社区:以市场手段解决养狗纠纷"这篇评论文,你认为该文的说理结构可以分出并列的或复合的两个或更多个结构吗? 如果可以,请明示;如果不可以,请参阅相关资料,为其增添一个说理结构。

(提示:所谓并列的说理结构,是指作者从不同的角度对于同一个"主张"提出两组或两组以上的"根据 + 担保 + 支撑"。所谓复合的说理结构,是指作者不仅为其"主张"提供了相应的"根据 + 担保 + 支撑",而且特意为其中的"根据"或"担保"提供了另外一组"根据 + 担保 + 支撑"。)

[4]请自行在报刊或网络上寻找你感兴趣的一篇评论文。先用图尔敏模型揭示其说理结构,然后选定一个跟原作者有所不同的说理情境,并在参阅相关资料的基础上试着以自己的话充实该模型,写成一篇短文。最后,把你自己的说理文与原作者的说理文进行比较,你觉得哪一个版本更生动?

（提示：当我们试着揭示一篇文章的说理结构时，可能发现其中不止一个，它们分布在文中的不同地方。这时，读者们所关注的可能并非同一个说理结构。）

［5］结合你自己的实际经历或他处记载的案例，谈谈：当一个人指责另一个人说谎时，后者如果不承认自己说谎，前者可以试着怎样把说理深入下去？

（提示：什么是说谎？有人认为，只要讲的是自己所相信的话就不能算是说谎；也有人认为，你自己相信的事情并不一定就是真的，所以，当你如实讲出自己所相信的话时可能无意间已经在说谎了。还有大家熟知的"善意谎言"，即为了避免一个我们认为一定会让其无法承受的伤痛而在当下有意掩盖真相的做法，算不算是说谎。除此之外，一个人在回答别人问题时有意误导人所说出的那些真话，譬如，当别人问你某个人现在哪里时，你尽管确切知道他是在图书馆，却回答说："他在图书馆或在酒吧"，这似乎不是假话，但也有点像是"说谎"。）

第三讲 亮出你的观点

"What's your point?"（你到底什么意见？）不知道你是否曾因为听到这句直白的话而略感遗憾或伤心，如果没有的话，可以试着设想：大家一起在评论某一社会现象。轮到你插话时，你兴致勃勃大谈一通。你觉得谈到了很多有意思的或有信息量的话，甚至为自己能一下子说出这么多漂亮的话而得意洋洋。结果参与对话的其他人，一脸茫然，或者只是出于礼貌，勉强一笑。直到最后，有人不耐烦地对你说："你到底想表达什么？"（What's your point?）如果你原本是在严肃地表达自己的意见，这句话很可能在某种程度上伤害到你。因为你原以为有所思考，有所相信或怀疑，有所发现或推进，听众竟然抓不到你的"观点"，这将使得一切企图的"严肃表达"消失殆尽。这里的"观点"或"意见"，代表着说话人的基本"立场"或"态度"，放在我们的图尔敏模型中就是"主张"。而"What's your point?"这句话有时（在学术生活中甚至经常）被听到，这至少可以说明，"主张"作为结构化说理的第一要素，表面上看起来再简单不过，但是，其到底代表着什么，说理之人到底该如何恰当表达自己的主张，或许并非很多人都通晓。本讲，我们将集中讨论何谓真正意义上的"主张"以及如何在这方面避免常见的不当表达。

案例热身

"此'问题'，非彼'问题'！"

让我们设想以下两个场景。请留意其中所用的"问题"一词到底什么意思？两个场景下的"问题"，用法一样吗？

（A）当某人出于求助或检测而询问另外一个人对某种事情的看法或判断时，或者，某人表示没听明白或未完全理解另外一个人的意思或想法时，会说："我有一个问题，想请你回答一下！"

（B）在某人思考或做事的过程中，有可能遭遇困难致使其无法完成，这时他通常会说："我遇到了一个问题。"

你不必急于去查词典，因为我们这里要弄清的不只是"问题"一词的义项都有哪些，我们正在做的是本书"绪论"中提到的"概念辨析"工作。读者不妨自行设想一些更为具体的会话场景，看看是否存在类似于我们这里 A、B 那样的用法。然后，归纳总结一下，试着区分 A 和 B 中的"问题"所表达概念的差异。

同时熟悉英文的中文读者，应该很快能够意识到，虽然汉语中前后两类场景都使用了"问题"一词，而英文中与之对应的却是两个不同的词，即"question"和"problem"。事实上，A 场景下的句式表达通常是"I have a question（for you）"，而 B 场景下的句式表达则是"I find a problem（in something）"。笔者要说的是，这不仅仅是语言翻译上的事情①，它涉及逻辑思维中值得高度重视的一种言语现象，即日常语言经常用一个词（即字形字音完全一样）表达不同的概念。如果有谁因为它们是同一个词而以为一定是在表达同一个概念，很有可能陷入思想混乱。

跟本讲的内容直接相关，倘若有人没有意识到"question"和"problem"究竟如何涉及两种迥然不同的概念，而且他认为所谓主张就是一种能显示自己知识水平的、对于有关"问题"的回答，那么，这里要告诫：他很可能并未理解说理中所谓的"主张"到底意味着什么。而且，同是这样的人，如果他正在大学里做学术训练，他的论文很可能被导师指出："没有问题意识！"通常所谓

---

① 初学英语的人在做所谓"汉译英"时经常把"我有一个问题"机械地翻译为"I have a problem"，或把"我发现了一个问题"机械地翻译为"I find a question"。

"问题意识"中的"问题"到底又是什么意义上的"问题"呢？

下面就让我们从"问题意识"讲起,并由此开始对于说理第一要素"主张"之实质及恰当性的解析。

一、从"问题意识"讲起："主张"缘何提出

让我们先明确:学术上所谓"问题意识"中的"问题"与上述 B（而非 A）场景下的用法一致,也就是说,它其实属于"problem"而非"question"。但是,英文中的"problem"和"question"究竟代表了如何不同的两种所谓"问题"呢？二者之间在义理上是否还存在某种联系呢？ 对此,我们需要在"词典"之外做些梳理和总结:

1. "problem"与"question"的义理区分

首先,虽然"question"和"problem"都表示某种困惑不解,但二者的适用主体却是不同对象:拥有"question"的是像你我一样的提问人,而带有"problem"的往往是某种事态或局势。二者显然是不能互换的,譬如,一个人可以说"我有一个 question",但通常不会说"我有一个 problem",除非他是在承认自己有某种毛病。一个人可以说"我发现了一个 problem",但通常不会说"我发现了一个 question",除非他是指自己刚刚没有而现在才看到某个人在向他或别的演讲者提问。可以说,"question"的承载者是主观的人,"problem"的载体其实是外部的客观情境（包括自然世界也包括人工产物）。一个人所提出的"question"可能被评价"问得好"或"问得不好";相比之下,"problem"作为一种事态或局势,一定意味着某种消极或在某些方面"有待完善"的东西,不过,"problem"被人及时发现,通常认为这也不是什么坏事情,反倒是忽视"problem"后常常导致某种不良后果。

其次,与第一种区分关联,"question"和"problem"所需要的回应方式也是不同的:对于后者,我们需要的是解决问题（或曰"解题"）,即"solve the problem"；对于前者，我们需要的只是回答问题（或曰"答题"），即"answer the question"。也就是说，我们是拿"answer"来回应"question"，拿"solution"来回应"problem"。"answer"通常是有现成的标准形态的（尽管不一定是所有人都知道），但"solution"却不是现成的，也没有详细设定的标准，只有成功解决与否或较好较差之说。前者如问"物体燃烧的原因"时，你解释说："那是因为有些物体属于可燃物，如果温度达到了燃点，再加上接触到氧气，就会燃烧。"大家会说这是物理学上的标准答案。后者如在近代物理学初创时期问及："为什么物理学对于燃烧现象的解释比古代燃素说更为可靠"，一个人指出："那是因为我们在燃烧物中找不到一种可称作燃素的物质"，另一个人提出："那是因为近代物理学具有更完善的理论体系"，还有人可能提议："那是因为近代物理学不仅能解释而且可以正确预测种种燃烧现象"，如此等等。当时很难说哪一个就是不正确的，也不能说哪一个就是标准答案，最终是要看它是否以及在多大程度能成功消除异见。如果说"用 answer 回应 question"可看做是国内考试中常见"问答题"的作答方式的话，那么，"用 solution 回应 problem"则可视为"论述题"的作答方式。如果说普通教科书或产品说明书上所作的工作大多是"Q（question）& A（answer）"，那么，说理所要的工作则是"Problem & Solution"。前者所谓的"疑问"仅在学生或产品使用者那里，是学生或产品使用者希望从"毫无疑问"的老师或产品生产者那里得到标准答案或指示；后者所谓的"疑问"则在某种意义上是对话各方共同的，虽然各方都可能在尝试某种"对策"，但该"问题"本身尚不具有标准答案，各方的对策正确与否，有待认可和检验。也正因为如此，我们要通过说理试图寻求一种能被更多人接受、有望具有更多实践可行性的"解决方案"。

尽管二者之间存在上述这些基本区分，但"problem"与"question"之间也并不是毫无联系。事实上，往往正是因为它们之间有内在关联，很多人才倾向于将其等同视之。很多人都经历过，为了发现或解决某个"problem"，我们彼此之间在交流时经常需要借助于各式各样的"questions"，尤其是"批判性问题"（critical questions）；①反过来，在某些场景下，"questions"的提出和回答会引起或帮助解决某个"problem"。譬如，在交流讨论中，一个人为自己的某种观点论证，当听众提出各式各样的"questions"时，他有义务给出"answers"。大多数情况，他应该都能顺利回答"questions"（因为他作为主张人似乎应当知道得更多），但是也会存在一些情况，他无法回答某些合法的"questions"（因为连他自己可能也没有想明白某一点），这时我们会说"他的论证有problem"。② 也就是说，我们对于说话人偶然提出的一个"question"，可能就是我们在他的论证中所发现的"problem"。

另外，对于某个阶段或在某个范围内而言是"problem"的东西，在另一阶段或另一范围内可能只是一个毫无挑战难度的"question"而已。从主体范围来看，对于某一人或某一群体而言的一个"problem"（譬如，数学练习册上的难题），对于另外一个人或群体外的某些人来说，可能并不构成"problem"，只是一个有现成答案的普通"question"而已。另外，从人类认识发展史来看，在某一阶段上对于我们构成"problem"（因而存在多种相互竞争却各有某种不足的"solutions"）的东西，待后来找到公认的解决办法之后，可能就变成了一个普通的、已有现成答案的"question"。当然，反过来，由于一开始人们思考不透彻或疏漏了什么，也有原来被视作有标准答案的"question"，后来却发现（即便是对于专家而言）很不容易获得令人满意的回答，因而实际上变成了"problem"。

📚 | 敬告读者 |

我们围绕"question"和"problem"对"问题"所作的概念辨析工作，涉及日

---

① 如果说"研究"或"探究"就是发现"problem"并解决"problem"的过程，那么，为了做到这一点，比较有效的途径将是"questioning"（置疑），即提出各式各样的批判性问题。杜威在《逻辑学：探究的理论》中指出："在某种意义上可以说，探究和置疑［提出批判性问题］是同义词。我们探究之时会置疑，也会寻求任何凡是能对所提问题提供答案的东西。"参见 John Dewey, *Logic: The Theory of Inquiry*, New York: Henry Holt and Company, 1938, p.105。

② 尽管是在这种情况下，有"problem"的也是某种外在的"思想产品"，而非提出观点的这个人本身。

常语言中非常普遍的一个现象,即"一词多义"或"歧义"(ambiguity)。事实上,大多数的日常用词都有可能在不同语境下表达不同的意思,除非是所谓的专名(proper names)或术语(terms)。日常语言中这种现象的出现,固然有其某种历史根源(譬如,为了追求语言系统的简洁而不至于引入过多的词汇量)。不过,这对于说理之人的确常常造成不小麻烦。一味追求快捷思维的人,往往会因为在一开始忽略这一现象而南辕北辙。在人际争论中,忽略这一情况,既可能导致人们把伪"异议"当做真"异议",也可能会导致人们把伪"共识"当做真"共识"。为了确保有效地开展说理,我们经常需要在多个地方作概念辨析。此种"概念辨析"并不意味着我们"要消除一词多义",甚至也不意味着我们每个人说理时只采用专名或术语,其主要目的在于:提醒我们时刻当心一词多义的存在,揭示"歧义"究竟如何产生以及会对我们言语思想带来何种影响。①

遵循现代汉语的表达习惯,本书接下去提到"问题"时有可能是指"problem",也可能是指"question"。读者需要根据上述关于二者的概念区分,结合"问题"一词的使用语境,自行判断它表示哪一个。通常情况下,这是不难识别的。如确实容易产生混淆,我们将同时标注英文。

2. "问题意识":提出"主张"是为了解决当前"问题"

铭记以上关于"problem"与"question"的义理区分,我们再来看所谓的"问题意识"。我们说让写论文的人意识到"问题",显然不是让其提出各式各样显示自己无知的"questions"列表,而是意味着一项严肃的挑战,即努力认清并设法解决那些阻碍我们前行的"problems"。学术训练中讲求"问题意识",其实代表着人们对于说理的某种一般性要求。面对"说理"或"写论文"之类的参与性活动,不少人显得迫不及待,好像在参加某种知识竞答,似乎他的"主

---

① "歧义"现象常常也是一些逻辑教科书中的议题。逻辑学家对于"歧义"现象的关注点基本上也属于我们这里所谓的"概念辨析",更多可参见 Lionel Ruby, *Logic: An Introduction*, J.B. Lippincott Company, 1960, pp.45-65。

张"就是在抢答一个普通的"question"而已。殊不知,我们之所以要说理,从根本上是因为在我们面前有一个困境或疑难出现了,此即显著不同于"question"之"问题"①,而你提出自己的"主张",主要是想办法解决(solve)当前的这个"问题"的,期望将其作为该"问题"的一种解决方案。② 简言之,你的"主张"所指向的不是某一个人主观上提出的"question",而是客观存在于当下实践中的"problem"。这种"问题意识"是说理之启动的一个先决前提,是我们把握说理时机的关键之所在。

作为一种有指向的思维活动(targeted thinking),说理要求我们做到"有的放矢"。如果这里的"矢"就是说理之人一开始的"主张"的话,那么,"的"就是你所遭遇并希望予以解决的"问题"(problem)。③ "有的",先于"放矢"!在此意义上,"主张"作为说理第一要素显然得是"问题导向"的,否则就成了"不切题"的"无的"之"矢"。在表述你的"主张"之前,你必须先"悬搁"(suspend)你的"主张",认真看清"问题"之所在。倘若忽视这一点,你可能像本讲开头所提到的那种场景,尽管讲了很多,但由于没有面向大家正在关注的"问题",就等于是"pointless"("无主张"或"无意义")。④

需要澄清的是,当我们在被告知"问题意识"和"问题导向"很重要时,并不总是意味着生活中所谓的"问题"很少见或很难找。其实,只要我们分清了"question"和"problem",只要我们在思想上足够坦诚,每当你足够深入地关注或投入一件事时,你几乎总是可以发现问题。因为"问题"可大可小,本质上是一种实实在在的困难、任务,是某种"不适""不顺利"的"未决状态"。它可

---

① 那种不涉及争议的所谓"问题",有时被称作"non-issue"(非问题)。这可以解释为什么有人自认为有很多问题,但被批评缺乏问题意识。

② 如果"主张"是对当前"问题"的解决方案的话,那么,图尔敏模型中其他各个要素则是试图表明:这种解决方案为何以及在何种程度上可以称作好的方案。

③ 这里,你提出"主张"时的"姿态"是更为重要的。至于你的这一"主张"是否果真能解决问题,那是后续的事情,需要通过结合说理的开展情况和实践经验来判断。

④ "Pointless"一词常用之意是"无意义"。如果我们把"What's your point?"中的"point"理解为"观点"或"意见"的话,那么,我们也可以说,"无主张"的说理就是"无意义的",而且正是因为"无主张"才显得"无意义"。

以体现为行动上的"做不到",也可以体现为认识上的"没头绪"。① 它可以是你自己一个人遇到的,但更多可能是大家在谈论或关心的。关于当下社会上的常见"问题",一个识别标准就是"社会热点"。② 尽管不是所有的问题都会成为社会热点,但当下很多热议的事件的确包含某一个或多个真正意义上的问题。这里所谓"热点"应作广义的理解,不仅是已经在媒体上广泛报道的那些,而且还包括虽尚未在媒体上公开谈论但大家深切感受或模糊意识到的困境。也就是说,这些问题之所以称为"热点",并不一定意味着它们直到近期才出现,其关键点在于当下很多人都在关心它们是否以及如何解决,因此,只要是跟大家密切相关,它们完全可以是常议常新的"老问题"。③ 当然,有些人可能认为自己并不关心很多"社会热点",因此试图回避这些问题。必须承认,对于多数人正在热议的"问题",对于另外的少数人可能根本不成为困境,除非后者愿意帮助前者。但不论是谁,都无法"避开"一切困境,因而并非总能"事不关己高高挂起"。你发现并重视一个问题,有时可能是因为自己卷入了一场官司或纠纷,有时也可能只是因为你遭受误解而感到委屈;有时可能是因为你指定被要求"发议论"(如撰写一篇学期论文或在公务员考试中完成"申论"题目),有时也可能只是因为你看不惯身边某一群体的偏见而争辩几句;有时可能是因为你出于神圣的使命感而参与重大攻关项目,有时也可能只是因为你个人的烦恼或内心纠结。

总而言之,尽管有些人在某些场合下被指责"问题意识不强",其实问题并不乏见,也不难找。恰恰是因为诸多问题切切实实地出现并影响着我们的生活,我们才常常有必要说理,并尝试以自己的"主张"去解决它们。杜威曾如此谈到"问题"对于科学乃至哲学的重要性:

---

① 作为困境的"问题",有时是行动上的"做不到",但其根源往往还是认识上的"不知道该如何办"。联系到第一讲中的"说理之自觉",我们可以说,其常见的解决之道就是说理,通过提供各种理由,以决定某一种判断才是更可靠的。

② 人们把针对此类"社会热点"所写的文章叫做"蹭热点"。

③ 就"人们的关心程度"而言,有一些过去的问题因为在今天被认为影响不到人们的生活,甚或被认为无望解决因而完全不予关心,就相当于是消失了(即不再被视为"问题")。

在以科学出现为标志的人类发展阶段,设法确立问题已成为一种探究目标。假若哲学尚未失去与科学的联系的话,它也可以在决定如何表述这些问题以及提出假设性方案方面扮演重要角色。然而,一旦哲学以为它可以找到一种终极性的全面方案,它便不再是一种探究,而变成了某种护教士或是政治宣传。①

|小练习|

■ 澎湃新闻网在 2018 年 3 月 16 日刊发一篇题为"奔驰回应巡航失控狂奔百公里:目前不具备在后台干预车辆技术"的新闻报道。② 请参阅该报道原文,并自行查找其他渠道的新闻资料,然后指出你认为该"新闻事件"中有待解决的至少两个不同的"问题"。

■ 结合前一题中你自己所发现的"问题",对照你在相关报道中看到的其他人指出的"问题",你们关注的是同一些问题吗? 请思考:如果你们关注的不是同一问题,你们各自提出的"主张"是否存在实质冲突? 你认为,你们双方可以就彼此不同的"问题"开展对话和说理吗?

二、"主张"的实质要件

"主张"是什么? 民事诉讼上,"主张"(claim)特指一方向另一方请求对某物享有某项权利(譬如,所有权、占有权或使用权等物权)。③ 从广义上说,一个简单易懂的定义似乎是:所谓主张,就是一个人公开提出的、希望公众认

---

① John Dewey,*Logic:The Theory of Inquiry*,New York:Henry Holt and Company,1938,p.35.

② 可访问 https://www.thepaper.cn/newsDetail_forward_2031574。

③ 本书没有详述和展开但在图尔敏本人那里比较明显的一点是:图尔敏本人在选用"主张"(claim)"根据"(ground)"支撑"(backing)等词作为我们的说理范畴时,建设性地借用了法律用词作为一种隐喻或类比。因为在图尔敏看来,一种充分考虑实践应用的逻辑学就应该以法律学科作为模板,故而我们可以把逻辑学视为广义法学(而非数学)的一种,通常所谓"法律诉讼"不过是建制化(institutionalized)的理性争论。参见 Stephen Toulmin,*The Uses of Argument*,Cambridge,England:Cambridge University Press,2003,pp.7-10。

可的断言。不过,就"主张"作为说理结构中的第一要素来说,我们需要知道的不是什么抽象定义,而是一个合格的"主张"所应该具备的实质条件是什么。在笔者看来,"主张"的实质要件至少有三点:

1. 有真假可言的命题

"主张"(C),可谓我们说理活动的出发点和归宿,也是一篇文章的"开宗明义"部分。但是,作为"说理"的要素,你的"主张"不能只是平铺直叙你的想法,其关键是要弄清.你准备示人的第一条东西是什么,你准备把听众/读者引向一个"什么点"! 这个"点",就是通常所谓的"基本观点"或"主论点",也可以说是你用来解决问题的"点子"。虽然你说理所要展示和贡献的并不只是简单的一个"主张",但你后面接下去要提供的其他东西都应持续面向这个"点"(keep to the point),保证不能脱离这个"点"(not off the point)。作为对于这个"点"的言语表达,"主张"必须是严格意义上的命题,即有真假可言的一种判断式。

这里的"命题"是理解的重点。虽然"命题"一词在汉语中有多个用法,但逻辑学上严格所指的命题(proposition)仅限于"有真假的判断式",因而并非所有完整的句子都可作为命题。一般来说,陈述句往往是直接表达判断的,含有"是非"问题,而疑问句、感叹句、祈使句等却不直接表达"是非"判断。① 不过,如果所指的陈述句只是表达个人的某种感受或知觉而已,如某人说"我感到很开心"或"我爱你",也很难说他是在"下判断"。而通常的疑问句、感叹句或祈使句,虽然不直接表达判断,有时也可能暗藏着某种判断。譬如,当有人严肃地问"中国是发展中国家吗"时,可能暗示一种判断,即国际舆论上对于中国的发展中国家地位存有争议。当一位教徒对你说"愿主保佑你"时,可能暗含一种判断,即"主有能力保佑我们人"。当教师对学生说"请按时上交作

---

① 关于如何识别判断式以及如何把非判断式修改为判断式,王鼎钧在《讲理》一书中(第18—25页)提出一种"是非法",即看句子中是否"包含着真或假、对或错、赞成或反对"。

业"时,可能暗含一种判断,即"教师有资格要求学生按时上交作业"。或当你看到"大学是如何被人遗弃的"之类的推文标题时,它们可能暗含着"大学已经被人遗弃"等判断。① 然而,需要注意的是,就后面这些疑问句、感叹句或祈使句所暗藏的判断而言,在具体语境之下,很可能不止一个。譬如,"愿主保佑你"这句话,除"主有能力保护我们人"之外,还有可能暗含"主是存在的"或"你需要主的保佑"等等。"大学是如何被人遗弃的"这句话,除了"大学已经被人遗弃",还有可能暗含"大学被人遗弃的原因是可以找到的"或"大学被人遗弃的原因已经被找到"等等。也正因为如此,这些未能直接表判断而只是暗藏某种判断的句子,通常不被视作严格意义上的命题,也不能作为我们说理的"主张"。

📚 | 敬告读者 |

我们在谈到"主张"时强调,"主张须是有真假可言的判断",但这里只涉及"主张"本身作为一种命题的真假可能性,尚未确定它们一定是真的。事实上,我们开始于"主张"的整个说理活动正是为了帮助我们确定后者,即为它们的真作辩护。这里存在两组不同的评价词,读者一定要当心,即"真/假"与"合理/不合理"。当我们提出一种"主张"时,只是判定某一命题是真的,但一个命题被断言为真并不意味着它合理或不合理。仅凭单独一个命题无法判定合理或不合理,"合理性"总是指"主张"相对于所提供的理由而言的。唯有当我们为"主张"提供了理由之后,我们才进入"合理性"评价的领地。而且即便是这时,我们最好也不要问:这个主张是合理的或不合理的? 严格而言,我们只能问:它作为一种意见,如此得出,是否合理? 更多这方面的讨论,可回看本书第一讲第三节。

---

① 这种偷偷把"观点"夹裹在问句中的做法,在新媒体的文章标题中较为常见。作为说理之人,我们应该意识到:说这种话的人声称给我们传授"秘密的原因"或"不为人知的秘籍",他们以高高在上的姿态说教,津津乐道,容不得我们提问。但是,由于他们始终没有为之提供任何理由,而只是简单地将之作为预设,那些夹裹于标题之中的"观点"始终处在说理之外。实际上,这些文章本身往往并非说理文。

2. 有必要为之一辩

"主张"得是有真假的命题,但并非任何命题都有作为说理之"主张"的资格。当你提出某一"主张"作为你的观点时,这不仅仅意味着这句话或真或假,你往往已经表明它很有可能为真。需要进一步指出的是,能够作为你说理之"主张"的命题之可能性,不能只是类似于"明天可能是地球毁灭日""我下一局可能会赢"的那种纯粹数学上的"抽象可能性"(possibility),而应该是更为具体和切实的"实际可能性"(probability)。关于后者的"具体"和"切实",一个重要的体现就是:你提出的能够作为"主张"的命题,总是预设着有些人已经或可以预料会对它表示怀疑或提出异议,而即便是在存有如此不同意见的情形之下,你依然觉得它值得你为之一辩。说理,原本主要是说给可能有异议的人的。所以,心中装着可能的异议,不仅仅是一种谦卑,根本上是为了让"主张"以及其他说理要素更能说到点子上,说到读者的心里,说到问题的深处。

此处要强调,这种先在的"怀疑"以及"辩护必要性"是"主张"的一个实质条件。假若一种说法"很有可能"乃至除了理论上的怀疑,没有什么切实的争议,因而没必要为之争辩,也就很难称作真正的"主张"。从法律上看,作为某种"物权主张",你不会对你身上的手机主张所有权,除非有人拿出证据质疑你了(譬如,有人说:是他把手机借给你的,或者你身上的这个手机是你捡到的)。

需要承认,对于你的"主张"所存在的怀疑,可能有程度差异。譬如,你提出"人是机器"时通常要比你提出"2220 年 12 月 21 日不是世界末日"时所面临的"怀疑"更大,你提出"今年 8 月份上海会下雪"时显然也要比你提出"今年 8 月份上海不会下雪"时所面临的"怀疑"更多,你提出"懒惰是人类创新的动力"时显然要比"懒惰并非一种美德"时面临着更强的怀疑。但是,不论面对多么弱、多么少、多么小的怀疑,当你将某一说法作为"主张"时,它一定得是在某种场景下让你感到确实有辩护必要性的,至少在一部分人看来是一种意想不到的"惊人之语"（surprise）。譬如，你之所以主张"2220 年 12 月 21 日不是世界末日"，或许是因为据说有 2012 年 12 月 21 日乃世界末日的玛雅预言，而后来有人说玛雅日历算错了，真正的末日应该是在 2220 年。你之所以主张"今年 8 月份上海不会下雪"，或许是因为有科学家基于全球气候变化的最新形势推断极端性天气会发生在上海。你之所以主张"懒惰并非一种美德"，或许是因为有些人此前已指出，很多为了让人省时省力而完成的科技创新其实都是因为人们在偷懒。否则，倘若你提出某一说法后意识到周围压根儿就没人怀疑过它，那么，听到你这种说法的人很可能不屑地表示："这不足为奇，没什么大惊小怪的，不必小题大做。"换言之，这没有辩护的必要性，因而你不应以之作为说理的"主张"。正如英国诗人弥尔顿（John Milton）所言，在没有对手的情况下说理，是没有意义的。① 事实上，即便是仅限于私人领域的"自言自语"说理，譬如，你劝说自己"我这次考试应该能过"，当你如此"主张"时一定存在某种并非只是杞人忧天的焦虑，你脑子里或许隐约听到过另一种声音：基于某种已经出现的情况（譬如此前有几次课没听懂，或者，这次考试据说加大了难度），我也可能无法通过考试。可以说，在说理的场景下，有些"主张"或许是激进的，但激进并不意味着就是荒唐；"主张"可以是激进的，也可以是保守的，却永远不可以是"乏味的"（banal）"不值一提的"（trivial）。

坦率面对种种"怀疑"，不仅关乎你的观点是否有资格称作"主张"，同时也可以帮助你最终确定一个好的"主张"。一般而言，主张，不能是废话或老生常谈，得是有所发现，得是有见地的，正所谓"有观点""有态度""有评有判"。但一个好的"主张"，往往还要求"有创意"。"创意"哪里来？为了确定一个不同寻常的"主张"，你不能只是简单地在某一热议话题上选择正方或反方。在此之前，你最好怀有一种"存疑"的心态，先去倾听，了解都有哪些人在怀疑正方，又有哪些人在怀疑反方，它们各自的怀疑点又在哪里。即便是在正方或反方的内部，你也要看看他们各方是否存在内部分化，具体又分为几派，

① 转引自徐贲：《明亮的对话》，中信出版社 2014 年版，第 31 页。

各派之间相互在指责什么。这是你深入检查问题的过程,同时也是你细化问题的过程。很多时候,你"主张"中所谓的"创意"实际上只针对"大问题"中的某一细小分支。也只有在你找准你要专注的那个你觉得属于深层次或关键性争议点(issue),但却常被忽视,因而属于最迫切需要解决的"小问题"之后,你才能选择一个真正体现你"创见"的主张。①

在选定"主张"之前的这个存疑阶段,或许会让人感到"不耐烦",但从说理上看,这个明确"怀疑点"、强化辩护必要性的初始工作,不仅是必要的,而且是有着很大回报的。培根在《学术的进展》一书中告诉我们:"在做思考时,假若从种种确定性结论出发,我们最后将以怀疑告终;而假若我们从种种怀疑出发,并耐心对待它们,我们最后倒是能达到确定性的东西。"②我们还见到英语世界中的一条谚语,"澄清问题等于解决了一半问题"(A Problem Well-stated is Half-solved)。经常从事学术写作的人,大都体验过"文献综述"工作的"繁琐",但由于这些工作直接关系到是否找准问题关键进而提出一种好的"主张",大家又都格外重视"文献综述"。在说理文中,一个好的"主张"绝不意味着一个确实无疑的说法,更不意味着不准备让人问真假③;恰恰相反,为了表明你的"主张"真正有"新意",值得他人特别关注,你必须透过"文献综述"之类"梳理和澄清问题"的工作,弄清楚"主张"是在什么背景下针对什么关键点而提出来的,搞明白它在多大程度上存在争议因而需要辩护。④ 也正

---

① 这倒不是说,"问题"一定是越小越好。重要的一点在于:在某一大问题被讨论一段时间之后,影响其最终解决的,往往只是之前一直被忽视的某一细微处。

② Sir Francis Bacon, *The Advancement of Learning*, edited by Joseph Devey, New York: P.F.Collier and Son, 1901, p.65.

③ 可以说,所有不准备让人问真假的说法,都不是好的"主张"。所谓"科学的主张",本质上是当前验证为真之后的主张,但在过去都曾被人问及真假。只有那些冒充"科学"的说法,才不准备让人问真假。

④ 在做这方面的"综述"时,一定不能只看自己偏向其立场的那些文献,否则很难找出"问题"。哲学家密尔提醒我们:对于一种争议,倘若我们只知道自己所偏向那一方的说法,等于对争议本身知之甚少。他还建议我们,对于另一方立场的了解,最好不要仅仅依据我们自己一方的转述或批驳,而要从他们那一方实际的文本和说法出发。参见 John Stuart Mill, *On Liberty*, Edited by David Bromwich and George Kateb, Yale University Press, 2003, pp.104-105.

是在此意义上,有人非常形象地指出:"在真正的论文中,并不是你先采取一种立场,然后捍卫它。[其实更像是]你注意到一扇门半开着,然后你打开它,走进去看看里面都有什么。"①

小练习

设想自己参与下面一些话题的讨论,请在"文献综述"的基础上,结合自己的心得,试着提出一种有"新意"的主张,并阐释你的这种观点何以有新意、何以有必要加以辩护。

■ 家长是否可以体罚孩子?

■ 高铁站票与坐票应该同价吗?

■ 共享单车是否应该被支持发展?

■ 人工智能(AI)是否比人类聪明?

■ 我们是否可以反对"政治正确"(politically correct)的口号?

3. 尽量清晰明确

"主张"之作为说理的第一要素,其首要功能是:表"明"立场,亮"明"态度。而在说理中,"主张"之"明"主要是指概念表达上要尽量清晰明确,让其他人能轻易且准确地抓到你传达的意思。②

倘若所谓的"主张"不够清晰明确,他人将无法捕捉到你到底在主张什么东西,你的论点也就无法得到框定。③ 譬如,一个人说,"他需要钱"。这句话似乎直白到没有人听不懂,但是,其中的"需要"是指什么? 是指他想要的东

---

① Paul Graham,"The Age of the Essay",2004,http://www.paulgraham.com/essay.html.

② 关于概念上的"清晰明确",哲学家们有过很多专门的讨论。作为我们的"主张"所追求的一种效果,读者可以参照日常所说的"clean & clear"("简洁明快",也译为"可伶可俐")来体会。

③ 关于这种由于无法"框定"而造成的后果,一种比较直观的理解是:一对恋爱的人相互承诺"我爱你",但相处一段时间后,虽然他们彼此可以严肃地断言"我是爱你的",每一方却指责对方"背叛"。这背后的分歧,或许主要不是哪一方撒谎了,而是他们原本主张的"我是爱你的"并非就是明确一致的。

西吗？而倘若他听到过有人讲"我们需要的不多,想要的太多"时,他或许会意识到,"他需要钱"可能是指他在主观上想要钱,也可能是指他在客观上缺少钱。再如,一个人说,"我反对任何形式的快乐教学"。初看起来,他似乎是在主张,"任何形式的快乐教学都是不好的"或"不应该开展任何形式的快乐教学",但这里的"快乐教学"到底指什么呢？是指课堂气氛愉悦、师生关系融洽,是指教学内容和形式上增强趣味性,还是指教师一味地讨好取悦学生,抑或是指别的什么？再如,一个人说,"阅读能够消除我们对世界的恐惧"。这话听起来很美,尤其是在原本喜爱读书的我们听来。但是,我们应该同时弄清楚,这里的"阅读"到底是否仅限于"阅读数量",是否"阅读内容"和"阅读方式"无关紧要。由于这些意思相差甚远,任何所预备的立场或态度均将因为"需要""快乐教学"和"阅读"等词所指概念的不明确而得以消解。

各方从一开始就尽量做到在关键概念上保持一致,这对于好的说理而言是非常重要的。正所谓"辨名析理",先辨名,方能析理。有一段非常精辟的话是这样的:

> 为了对于另一个人表示赞同或反对,双方对于讨论中所用的关键词要保持一致。一种貌似悖谬的说法是,你要驳斥另外一个人,就必须(在词义上)与他保持一致。否则的话,我们的讨论将互不相干(at cross-purposes),也就不会有任何的思想交流。①

说理之人在提出一种"主张"时,应该充分考虑自然语言中的一个重要事实,即同一个词可以在不同语境下表达不同的概念。有鉴于这一点,我们应该提醒自己:"主张"中的关键词是否为行业术语,或者是否只有一种流行的用法,如果不是,而你又打算在特定的意义上使用它,你就需要在初次用到它时加上双引号,或者特别指出是"某某意义上的"(in the sense of)用法,并且在随后的说理中及时加以界定。譬如,有人提出"我们要圆滑地面对这个世界",这里的"圆滑"如果出现在主张中或许要加上引号,并向对话者解释清楚

---

① Lionel Ruby, *Logic: An Introduction*, J.B.Lippincott Company, 1960, p.8.

这里的"圆滑"何以具有非贬抑的用法。再如,有人说"今天已经正式进入了春天",这里的"春天"或许应该指出是气象学意义上的或传统农历意义上的春天。①

　　当然,有些词是否为行业术语,我们在一开始时可能并不清楚。所以,说理之"主张"中尽量不要用那些你只认识或只听说过而不知道确切所指的词,否则的话,连你自己都有可能犯下"偷换概念"的谬误。譬如,"应该严厉打击病毒营销""鸭的大量扑杀不会影响鹅肝酱的价格""盯着底层从严执法,那是不讲人性"等说法中,"病毒营销"作为营销行业术语,"鹅肝酱"作为餐饮行业术语,"从严执法"作为法律专业术语,它们都不是其字面义。就这些词的专业用法而言,"病毒营销"是指能够起到像病毒传播一样强烈效果的营销方式,而非售卖什么病毒;"鹅肝酱"(foie gras)是指采用经过特别增肥的鸭或鹅的肝制作而成的一种高档食材,并非仅仅限于"用鹅肝制作的酱";而"从严执法"主要是指一种法律精神,即"执法必严",任何不严格执行法律的行为等于是违法(即"不作为"),至于"从宽还是从严"本身也都需要严格按照法律规定来执行。

敬告读者

　　我们在确定说理之"主张"时,要求尽量提供清晰明确的说法。但这并不意味着你的"主张"在此后说理过程中就不会被任何人误解,或不再需要作任何澄清了。对此,读者应该明白:我们对于"清晰明确"的追求,总是相对于特定的受众而言的。在说理之始提出"主张",我们只能根据对话情境初步估计哪些地方有可能引起误解或混淆,由此提前表明自己是要支持什么但并不因而禁止什么,是要反对什么但并非因而不认同什么。至于实际对话中会遭遇何种误解,我们往往需要另做一些针对性的澄清工作。对于"主张"之明晰性的追求,就如我们在说理中对于"理由"之真实性的追求,它们都无法得到一

---

　　① 所谓"气象学意义上的春天"是指:按照气象学上的标准测量方式,如果某地连续5天日平均气温超过10摄氏度,便意味着当地一年中春天的开始。

劳永逸的绝对保证,只能通过深入对话不断予以强化。

三、"主张"的形式类分

一种说法要成为实质上的"主张",必须满足一些基本条件。但这并不意味着我们在确定"主张"时一定得按照某种特制的模板或格式。从言语形式来看,"主张"可以而且应该有多种不同的类别。最常见的莫过于立论型主张与驳论型主张之分,然后还有事实型主张与价值型主张之分,另外还有直言型主张与假言型主张之分。认清这些不同类型,对于我们在说理时选定属于自己的恰当"主张"很有帮助。下面,让我们依次来看:

1. 立论与驳论之分

立论型主张与驳论型主张的区分在语法上体现为"是"与"不/并非/并没有"(to be 与 not to be)。通常,立论是某人先从正面作出一种断言;而驳论作为回应,则是否定立论之人前面所作的断言。就此而言,这种区分是比较容易把握的。不过,由于驳论之人往往不甘于通过仅仅在立论型主张前面加上"不""并非"或"并没有"来树立自己的驳论型主张,他们经过变形之后的句式到底是否仍在以及在多大程度上驳斥原来的立论型主张,需要引起我们重视。

譬如,立论方提出,"应该禁止转基因大米的大面积种植";驳论方可能提出,"不应该禁止转基因大米的大面积种植"予以简单否定,也可能改变说法,通过主张"应该支持转基因大米的大面积种植"来否定原来的立论型主张。但是,后面这两种"否定"强度明显不一样,因为并非所有主张"不应该禁止转基因大米的大面积种植"的人都会主张"应该支持转基因大米的大面积种植",尽管所有主张"应该支持转基因大米的大面积种植"都会主张"不应该禁止转基因大米的大面积种植"。类似的例子还有:"我们不知道这个人的证词是假的"不等于"我们知道这个人的证词是真的";"并非所有人都参与了这一事件"不等于"所有人都未参与这一事件";"并不是说人人有责"不等于"人人无责";"他还没有到达会场"不等于"他一定还在路上"(或许根本还未出发呢);等等。

有些时候,如果立论型主张原本就比较复杂或者有歧义,那么,驳论型主张的选择,就更应该当心了。譬如,一个人想要驳斥"我们三个人没有一个被选上",他就不能把自己的主张简单地改变为"我们中间有一个人被选上了",因为或许他用来驳斥的事实只是"我们三个人都被选上了"或者"我们中间有两个人被选上了"。再如,有人反对"做一个有梦想的吃货,你就是无敌的"这句话,他的驳斥性主张不应该是"不要做吃货""你无法做到无敌"或是"任何有梦想的吃货都不是无敌的",而应是"你可能成为一个失败的有梦想吃货"。至于一些看似成语的习惯用语,假若其本身存在多种解读,那么,相应的驳斥性主张也会随之变化。譬如,有人或许认为当他在驳斥"孤芳自赏"时实际上在主张"孤芳不自赏",但二者到底是否构成矛盾关系,还要看这个习惯用语如何解读。假若"孤芳自赏"是说"孤芳者无不自赏",而"孤芳不自赏"是指"有些人孤芳却不自赏",那么,后者直接构成前者的矛盾性主张。假若"孤芳自赏"是指"某些人不仅孤芳而且自赏",而"孤芳不自赏"是指"这些人孤芳却不自赏",那么,后者虽然也可以驳斥前者,但并非是前者的矛盾性主张。实际上,为了驳斥前者,他没必要采用后者这么强的说法。[①]

上述很多例子涉及逻辑学上的一种区分,即矛盾关系和反对关系。"逻辑矛盾"是一种比较强的关系,即两种说法既不可同真,也不可同假;有些只是"不可同真"但却"可以同假"的关系,并不属于矛盾,而是反对关系。还有另一种可以显示某种"对抗性"的关系是"不可同假却可以同真",通常被称作"下反对关系"。除非可供我们选择的说法只有两种,非此即彼,没有第三种或更多的其他可能性,否则,我们都有必要把矛盾关系与反对/下反对关系区分开来。在我们说理或论证时,为了驳斥已有的某一立论,除了不可以采取与

---

① 与此类似,当你要否定"宁静致远"这一说法时,或许你也得先搞清楚原来的惯用语到底是在表达什么样的意思:是说"宁静"是"致远"的充分条件,还是必要条件,抑或二者毫无因果关联只是都比较重要?

之具有下反对关系的驳论型主张,你既可以采取与立论型主张相矛盾的驳论型主张,也可以采取与之具有反对关系的驳论型主张,然而,在很多时候,为了达到"驳倒"之说理效果,你没必要采取与立论型主张具有反对关系的驳论型主张,而只需要采取与之具有矛盾关系的驳论型主张。

2. 事实与价值之分

事实型主张与价值型主张的区分在语法上体现为"是"与"应"(is 与 ought)。事实型主张所断定的是某种情况是否属实,它们是有关"真实"或"虚假"的实然判断。而价值型主张所断定的是某种社会倾向是否值得追求或倡导,它们是有关"做对"或"做错"的应然判断。

关于事实型主张,我们要注意,它旨在表明有一种实质性发现,即某某情况属实。它可能是主张某某事情的确发生过,也可能是主张某某事物的确具有什么性质或特点,还可能是主张某某情况是一种现象的主要原因或原因之一。这些"事实主张"不同于通常所谓的"事实陈述"。后者往往是对于别人或大家意见的重复或描述而已,并不代表陈述者本人的意见(opinion),更不用说"主张"了。要知道,"这是一个恐龙"(作为"事实主张")与"他说这是一个恐龙"(作为"事实陈述")是不同的!事实型主张,很多时候是把某一类的属性赋予某一或某些个体对象,从而确立"事实"之所在。对此,有学者是这样解释的:

> 说理中要说服听众接受的"事实",如果有争议,关乎的并不是客观事实,而是由理解和解释所确定的"事实"。这样的"事实"其实是一个包含着定义的"看法",它的"事实[型]主张"(categorical claim)是事物的类属和属性的名称,或者是"名称即实质"意义上的那种实质,但并非客观实质。"事实[型]主张"包含的定义往往是以命题陈述或其他类似形式出现的,用来修饰、说明、确定主语的性质或类属。例如,滑轮是一项体育运动,涂鸦是一种艺术,红歌像莎士比亚作品。①

---

① 徐贲:《明亮的对话》,中信出版社 2014 年版,第 90 页。

不过,对于这里的"属性",我们要从广义上理解,不应仅限于一些具体事物所具有的属性,还应同时包括某种事态或行为的属性。譬如,我们所争议的"事实型主张"可以是"西红柿是蔬菜而非水果"或"南瓜是水果而非蔬菜"之类的①,也可以是"安乐死是一种谋杀而非助人行为""这二人之间是夫妻关系"或"他这种行为属于赠予"等等。

关于价值型主张,也有一点需要注意,即一个人主张某某情况是应当的或不应当的,并非主观情绪的表达,似乎你想怎么认为就怎么认为。西方世界流行一种说法,即"口味之上无争议"(De gustibus non est disputandum)。其言外之意似乎是,一个人喜欢什么或不喜欢什么,认为什么好或什么不好,都是他私人领地内的自由,别人没必要去指责或评论。对此,我们必须清楚:"价值型主张",所关注的不是某一个人实际上怎么看或喜欢怎么看,而是全社会应该有什么样的价值追求。也就是说,即便是一个人提出他自己的"价值型主张",也一定得是面向整个社会或至少是某一公共领域而谈论的。否则的话,假若他把"价值型主张"当做"个人口味"一样的自由权利,根据我们前面对于"主张"之实质条件的分析,既然对于口味没有什么争议,他也就不可能就口味提出任何真正意义上的"主张"了。

"事实型主张"指向"已经存在或发生的情况",而"价值型主张"指向的往往是某一未来状态,希望并预期好的事情在未来增多或出现,或者不好的事情在未来减少或消失。应然的或许能在将来变为现实,但它并不等于实然的。"应然"并不要求它所提到的事情已经发生。恰恰相反,往往正是因为某一"好"现象稀缺,才值得我们追求和倡导。鉴于这样的差别,我们通常不仅能轻易分辨他人说理中的"主张"是指向实然的"事实"还是指向"应然"的"未来",而且也能自觉在立论时区分事实判断与价值判断。不过,也有一些情况,二者会纠缠在一起,尤其是当我们在提出某一价值型主张时往往会考虑到

---

①　关于西红柿到底是水果还是蔬菜,曾经引起过一些法律诉讼。虽然从植物学上看,西红柿被认定为水果,但在涉及关税的国际进出口贸易中,西红柿有时被认定为蔬菜而非水果。

相关的一些事实型主张。譬如,对于网络上热议的"高铁上能不能吃泡面?"话题,当你想表达"高铁上不能吃泡面"时,你所主张的可能是"事实上高铁上有制度禁止吃泡面"这样的事实型主张,也可能是"从社会公德上讲高铁上应该禁止吃泡面"这样的价值型主张。而且,当你提出后一种主张时,很可能已经预设"高铁上有制度禁止吃泡面"并非一种既定事实。再如,关于吸烟是否有害健康的话题,有人认为既然有害健康,就应该禁烟。"吸烟有害健康"是事实型主张,"应该禁烟"是价值型主张。但是,后者所谓的"禁烟"到底又是一种什么"价值导向"呢?是指"禁止人吸烟",还是"禁止烟草买卖",还是禁止"生产烟草"呢?为了最后确立你的价值型主张,你需要考虑相关的一些"事实",譬如,当前中国社会禁烟或控烟的制度规定是什么(是禁止他人吸烟还是禁止在公共场合吸烟),历史上为何会兴建卷烟厂并允许大量销售,国际上有没有一个政府完全不允许生产、销售和使用烟草的,等等。

📚 **| 小练习 |**

下列商品是我们生活中经常谈到的,有人认为它们跟香烟存在某种类似性,譬如,它们全都危害了消费者健康。请查阅有关资料,结合自己的体会,谈谈其中可涉及的"事实型主张"和"价值型主张"有哪些。你觉得哪一种"价值型主张"在当前社会更具可行性?

▪ 槟榔
▪ 酒
▪ 快餐
▪ 大麻

3. 直言与假言之别

直言型(categorical)主张与假言型(hypothetical)主张在语法上的差别为:后者往往带有一些限定词,如"在某某情况下""如果""只要""当且仅当""或者"等等,而前者却不带。当我们想表达一种观点时,有时我们会用简单而直接的断言,此即"直言型主张"。譬如"这样做不对",或"他有罪"。也有时我们会觉得情况有些复杂,要增加一些限定条件,或者并不直接断言是哪一种情况,而是谈到有多种情况都可能,此即"假言型主张"。譬如"如果情况属实的话,他是有罪的",或者"你应该这样做或那样做"。

关于"假言型主张",有必要做些术语说明。当今逻辑教科书倾向于把"假言判断"等同于条件判断。不过,在此前很长的历史传统里,"假言判断"都是一种泛称,在一定程度上可以说包含了所有并非直接表达单一判断的复合句式,既包括条件判断,也包括选言判断。本书倾向于采用广义上的"假言判断"用法。"选言判断"与"条件判断"之间的逻辑联系也支持这种用法。虽然表面上选言判断(如"你应该这样做或那样做")只是提供了一种选择,但其本质上是做了一种假设,即你应该有的做法有而且只有两种(即"这样做"和"那样做");而基于这种假设,如果我们知道了他无法或没有"这样做",一定可以推断他应该"那样做"。于是,原来的选言句式就很自然地转化成了条件句式:"如果你不这样做,就应该那样做"。①

通过第一讲第二节中的有关论述,我们已经知道,由于生活世界的复杂多变以及人类认知的有限性,日常或学术说理中的结论性判断往往不是绝对的,而是有所保留的。基于这种情况,我们需要意识到,如果你希望更为谨慎因而也更为准确地表达自己的观点,"假言型主张"相比于"直言型主张",往往便于达到意想的效果。譬如,一群青年正在讨论"新入职员工应该主动多做事吗?"比起直接回答"应该"或"不应该",更谨慎的一些主张或许会是"假言型的",如:"应该,只要你额外做的这些事可以帮助你尽快适应岗位工作";"应该,假若你想在上司和同事那里快速建立良好印象的话";"应该,如果你主动承担的这些事情不会给你造成麻烦";"不应该,假若你是在一个更看重效率和规则而非勤奋的公司里";等等。

---

① 当然,也可以转化为"如果你不那样做,就应该这样做"。这种转化背后的逻辑规则一般叫做 DS 规则("选言三段论"或曰"否定肯定式")。

千万不要以为,这些"假言型"说法作为"主张"并没有做什么实质性判断,只是在绕弯子。假言型主张不够"直接",但可以真实无误地传达你的观点。譬如,你可能无法确定某人是否有能力"这样做",所以才会说"假若他不这样做,就应该那样做"。虽说是"假言型主张",这一说法仍表达了某种坚定不移的判断。它告诉我们:假若他实际上有能力"这样做",他当然可以"这样做"也可以"那样做";不过,一旦我们获知他没有能力"这样做",他应当采取的做法只能是"那样做"。而如果后来发现他没有"那样做",一定得是因为他"这样做了"才可以。①

事实上,数学以及科学上的很多"定理"或"定律",往往都是假言型主张,只是有时被掩盖了,或省略了条件词。譬如,欧几里得几何学中有一条定理是说:"一个三角形的三个内角相等当且仅当其三条边等长",其中的"当且仅当"就是一种假言性,即"如果一个三角形的三个内角相等,那么其三条边等长",同时,"如果一个三角形的三条边等长,那么其三个内角相等"。再如,牛顿力学第一定律,有时我们表述为:"一个不受外力作用的物体将保持静止或匀速直线运动状态",这里面似乎没有任何条件词,但其中主语"一个不受外力作用的物体"已经暗示它所谈论的是假定状态下的物体。其实,这个定律更清楚直白的表达方式往往就是"假言型主张":"任一物体,在不受外力作用的情况下,一定保持静止或匀速直线运动状态";或者"任一物体,假若不受外力作用,一定保持静止或匀速直线运动状态"。

|小练习|

我们生活中的一些口头表达,虽然没有附带条件词,其实也是一种"假言型主张"。请指出下列每一组中的三种说法(其中第一种可谓"标准表达")是否具有语义差异? 如果有差异,请分析它们作为"主张"有何具体的不同点。

---

① 这里的"确定性",涉及有关充分条件句的两条逻辑规则,即 MP 规则(又曰"肯定前件式",即若肯定前件一定得肯定后件)和 MT 规则(又曰"否定后件式",即若否定后件一定得否定前件)。

■ "好狗不挡道。"

"赖狗都挡道。"

"挡道的都不是好狗。"

■ "不是冤家不聚首。"

"冤家都会聚首。"

"聚首的都是冤家。"

■ "有他没我。"

"他和我不能同时出现。"

"他一定出现而我一定不出现。"

■ "来者有份。"

"所有人都来了。"

"没来的就没有。"

■ "网络空间天朗气清、生态良好,符合人民利益。网络空间乌烟瘴气、生态恶化,不符合人民利益。"

"网络空间有时生态良好,有时生态恶化。"

"网络空间或者符合人民利益,或者不符合人民利益。"

四、避免表述不当的"主张"

一个"主张"本身到底是否正确或是否值得信赖,往往取决于你所提供的理由以及你对于各种异议的回应情况。这在我们说理一开始时是没办法保证的。尽管如此,为了追求更好的说理,我们却可以在一开始提出"主张"时尽量避免表述不当以至于导致后面的说理无意义或不公平。表述不当的"主张",并不意味着它就是错的,毋宁说由于表述"不好",将使得我们无法通过说理来评判其对错,因而并不适合拿来说理。关于"表述不当"的例子,我们在前面各节中偶有提到。本讲最后部分,将集中谈谈生活中常见的一些跟"主张"有关的思维谬误。

1. 不要误把关系词当作固有属性

我们在提出一些"事实性主张"时常常把某一属性赋予某一类对象,这容易给人一种感觉,即一切所谓的"属性"都具有相同的用法。譬如,我们说"这是一朵花"或"这朵玫瑰花是红色的",我们似乎也可以在同样的意义上说"这个人是成功的"或者"这个人是幸福的"。但这里要指出,尽管我们可以在"属性"一词的广泛意义上把"成功"或"幸福"当做某一群体的属性,但是,这些属性并不同于"花"和"红色"。后者是固有属性,而前者往往是非固有的,毋宁说它们是一种关系用法,即"相对于什么而言是成功的"和"参照什么标准来说是幸福的"。所谓"关系词",至少涉及两个指称物或相关项①,有所谓的二元关系词,也有所谓三元乃至更多元的关系词。② 就"成功"或"幸福"这些词的实际用法来看,有时候它们甚至不只是"相对于某一点而言是成功的,'而是要说'相对于 XYZ 等多个方面而言是成功的"。正如英语世界中至今流传的一句名言所说:

Success is a relative term. It brings so many relatives.③

(字面义:成功是一个关系词,它有很多相关项。)

(比喻义:成功是一个关系词,它会带来很多亲戚。)

类似"成功"和"幸福"的非固有属性,我们在生活中还遇到过其他更多的,如"富裕""贫穷""有本事""实用""重要"等等。作为固有属性来看时,它们大都显得很模糊(vague),譬如,到底是有多少钱才算具有"富裕"这一属性呢? 这背后的评判标准似乎也不是固定不变的。然而,只要我们不把它们看

---

① 这种"指称物"或"关系项"在逻辑符号中常用空位或括号表示。

② 有些逻辑教科书往往把仅涉及某一类对象的固有属性称作"性质",而把其他的称作"关系",由此形成性质判断与关系判断之分。有些逻辑学家之所以不愿过分强调"属性"与"关系"之分,或许是因为从现代数学的处理法来看,通常所谓的关系可视作一类特殊的属性,即——有序对的属性,而通常所谓的属性可视作一类特殊的关系,即一元关系。

③ 关于这句话的最早使用,有说是出自电影《加菲猫》(Garfield),也有说出自萧伯纳,或是出自霍金。必须承认,我们的言语活动中的确会有这种现象,即无法确认某一流行说法的原始出处。

做表达固有属性的词,而是作为一种关系用词,这些词在特定的语境下又都可以做到精确。譬如,如果我们不是粗略地说:"这个人是富裕的",而是说:"按照当时当地的经济发展水准来说,这个人是富裕的",或者说:"这个人在当地是富裕的",那么,我们将更接近于一种明确的"主张"。如果我们不是粗略地说:"这个东西是有用的",而是说:"这个东西对于我们提高学习效率是有用的",那么,"有用"一词也将不再会沦为一种几近空洞的说辞。①

或许,上述这些关系词之所以会被视作与"花"和"红色"一样的固有属性,是因为它们跟后者一样属于名词或形容词。如果我提到作为动词的关系词,很多读者应该能更清楚一点。譬如,"殴打"是一个二元关系词,同时涉及"打人者"与"被打者";"给予"是一个三元关系词,同时涉及"给予者""给予物"和"被给予者"。"殴打"这样的二元关系词大致对应于英语中的常见及物动词,而"给予"这样的三元关系词则对应于那种同时有直接宾语和间接宾语的及物动词。然而,对于按照词性来定位概念用法,我们要格外当心。因为语法上的不及物动词似乎不会是关系词,但是,"我们的经济增长了"之中的"增长"至少应该是一个二元关系,即相比于某一年有所增长。另外,一个词到底是否用作关系词以及用作几元关系词,这并不是可以由语法知识事先确定下来的。譬如,"左转"或"右转"似乎是不及物动词(如"他左转了"),但其实它们至少涉及两类对象,即"被转动的物体"与"这个物体左边(右边)的空间";而假若是人走在马路上"左转"或"右转",则会涉及到三类对象,即"过马路的人""他左边(右边)的空间"和"他目前朝向的空间"。对此,我们可以设想如下存在于 A、B 两人之间的对话:

A:我现在走到了×××街口。你家在什么位置? 告诉我前后左右就行,我分不清东西南北。

---

① 关于"有用"一词的空洞化风险,我们可以提到:有人说"上学很有用",也有人说"上学没啥用";有人说"文史哲大有用处",也有人说"文史哲是无用之学"。这种混乱的局面大都是由于没有认清"有用"作为关系词的用法。有鉴于此,当我们听到有人把"实用主义"作为贬义词使用(如用作"庸俗"和"无原则"的代名词)而另一些却将其作为褒义词使用(如用它来代表"人类自身的一种朴素而务实的智慧")时,就不足为奇了。

B：我家就在你左手边。

……

A：我朝左边走进去了，那是一个商店啊。

B：哎哟！你得告诉我你现在面朝哪里？

📚 | 小练习 |

你觉得下列说法够明确吗？请试着引入更多相关项，使之能更加准确地向一位陌生人表达你的"主张"。

- 他这次考得不错！
- 他这次考了90分！
- 他这次考了5分！

2. 防止套用口号的"罐头思维"

"罐头思维"（potted thinking），是出自哲学家斯泰宾的提法。她借用"罐头"等方便食品作为隐喻，暗指某些朗朗上口的口号（catchword）①虽然让人信手拈来，方便易用，但正如罐头食品一样，由于处理掉了很多关键的"营养成分"，因而是不新鲜的。而"罐头思维"则是指某些依赖口号、套用标签的懒惰思维。习惯于这种"思维"的人往往追求"方便速成"的"普遍概括"，不愿意获取和考察第一手材料，也不愿意具体问题具体分析，因而很容易错失"新鲜经验"。

譬如，有人在挤满人的公交车厢上，看到一个四肢健全的人坐到标有残疾人专座的座位上，他直言道："这个人不是残疾人，不应该坐在这个位置"。很显然，他对于"残疾人"以及"残疾人专座"的运用都是标签式的、罐头式的：他没有具体考察这个人是否有"肢体残疾"之外的其他残疾情况，也没有考虑和调查过公交车上的"残疾人专座"是否只允许肢体残疾人使用。再比如，我们

---

① 英文中还有一个类似意思的以 catch 开头的词"catchall"，意为"各式各样东西都可以往里装的一类词"。

经常听到"一切皆有可能"。基于这样现成的口号,有人在听到某人说不可能完成某一任务时就直接回应"没有什么是不可能的",这也是懒惰的罐头思维。他的这种"主张"没有任何"新鲜"成分,因为他根本不去考察当时情境下所面对的到底是什么样的任务,他也没有去思考别人说的"不可能"与他所说的"不可能"是否为同一种用法。福尔摩斯曾经说过:"一旦你去除那种不可能的(impossible)情况,剩下的不论显得多么不可能(improbable),也一定就是真相。"①对照英文可以注意到,这里面的两个"不可能"一个是"impossible",另一个是"improbable"。当习惯于罐头思维的人说"没有什么不可能"时往往是指"impossible"意义上的"不可能",而当面向具体工作而说"某种任务不可能完成"时往往是指"improbable"。基于对未来无限可能性的强调,我们可以说"impossible"的事情几乎没有,但就特定阶段的某项工作或事情(譬如,我们今年要定居月球,或者在一天之内建造一座跨海大桥)而言,我们当然可以说它是"improbable"。②

　　在我们这个时代,广告宣传中的"口号"和"热词"以及某些新媒体上吸引读者的"标题党"(click baits),会催生"罐头思维"。譬如,"拎包入住""天下真的有免费午餐""买一送一"等等。你不必等到"受过骗""上过当"才明白,这些广告"口号"中可以装着差异甚大的内容。作为受众,为防止受骗,在没有行业标准或统一用法的情况下,建议读者对各种"口号"和"热词"按"最弱意思"去解读。譬如,所谓"打对折",可能是商家在昨天特意把之前价格提升一倍,以便促成今天的"大促销"。而所谓"震惊国人"或"惊天秘

---

① 　Sir Arthur Conan Doyle, *The Sign of the Four*, chap.6, 1890.

② 　在日常英语中,这两种"不可能"常常不加区分地用"cannot"(不能)来表达。至于"不能"(cannot)一词,其在不同情境下的用法更是多样,譬如,图尔敏曾提到这些例子:"你不能只身抬起一吨重的东西""你不能把一万人都弄进市政厅""你不能说狐狸有尾巴""你不能说你的姐姐是男的""你不能在禁烟区抽烟""你不能一分钱不给就把你儿子打发走""你不能强迫被告的妻子出来作证""你不能问火有多重""你不能找到一个作为2的平方根的有理数"等等。图尔敏认为,这些场景下所用的"不能"虽然在"效力"(force)上类似(即,均排除了某种情形),但它们的"标准"(criteria)差别很大(即,用以决定是否排除的准则不同)。Cf.Stephen Toulmin, *The Uses of Argument*, Cambridge, England: Cambridge University Press, 2003, pp.22–33。

密",可能只是某些人自己认为的大事儿,所谓"全球沉默""人心惶惶""世界哗然"或"全民炸锅",可能只是很多地区都有人做了某件事或有了某种反应而已。

有人或许觉得,套用"口号"或"热词"可以让你的"主张"显得时尚或抢人眼球。但是,要知道,这些东西一旦进入说理,其脆弱性最终都会被揭示出来,有时还会令你付出代价。据报道,2018 年 11 月 18 日晚,新东方教育集团董事长俞敏洪在某大会上发出"现在中国是因为女性堕落导致整个国家堕落"言论,遭到影视演员张雨绮及许多女性网友 diss(抨击)。18 日晚间,俞敏洪发文道歉,表示是自己没有表达好,引起了误解。自己真正想说的是:一个国家女性的水平代表了国家的水平;若女性素质高,母亲素质高,就能够教育出高素质的孩子;女性强则男人强,则国家强。俞敏洪的观点原本可以朴素但却明确地表达为"假如一个国家女性的水平高,整个国家就会强大",但或许是为了借用一些"热词"(如"现在中国""堕落"等),他说出的"现在中国是因为女性堕落导致整个国家堕落"已经严重偏离其原意了。①

|小练习|

留意以下"口号"中的关键词,你觉得它们中可能包含着什么样的"罐头思维"?

■ 老师不能体罚学生!

■ 人要保护动物的权利!

■ 不要让你的孩子输在起跑线上!

■ 美国比我们发达!

■ 中国人是勤劳勇敢的!

---

① 根据我们前一节所讲过的直言与假言之分,"直言型"主张"现在中国是因为女性堕落导致整个国家堕落"看似斩钉截铁,实则武断。能够准确表达说话人本意的只能是某种"假言型"主张,如"假如一个国家女性的水平高,整个国家就会强大",或者"假如一个国家女性堕落,整个国家就会堕落"。

3. 不添加"制造问题"的字眼

所谓"制造问题的字眼",是指:"主张"中的关键词本身带有一种感情色彩,使得某种似乎人人皆知因而无需论证的"观点"已经加载于其中,但在参与说理的其他人看来,那些字眼本身往往是更值得争议的,因而在使用之前就应该先行论证一番。

譬如,"这些吃狗肉的饕餮之徒是没人性的",其中的"饕餮之徒"何以能冠名"这些吃狗肉的人"?"那些批评政府的叛徒应该被关进牢里",其中的"叛徒"一词何以能冠名"那些批评政府的人"?"应该打击这群奸商",其中的"奸"字何以能冠名"这群商人"?"政府应该禁止堕胎这种谋杀未出生孩子的行为",其中的"谋杀未出生的孩子"也是"制造问题的字眼",因为人们争议的焦点往往是"堕胎行为是否属于谋杀未出生的孩子"。"对于他这种人渣,你不应原谅!"其中的"人渣"显然也是被加载进来的"问题",因为听到这句话的"第三方"往往希望说话的人能够先表明"他这个人何以是一种人渣"。

在日常生活中,当有人说出这些含有"制造问题的字眼"的话时,往往声音比较强,语气很坚决。但从说理的角度看,当我们把这些"制造问题的字眼"运用到一方的"主张"中时,会使得另一方处在一个不公正的"起点"上。而既然不是公平,别人可能一开始就拒绝参与对话,因而也就无法形成真正意义上的说理,更谈不上什么说服力了。在对抗性的论辩中,如果辩论的题目本身是"制造问题的字眼",这就好比是事先对某一方辩手偷偷下毒,以使得另一方可以轻松获胜或不战而胜。故此,这种思维谬误有时被形象地称作"井中投毒"(poisoning the well)。需要注意的是,有时候虽然看上去不是"井中投毒"倒像"为对方解脱"的说法,但其实也会偷偷"加载问题"。譬如,一个人当众提出:"大家要相信,他并没有出现四次不及格的情况。"这里的"四次不及格"即便是被否定了,但由于其原本就被设定成了一个"问题",它已经在暗示:有不少人曾经猜测"他四次不及格"。然而,实际情况可能是,"他"可能只是学习不算出众,却从来没有不及格,对此其他人也不曾怀疑过。

4. 慎重理解他人的观点

在"主张"的语言表达上,对己要严格,对人要慎重。一方面,我们要以同情的方式理解他人,看对方在特定语境下是什么意思,以减少不必要的误会。另一方面,我们也要防止把自己的心理倾向带入到对于他人观点的理解中去,不能因为对方说出了自己愿意听到的话而有意对其做无限宽松的解读。

在论辩过程中,说话人可能觉得对方的某种复杂观点太难懂,于是决定改变成一个简单清晰的形式。需要当心的是,对于对方观点的"重新表述"有可能已经歪曲了对方,这就好像是比照原型扎了一个稻草人①,然后自己后面的驳斥对象,就只针对稻草人。这种谬误被形象地称作"稻草人谬误",有时也被称作"跟风车作斗争"。它不仅出现在日常争论中,也经常出现在学术争论中。譬如,针对有人对于"科学主义"的批评,有人指出:"你们反对科学。这是无视科学所取得的巨大成就,是虚无主义论者。科学是经过实验检验的东西,不会错的。"这中间的关键是如何理解对方对于科学主义的批评。批评"科学主义"就意味着批评"科学"吗?或许,他所批评的只是超越界线的"科学万能"或"以科学抵制文化"之类的说法?或许,对科学设立界线,本身是为了更好地推进科学发展呢?不解决这些争议,就简单化地批评对方,等于犯了"稻草人谬误"。在学术文献中,很多以"主义"(-ism)结尾的词往往具有特定的用法,我们在理解他人包含有这类词的观点时,最好是先问一下:"你所谓的什么主义,到底指什么呢?"

与为了驳倒对方而走向简单化理解的做法背道而驰的,是为了强化自己的已有信念而把对方原本有歧义的观点直接引向自己特意选择的一种用法上。这显然是"过度解读"的极端情形。该做法的流行,经常引起心理学上所谓的"巴纳姆效应"(Barnum effect)。据说,一位名叫肖曼·巴纳姆的著名杂

---

① 当然,在对话说理中,有时根据论证语境的需要,一方觉得有必要在重视原意的前提下把另一方的观点加以适当重述或整理。这通常并不等于稻草人谬误,除非是在另一方明确予以否认的情况下仍然认为自己的"简化版"就是"原版"。

技师在评价自己的表演时说,他之所以很受欢迎是因为节目中包含了每个人都喜欢的一些东西,由此使得"每一分钟都有人上当受骗"。表演行为上的这种现象,可以类推到人们对于某些歧义观点的选择性解读上。[①] 其背后的秘密是:很多包含笼统含糊字词的语句是几乎适用于任何人的,但每个人在解读时却都试着将其当作对自己(而非别人)的独特描述。如星相书中的"你喜欢一定程度的变动并在受限时感到不满";"有些时候你外向、亲和、充满社会性,有些时候你却内向、谨慎而沉默"。这些语句后来以巴纳姆命名为"巴纳姆语句"(Barnum statements)。从说理上看,我们对于"巴纳姆语句"的态度,应该首先区分其不同意思,然后分别予以讨论。

5. 不可随意界定一个词

定义,对于说理是很重要的。其主要功能在于:对于原本具有多种意义或强弱不同用法的词,为避免误解,说理之人主动表明自己是在哪一种用法上而不是在哪些用法上使用这个词的。另外,如果是说理之人新发现了一种事物或现象,希望用一个新词来指代它,他可以规定这个新词具体是什么用法。这些定义,都可以起到"澄清"作用。然而,有些人为了显示自己的"观点"不同于别人,往往把一些生造的怪词刻意夹杂在自己的"主张"中,如果有人问他这些怪词什么意思,他或许会给出他自己的"定义",但我们会发现,他在"思想"上并无新意,他所谓的"定义"很多时候只是表明其言语不合规范。

人类是语言的创造者,但并不意味着个人就是语言的创造者。语言作为一种社会建制,倘若不能得到社会成员的共同遵循,实质上就无法称之为语言了。如果说某人造了一个新词或重新界定了一个旧词,总是因为他首先给出了理由,而且后来社会认可了这种新词(如网络上的新词),否则便无法达到交流之目的。所以,言语的创新,并不意味着一个人可以随意界定一个词。假设一个人主张"所有志愿者都是自私的",并给出理由:"他们之所以做义工,

---

① Cf. J. E. Roeckelein (ed.), *Elsevier's Dictionary of Psychological Theories*, Elsevier, 2006, p.60.

不过是为了满足自己的愿望。"我们应该意识到,这个人等于是把"自私行为"界定为一种"为了满足自己的愿望所做的事情"。他似乎可以肆无忌惮地界定任何他所用到的词,但他的这种"定义"指鹿为马、颠三倒四,已经违背了我们语言规范中关于"自私"的固定或通行用法(即只为了个人利益而不顾及他人),在某种意义上已经失去人类语言所必备的"公共可交流"特征,因而也不再是什么"说理"了。此种谬误,有人比照刘易斯·卡罗尔小说《走到镜子里来》中角色"蛋形人"(Humpty Dumpty)的一种狡辩,称之为"蛋形人谬误"。①为了让读者更为直观地理解此类做法的谬误所在,我们不妨把故事中的对话摘录如下:

"我不懂你说的'荣耀'(glory)什么意思?"爱丽丝问道。

蛋形人轻蔑一笑。"你当然不知道——除非我告诉你。我的意思是'你有一个漂亮有力的论证(a nice knockdown argument)'!"

"但是,'荣耀'的意思并不是'漂亮有力的论证'?"爱丽丝反驳。

蛋形人带着鄙夷的语气说道:"当我使用一个词时,它的意思就是我选择的那个意思——不多也不少。"

爱丽丝说:"关键是你能否让语词带有如此不同的意思呢。"

蛋形人说:"关键是其主人是哪一方——就这样!"②

| 敬告读者 |

本讲中谈到如此多表述不当的例子,有些人或许觉得只是口舌之争,不必太在意。对此,笔者有必要澄清:尽管孤立来看像是口舌之争,它们在说理语境下往往涉及真正的义理之争。口舌之争(verbal dispute)与真实的义理之争的区别在于:在后者中,双方不满足于纯粹的论调冲突,而是试图探究大家更为具体的分歧点,或者是举证材料,或者是推断方式。而在前者中,各方往往

① Cf.Martin Cohen,*Critical Thinking Skills For Dummies*,John Wiley & Sons,Ltd,2015,p.325.

② Cf.Lewis Carroll,*Alice's Adventures in Wonderland & Through the Looking-Glass*,Illustrations by John Tenniel,Introduction and Notes by Michael Irwin,Wordsworth,2001,p.223.

只是反复强调自己与他人的观点不同,一再重申别人误解自己却不与别人"沟通"以消除误解。

而且,当双方意识到他们可能陷入口舌之争时,是可以消除掉口舌之争的。在通过语词"定义"而消除掉口舌之争后,双方可能感到没有继续争论的必要,也可能觉得有必要就语词"定义"问题作进一步的争论。在后一种情况下,语词之争不再只是口头上,而是实质性的:它涉及某个词在某特定场合下到底应该如何使用,不应该如何使用? 这不是语词"定义"之前的那个争论话题,也不是"语法问题",而是归属"术语伦理"的语用问题。①

要点整理

■ 打算写论文的人应该知道,所谓"问题意识",并非是要你基于无知而作各式各样的自由提问,而是意味着一项严肃的挑战,即努力认清并设法解决那些在思想认识上阻碍我们前行的"难题"。

■ 作为一种有指向的思维活动,说理要求我们先"有的"(即认清"问题"),再"放矢"(即提出"主张")。在此意义上,"主张"之作为说理第一要素,总是"问题导向"的。

■ 一个合格的"主张"至少应该具备三方面的实质条件:(1)得是有真假可言的命题,(2)得是有可能为真但仍旧存在怀疑因而值得为之一辩的,(3)应该尽量清晰明确。

■ 说理中的"主张",可以是激进的,也可以是保守的,但永远不可以是平淡乏味、不值一提的。通常来说,你需要透过"文献综述"之类"梳理和澄清问题"的工作,找准一个你觉得属于深层次或关键性争议点,但却常被忽视,因而迫切需要解决的"小问题"之后,才能提出一个有创意的"主张"。

---

① Cf.Lionel Ruby,*Logic：An Introduction*,J.B.Lippincott Company,1960,p.7,p.9,p.11.

■ 从言语形式来看,"主张"可以是立论型的也可以是驳论型的,可以是事实型的也可以是价值型的,可以是直言型的也可以是假言型的。说理之人应该根据自己真正所要主张的观点,谨慎选择适当的言语方式。

■ 为避免表述不当以至于导致无意义或不公平的"说理",我们需要注意:不要误把关系词当作固有属性,防止套用口号的"罐头思维",不添加"制造问题"的字眼,谨慎理解他人的观点,不随意界定一个词。

■ 针对"主张"这一说理要素,我们可以提出的批判性问题包括但不限于:我的"主张"所针对的问题是什么? 我要解决的问题争议性有多大? 这种立场为何需要特别为之辩护? 我的"主张"在哪些地方有新意? 我的"主张"在表述上有哪些地方不够严谨? 我所使用的"关键词"有哪一个需要界定?

延伸阅读

■ 徐贲:《明亮的对话》,中信出版社 2014 年版。该书"第二讲"论述了说理论证中的理由与主张之分,并区分了"主张"的不同类型。除此之外,书中还介绍了作者本人在美国教大学写作课的经验心得,尤其是在第 7—11 页上,为我们提供了美国加州公立学校(K-12)的公共说理教育大纲(http://www.cde.ca.gov/ci/rl/cf/)。

■ 陈嘉映:《何为良好生活》,上海文艺出版社 2015 年版,第三章"事实与价值"。这同样是一本有浓厚哲学味道但不失可读性的书,作者从实然与应然的区分与联系谈起,拓展到诸多富有启发性的议题。

■ 本讲注释中所提供的其他你认为有必要跟踪阅读的文献。

拓展练习

[1] 重读你在第一讲"拓展练习1"中所提出的"你自己最欣赏的说理文字",整理其作为说理文的基本"主张",然后查找有关资料,试着分析这一"主张"是针对什么样的争议点(即"问题")而提出来的。

(答题提示:a.关于作者提出主张时所面对的"问题",有些说理文中已经交代了一部分,有些则是因为在当时语境下比较明显而被省略了。如果是作者已经提及部分的"问题情境",你要基于有关背景知识,试着加以补充和夯实;如果是作者在文中完全没有提及"问题情境",你则需要根据你对作者写作背景的某种调查和推测,重新铺设作者在提出自己观点时所面对的"问题情境"。b.不妨回忆一下,当初你选择该文作为最欣赏的说理文时,为何会如此选择? 从说理的角度来看,你之所以欣赏一篇说理文,不应该是因为你倾向于赞同他的观点(结论),而应该是你欣赏他对其观点(可能是你原本不认同的观点)的辩护方式(即说理)。但是,说理说得好的文章有很多,围绕不同的话题可以有各式各样好的说理,你为何就偏偏选择该文中所讨论的那个话题呢? 你或许是觉得该文所针对的话题很重要,那么,你在铺设问题情境时所要做的就是讲清楚:作者在该文中所要回答的问题何以重要,为何这么多人(可能包括你自己)都想参与进来,发表自己的"高论"。c."问题"通常会体现为我们现实生活中某个"不知如何才好"的特定或一般性的难题,有时还会同时体现在报刊杂志上的不同评论之间的分歧。)

[2] 当我们提出一种"主张"时会考虑各种可能的怀疑,但有些所谓的怀疑被认为是不重要的,我们应该格外关注的是那些所谓的"合理怀疑"(reasonable doubt)。请结合自己听过或看过的一个故事,谈谈哪些属于、哪些不属于"合理怀疑"。

(提示:所谓"合理怀疑",当然并非是指某些怀疑本身具有一种所谓"合理"的属性。正如第一讲中所见,"合理性"总是指某一说法相对于其所提供的证据或理由而言具有可靠性。所谓"合理的怀疑"通常是指：基于特定的"反例"情况而指出某一说法不具有可信性，即值得怀疑。）

[3]在人们使用日常语言进行说理时，"一词多义"现象常常使得概念界定成为很多争论的焦点。请结合具体实例谈谈一场貌似严肃的争论如何因为语词理解分歧而变成了"无效交际"。

[4]王鼎钧在《讲理》一书中（第27页）曾写道：

> 昨天，我在茶馆里，看见两个中学生在抽烟，他们抽的双喜烟，手指头都熏黄了，这是记叙。这样小小的年纪就抽烟，怎么得了啊！你们的父母知道你们在这儿吗？你们抽完了烟还要做什么事？真使人忧虑啊！这是抒情。少年人不应该抽烟。应该有一条法律禁止少年抽烟。中学生抽烟，这是学校教育的失败。这就是论文了。

请找出上述一段话中典型属于"主张"的话，并分辨它们是事实型主张，还是价值型主张。这段话中的"记叙"部分，如果把"我看见"三个字去掉，是否可以作为一种"主张"？如果可以，请设想它们是针对什么样的"问题"而提出作为说理之"主张"的？

[5]有人在谈到某件事时主张："那是不可能的，不过却是真的。"你认为，这种表达有矛盾吗？如果另一个说："那听起来不大可能，不过却是真的。"你觉得二人所要表达的观点有无重大差别？如果无，你认为哪一种表达更无歧义？

第四讲　何谓用事实说话

　　当我们提出一种"主张"后,总是要讲给他人听的,并希望别人相信自己的"主张"。之所以如此,并不仅仅是因为人乃社会性动物因而有获得周围人认可的"社会性需求"。从说理的角度来看,一种判断之所以被称为"主张"(C),本身就是针对社会生活中既有争议而做出的一种回应,因此,一个人在提出某一主张后当然要让原本参与争论的人听到自己的声音,否则就谈不上"回应"。然而,一旦你表达自己的"主张",很可能不会立即得到周围人的认同。他或许要求你提供"根据",而你为了证明自己是说理之人,就不得不拿出一些"根据"来。试想角色 A 主张"你这样做不对",而对方(角色 B)回复角色 A:"你说我的做法不对,有什么根据吗?"角色 A 不应该说:"没什么根据!我就是不喜欢你那样做。"因为如果是这样,角色 B 会指责角色 A 的对话态度:"我明白了。你不是在批评我的做法,只是不喜欢我这个人。"读者不妨对照自己,你在生活中做过角色 A 吗?

　　或许有人会认为,只有主动提出特定"主张"的人,才有义务提供"根据",至于在一旁听的人,他们有权赞成或反对,也有权说假话,却没义务给出赞成或反对的理由。这是一种误解。因为,即便有时你没有主动提出一种"主张",一旦对于别人的某种说法表示附和或提出批评,你就等于宣布参与说理,并捍卫跟原说话人一样的主张或与之不同的新主张,因此你便有在对方要求下提供"根据"的义务。总之,在说理场景下所提出的"主张",从一开始就不应该是孤立单行的。因为你的任何"主张",不论是表达了如何伟大或邪恶的"观点",都无所谓合理不合理,直至开始有"根据"被提供出来。可以说,

"主张 + 根据",是形式最为简单的说理片段之一。当我们自己想要或要求别人"拿事实来说话"时,此种"事实"通常(但并非全部)就是本讲所关注的说理之"根据"(G),它往往也是说理时所追问的第一层"理由"。

案例热身

"让别人知道你如何知道的!"

类似下面的对话,或许你在电影《十二怒汉》中见过,也可能亲身经历过。

A:这个人一定会被判死刑。

B:你为何这么坚信?

A:因为有事实啊。

B:什么样的事实?

A:他把人杀了。

B:你怎么知道这是事实?

A:电视新闻上有播报,一位目击证人在法庭上宣誓说:"我亲眼看见他杀人了。"

B:也就是说,你是通过电视新闻知道的,而电视台又是通过目击证人知道的?

A:当然!我又不是记者,也不在案发现场。

B:那么,目击证人又是如何知道这位被告杀人了呢?

A:证人在法庭上陈述:"一个月前的某个傍晚,我在不远处看到两个人在街头打斗。然后,其中一人突然跑掉了,另一人瘫倒在地。当我走近看时,倒地的人浑身是血,于是我马上呼叫救护车。后来得知,送到医院时此人已经身亡。而当时跑掉的那个人就是被告。"

......

顺着这个路子,或许角色 B 还有进一步的追问,就像是我们在法庭上看到律师或检察官盘问证人那样。现在，让我们就此打住，做些评论：

很显然，角色 B 听到了角色 A 有一个"主张"，并且明白 A 是在试着"摆事实"来为其"主张"提供理由。但是，"事实"是什么呢？任何一个人，但凡参加过几次说理，都能很快意识到，正如这个世界不缺乏"讲道理的人"一样，我们身边几乎每天都能听到有人声称"事实"。所以，角色 B 不满足于听到 A 说"被告事实上杀人了"。A 说她知道被告杀人了，但 B 不打算由此相信被告杀人。从说理的角度来看，一个人所做的不应只是声称某某情况是事实，而是得让别人像你一样承认那是事实。而为了让别人像你一样承认那是事实，很多时候，你得让别人知道你是如何知道那是事实的。①

提醒这一点，并不是要否定任何人有发现"事实"或认清"事实"的能力，而是要强调：一个人声称的事实并不是对话人必须非接受不可。实际上，适合作为我们说理之第二要素"根据"（G）的并非笼统而言的"事实"。要弄清楚什么样的"事实"可以作为说理之"根据"，我们必须首先意识到"事实"是一个典型的歧义词，并试着对其开展必要的"概念辨析"。

一、"事实"一词多义

"拿事实来说话"，这句话理解起来并不像说起来那么容易！而之所以不容易，首先是因为对话双方很可能连"事实"一词何意都存在分歧。我们虽然常可听到"事实"一词，但它所表达的概念，在每个人那里的严肃程度以及清晰程度并不一样。让我们先看看"事实"在我们的日常言语中实际上都有着怎样的基本用法。

1."实事求是"中的"事实"

"实事求是"四个字在现代汉语中很流行，其中的"是"通常被解读为"事

---

① 需要注意，"知道"（know）一词看似简单易懂，有些时候却颇为棘手。譬如，一个人知道什么，并不意味着别人知道他知道什么。甚至，一个人知道什么，也不意味着他总是知道他自己知道什么。

情的本来样子",同时也当做我们探究活动的对象或目标。当我们听到有人说"要认清事实""要面向事实"或"要符合事实"时,其中所谓的"事实"就类似于"实事求是"中的"是"。这里的"事实"泛指外部世界实际存在的状态以及其中实际发生的事情,接近于现代汉语中的"生活实际"或"现实情况",跟英语中的"the reality"一样,表示世界的本来面目,哲学上称作"本体世界""对象世界"或曰"自在之物"。譬如,当某人以一种不容置疑的口吻说"事实上并没有外星人存在"或"事实上发生过恐龙大灭绝事件"时,其中的"事实"通常就是在强调:"世界的本来面目"如何如何,它"就在那里"(be out there),不论是否有人知晓。

作为世界本来面目的"生活实际"或"经验世界",是异常丰富、极其复杂的。要探究这里的"事实",并不容易,尤其是当我们希望系统地把握其中的各个细节时。但我们人类仍要坚持追求,因为这是我们认识活动的基本方式,也是人类在这个世界上得以存续和进步的前提条件。我们族群或个体所拥有的很多知识或习俗,可以看做是探究此类"事实"所取得的成果。然而,务必注意,这种"事实"自身是不会说话的,也无法拿来交流。我们人类无法替代"世界"说话,倒是我们人类试图谈论有关它的各种情况和细节,并彼此交流对于它的认识结果。这里的对照是明显的:"事实"既然是世界本来的样子,就无所谓真假对错,而人类对于该"事实"的认识结果却存在真假之分。二者处在不同的层次:世界"事实"是第一层次的,而人类"认识"是第二层次的。[①]

譬如,我们对于周遭世界的文字记载,或是画像,拍下的照片[②],录制的视频。你可以说它们代表着你对这个世界的观察视角或认识结果,但千万不要以为它们就是作为世界之本来面貌的那种"事实"。也正是因为如此,我们不难发现,对于世界上的同样一些对象,有不同的描述,甚至同一个人对于同样的"山"也会

---

① 当然,人类自身(包括其认识机制)也是世界"事实"的一部分,有关这些"事实"的认识活动就是人对于自身的认识。

② 照片不说话(因此也不会撒谎),但人却经常拿照片骗人。这是当前经常被讨论的一个话题。很多人已经意识到,照片并非就是"事实",相反"照片"往往意味着"误导"。中文网络上甚至创造了"照骗"一词来凸显此种"误导"。

说"横看成岭侧成峰"。同样是望向窗户，有人所谓的"写实"画的是室外草地，有人画的却是窗户格子。同样是拍一个人或某一景点，有人拍得好看，有人拍得丑陋。① 同样是录制一段视频，由于前景背景的不同，视频的"内容"也会差异甚大。② 这其中的关键是，世界本身是整体连续的，而不论是文字、画像、图片还是视频，都是割裂分化的，当我们将其视为传达信息的符号媒介时，我们由此获得的并非这个世界本身，而是我们对于这个世界的认知结果。③ 即便我们不把文字、画像、照片和视频当做符号媒介而视之为人类世界本身的一部分，但除非对它们不作任何解读，否则就一定会由"世界本身"过渡到"对于世界的解读"：前者没有对错可言，而后者由于受到视角的影响，难免存在"断章取义"之风险。

　　尽管"世界本来的样子"与"我们对于世界的认识"分处两个层次，但是，不论历史上还是今天，不论是哲学家、科学家还是普通个体，总有人有意无意地把某种认识结果等同于"世界本身的样子"。为了强调某种说法就是世界本来的样子，他们会说：有些话并不是我们这些"可朽"的凡夫俗子嘴巴里说出来的，它们其实是出自"上天"（"上帝"），或者是出自被认为具有类似"天眼"（"上帝之眼"）之超能的"超人"或"超级机器"。在某种意义上，"上帝"（上天）、"超人"或"超级机器"掌握着打开"大自然"的密钥，或毋宁说撰写了"大自然"这本书，我们的生活世界不过是这本书的展开而已。譬如，在有些人那里，"世界之初，人是被造出来的"，或者"某一年会有世界大战或末日审判"，所有这些都是世界的原本的样子，是早就写在"经书"上的，是"历史的必然"，是"天注定"的。对于此类说法，我们或许很难彻底驳斥，但这往往只是因为我们无法理解其所谓的"上帝"（上天）、"超人"或"超级机器"到底在哪

---

　　① 这种差异，可以在一定程度上解释为什么有些著名景点在宣传照片上很好看，而你去过之后发现并不怎么样。

　　② 对于同一件事所拍摄的不同视频，很可能导致观众对于事件性质的不同认定：譬如，有人看过一段视频后说是车主撞倒了老人，有人看过另一视频后可能会说是老人碰瓷儿。

　　③ 认知心理学上把此种现象称作"框架效应"（framing effect），即当我们试着清晰呈现某一事实时，总是有意无意地加上了一个"框架"，而不同的框架悄然影响着我们以及他人对于"事实"的理解。

里以及他们何以能超越于人的认知之外。

2."事实"之作为"意见"的对立面

当由"世界本身"过渡到"对于世界的认知"时,我们形成了各式各样的判断。但是,对于这些判断,我们并非等同视之,有时将其区分为"意见"与"事实"。根据这种区分,意见(opinion)只是我们对于所发生"事情/事件"的观察心得,代表着特定个体或某一群体"主观的"看法和解读。而与之相对的那种免除个人主观色彩的客观(objective)①判断,被称作"事实",它代表着"真理/真相"(the truth),至少是"真命题"或"正确的看法"。很显然,就某一观察对象而言,作为"真相"的"事实"只有一个,而相关"意见"可能是五花八门。也正是在这种意义上,我们听到说:"一千个读者就有一千个哈姆雷特,可莎士比亚只写了一个哈姆雷特。"前面所谓的"哈姆雷特"属于"意见",而后者的则属于"事实"。

然而,根据上述"意见"与"事实"的二分法,我们并不能在所有的场合下分得清(毋宁说是在大多数场合都分不清)哪是"主观的"意见哪是"客观的"事实。不止是传统社会里,即便在资讯业如此发达的当今时代,要找到那种作为真相的"事实"往往也很难。正如《纽约时报》在 2017 年"奥斯卡"颁奖礼上投放的一则创意广告所提到的那样,尽管可以说"事实(the truth)在今天比以往任何时候都重要",但是,"事实(the truth)很难发现,事实(the truth)很难得知。"②之

---

① 与"事实"一词的多义性相关,"客观"一词也有两个不同的意思:一是指中立的、无偏见的,譬如,"他的判断很客观";二是指处在主体之外的、作为观察或研究对象的,譬如,"他对于客观形势的判断是正确的"。或许前一意思在当代汉语中较为流行,但后者更接近于"objective"的词源"object"(对象)。本书已在不同语境下分别使用了"客观"一词的这两个意思,读者可自行分辨。

② 这个广告的发布被认为是回应美国总统特朗普对美国媒体的批评言论。广告画面一直是白色背景上播放一句一句在前面加上"The truth is"的文字。开头是"我们的民族如今比以往任何时候都更分裂"。然后,越来越快速地显示前后冲突的文字,如"所谓另一种事实(alternative facts)都是谎言"和"媒体都不诚实","女性着装应像女性"和"女性的权利就是人权",如此等等,画面配音似乎在显示它们是来自不同的人群或渠道。广告以慢速播放的三句话结束:"The truth is hard to find. The truth is hard to know. The truth is more important now than ever."国内媒体有将这里的"the truth"翻译为"事实"的,也有译为"真相"的。

所以如此,是因为太多人喜欢把主观"意见"声称为客观"事实"。让我们来看以下两人的对白:

> A:就事实而言,是你不对。你欺骗了她,然后又抛弃了她。

> B:我没有欺骗她,是真的爱她。我也没有抛弃她,是我觉得配不上她。

角色 A 声称是在讲客观"事实",即 B 欺骗了"她",但 B 的话让我们看到,A 所说的其实不过是讲给 B 听的一句坦率的"意见"而已。还有些喜欢"看图说话"或"看表情说话"的人,他们往往断定某一张图或某一个表情代表着如何如何的"事实"(譬如,"他事实上伤心极了"),但直到有人给出不同的"事实"或看到更多实情细节(譬如,他当时是在故作某个夸张的表情)时,他们才意识到自己所表达的只是个人"意见"。

类似地,你很可能听人说过:"事实上,他是个骗子。"或者,"你这一说法其实是错误的。"这些话,尽管似乎在声称什么客观"事实",但顶多也只是表明说话人在诚实地表达自己的"意见"。① 当某人一本正经地表示"人们总说时间会改变一切,而事实上一切都需要你自己去努力改变"时,他提到的"事实上",往往也只是想让你注意:他在大声说那句话! 因此,当你听到有人对你说"说实话,你并不算聪明"时,你也要相信:他顶多是在诚实地表达自己的意见,并不意味着他知道那种客观反映真相的"事实"。

3. 本书所采用的"事实"概念

毫无疑问,"事实"一词常用来指称某种值得我们尊崇或能让我们感到荣耀的东西。我们已经看到,它的一种用法是"本体世界",另一种是"客观真理"。②

---

① 不必避讳,笔者在本书中用到"事实上"或"实际上"等措辞时,有时也是在强调我自己接下来所要讲的与前述不同的意见,但通常情况下我随后会交代理由以表明那可以成为更多人的意见。

② 哲学上有时把那种代表事物本来样子的"世界"称作"本体世界"或"自在之物",有时也把所有号称"客观真理"的东西归置于一个既不同于物质世界又不同于精神世界的"第三域",即,"理念世界"或"知识世界"。

但这两样东西,在我们说理中都无法拿来作为"理由"。前一种"事实"只是作为我们的认识对象,其本身并非什么认识成果,也根本无所谓是非对错。后一种"事实"虽然在某种意义上代表着我们努力的方向,但它们经常可望而不可及,即便在最好的情况下,我们也不清楚到底只是接近还是已经达到了"客观真理",由此将使得所谓"从事实出发"不具有任何可操作性。我们说理中所援引的"事实",往往既不声称看到了"世界的本来面目",也不声称达到了某种"客观判断"。我们当然懂得"真相"只有一个,但说理之人更清楚真相之难得。毋宁说,正是因为真相之难得,我们才选择说理以求接近的。基于这些考虑,本书将参照现代汉语中"事实"一词的各种主要用法,分离和明确一种有可能拿来作为说理之"根据"的"事实"概念。

本书所采用的"事实"概念,简要来说,是指:对于客观世界中具体事情/事态/事件的、一种被认可的主观判断。此即我们说理中所谓的"用事实说话"之"事实",它具有三个要件:第一,它得是人所提出的一种表达"意见"的主观判断。就是说,它明确属于人的认识成果,而非某种臆想的"本然世界"。要知道,事件是"死"的,只有我们人的判断才赋予其意义。第二,它得是在一定范围内(尤其是对话各方)受到较为普遍认可的,但并不保证绝对不可错。也就是说,它不声称是既定的"真命题",但也并非普通的主观意见,而是代表着某种范围内的"共同意见""众人之见"或曰"主体间共识"。回到本讲开头的热身案例,"他杀人了"这句话到底是不是事实,不是看是否某个人声称或坚信它是事实,重要的是说话人能否表明它是在一定范围内(尤其是在参与对话的人中间)可以得到共同认可的一种说法。否则的话,倘若急于用"事实"二字断言,那本身就是"制造问题的字眼"。第三,它是对于客观世界中特定情况的具体刻画,是"实然判断"而非"应然/价值判断"。就是说,它并非得到某种程度普遍认可的任意判断,而仅限于反映特定情况的"个别事实",不包括有时我们所说的"一般事实"(即"道理")。在图尔敏模型中,相对而言,反映"一般事实"的往往是"担保"(Warrant),而担当"根据"(Grounds 或 Data)角色的,都是"个别事实"或"具体事实"。①

结合第三讲中"事实性主张"与"事实陈述"的区分,我们应该明白,本书这里界定的"事实"属于"事实陈述"。这意味着,我们所谓的"事实"并非什么"主张",而是把在一定范围被认可为"事实"的某种主观判断陈述出来,试图用作支持"主张"之"根据"。不过,如果在说理过程中,所提供的"事实陈述"遭到质疑,被认为不足以表明那是被普遍认可的一种判断,那么,说理之人可能将该"事实"作为一种"子主张"(sub-claim),对之进行辩护,由此在说理"主结构"之外引入一个"子结构"。

对于以上所确定的并将在接下去使用的"事实"概念,还需要作三点补充说明:

首先,在某一点上能被称作本书所谓"事实"的判断,可能会经历某种变化。譬如:古代人曾经认为:"太阳绕着地球转,是事实!"今天的知识人却认为:"地球绕着太阳转,是事实!"早期物理学家认为:"原子是最小的物理单位,是事实!"当代物理学家却认为:"原子并非最小的物理单位,是事实!"因此,在有些时候,脱离社会之后孤立地去看某一种说法,我们的确可能无法确定它到底是不是"事实"。

其次,对于同一件事,完全可以有多重"事实"。在这方面最典型的莫过于对于同一个新闻事件,各家报纸所撰写的新闻报道存有差异,甚至会选用不同的"新闻标题"。我们生活中对于同一项热点活动的看法也常有不同视角或维度。譬如,对于春节期间国内各大互联网公司竞相推出的"集福领大奖"活动,很多时候我们看到的是"今年春节国内群众参与集福领大奖活动"这一事实,但也有些时候我们会看到不一样的"事实",如"今年春节国内多家互联网公司利用群众的集福热情做了产品推广"。② 因此,在此种意义上,我们的

---

① 同样一种说法,在某一说理结构中相对显得"较为一般",就充当"担保";而在另一说理结构中相对显得"较为具体",就可充当"根据"。

② 根据活动举办方的规定,只有集满5个或更多不同式样福字的人有资格参与抽奖,但每个人领取的福字不会式样全齐,要想得到其他的福字,必须邀请或把活动页面转发给多个朋友。通常认为,这种活动可以为活动主办方的相关商品带来一种意想不到的传播效果。

确可以说有所谓的"另一种事实"（alternative facts）①，但诸多"事实"之间并非冲突而是互补的。

最后，在事件调查的某一阶段，我们对于某些细节可能无法确定，但此种"不确定"往往就是包含在"事实"之中的。譬如，一架客机发生坠毁，无一人生还。在无法找到"黑匣子"等证据的情况下，我们无法确定发生坠毁的具体原因，这时一种能被更多人接受的"事实"可能只是："X 航空公司 Y 日发往 Z 地的飞机在 W 地坠毁，坠毁原因正在调查中。"知道我们尚未知道什么，这虽然是比较弱的"事实"版本，但最起码是能被普遍认可的因而可以据此展开说理的。

二、"事实"需要你去识别

我们已经看到，说理中所用的"事实"并不是那么绝对的"真相"，也不意味着今后再也不出错，但仍需满足一些条件，尤其是"在一定范围内得到共同认可"这一要件。何以表明某种判断不只是某个人的主观意见或情感而是可以在一定范围内得到共同认可，这直接关系到我们能否把"事实"区别于其他"意见"。② 这项"识别"工作，在说理过程中非常重要。这倒不是说"事实"一定无法轻易获得，但就我们经常所听到的话而言，很少有什么判断可以直接用在说理中作为"事实"。在某些情况下，要认清事实，是一种费时费力的筛选过程，甚至要反复识别和重新认定。即便有了互联网科技所提供的便捷，"事实审查"（fact check）的工作量也不一定意味着随之减轻。

---

① 当有人说"alternative facts"并非"事实"而是"谎言"或"虚假"时，它们所说的"fact"倒更像是我们前面提到的"the reality"（即作为世界本来面目的"事实"）或"the truth"（即作为"客观真理"的"事实"）。

② 这里所谓的"事实"和"意见"与第一节第二部分的用法不同，它们在说理中并不必然是对立的。"主张"是一种"意见"，但那是一种有辩护的意见；"事实"也是意见，但那不是无从考证的纯主观想法。

1.“事实”要筛选出来

作为对客观世界中具体情况的、一种被认可的主观判断,“事实”虽不免主观成分,但并非类同于其他的意见。王鼎钧在《讲理》一书中指出:“我们向人家要事实的时候,别人往往给你的不是事实,而是他的意见或感情!”为此,作者提到一个例子:“一位太太告诉我,铁路警察太坏、太可恶了!”这位“太太”所说的显然就只是她个人的意见或感情。待到作者明确要求她讲“事实”时,“她说,从前,她们几位太太,常常钻到煤车底下拾碎煤,铁路警察跑来踢她们。”作者随后告诉我们,通过与一位铁路警察谈话,听到了另一版本的“事实”:“拾碎煤的人,常常钻到车底下去,名义是扫拾铁轨上的煤屑,其实是察看车板底板有没有隙缝。如果有,他们就想办法把隙缝弄大,使车上的煤漏进自己的口袋里。还有一种情形,停在轨道上的煤车马上要用车头拖走,拾煤的人还伏在车底下恋恋不舍,路警只好用很不文雅的态度催他们躲开。”对于这个例子,王鼎钧最后得出结论:“看,在‘铁路警察坏透了’这个意见的背后,有这么多的事实。”①但依据本讲第一节的界定,我们要指出:王鼎钧或其他人视作“事实”的那些东西并不总是能成为本书中用作说理的“事实”,后者不仅不同于那种纯粹只是表达感情的“意见”,也不同于“太太”和“路警”各自声称的“事实”版本。这倒不是说,对于同一件事不会有不同的事实,关键点在于:“太太”和“路警”各自声称的“事实”并未表明已经或可以被自身之外的更多人(尤其是对方)认可。

基于上述的分析,有读者或许要说:但凡碰到只是声称事实而非表明其如何得到公认的,我们应该直接无视其“陈述”,因为这些人已习惯于把“意见”等同于“事实”。对此,笔者希望提醒:倘若某人陈述“事实”时带有明显的感情色彩的话,依据第一节提到的标准要件,的确不能把它们认定为“事实”。但是,我们生活中很少发现有“事实”是现成的,常常也没有某个权威机构或

---

① 王鼎钧:《讲理》,北京三联书店 2014 年版,第 245—246 页。

个人能为我们指定"事实"。面对一件事,当说话人乃报告该事件的第一人时,如果我们只是简单地否认他的话具有"事实"地位,或许会错过进一步得知"事实"的机会。因此,我们在判定某人所言不是事实之后,往往需要接着提出合理怀疑,询问细节,或参考其他渠道,设法回到事件本身,最终筛选出可以拿来说理的"事实"。

譬如,一个习惯"八卦"的人告诉我们,她身边某个40岁的未婚男士各方面条件都很好。这是否属于"事实"呢?由于她没有告诉我们在她之外的更多人对于这个人情况的了解,我们不能认定她这句话为"事实"。但是,我们显然也不能基于纯粹的揣测或"酸葡萄心理"而答复:"你说这个人条件这么好至今还未婚,他肯定有什么毛病!"作为说理之人,我们需要的不只是"驳倒"或"反击"一位宣称"事实"的人,而是应本着"批判性思维"的态度,通过一个个批判性问题(如"你认识这个人有多久了?""是谁告诉你他至今未婚的?""他的各方面条件具体如何之好?"等等),剥去其中那些经受不住"合理怀疑"的成分,最终筛选出可用作说理的"事实"(如"这个人身高一米八五,月薪二万,经常被看到一个人住在公司,未曾听说有过婚史")。

说话人由于夹带某种私人的强烈情感,有时会说出看似无辜的"谎言"。但通过追问细节,我们常常也可以自行筛选出"事实"。譬如,一位被认为勤俭敬业的清洁工说:"我这一把扫帚,用了十多年。"这显然不能直接拿来作为"事实",因为大家知道扫帚的磨损率是很高的。但是,我们似乎也不能直接断言他没有或很少用这把扫帚扫地。在此情况下,我们可以提出合理的怀疑(譬如,"你的扫帚头儿就没有磨损吗?""你的扫帚把儿就没有坏过吗?"等等),最终或许可以筛选出"事实":"他用一把扫帚十多年,中间换过100多次把儿和200多次头儿。"再如,你或许听到有人告诉你:"这项课题研究,花费了十年才得以完成。"有多少人可以接受这种说法呢?关于此事的"事实"何在?倘若我们接下去询问"这个课题组是有多少人参与的?""课题研究有没有中断过?""每天大约花费多少时间?",或许最后可以筛选出"事实":"这项课题研究历时十年得以完成"。

我们这里所谓的"筛选"工作,尤其适用于自称目击者的那些"事实陈述"。这些目击者常说"眼见为实"。在一定意义上,我们可以说,眼睛看到的确实是实际发生的事件。但这并不意味着:任何一位见证人经过概念表述之后说出来的话一定就是"事实"。只有真正符合"所见"的才是事实! 我们在法庭上也经常看到,虽然证人宣誓自己所讲的全部都是事实,但有不少说出来的"话"只是他个人的"主观意见"而已。回到本讲开头的热身案例,那位目击证人一开始说"我当时看见的就是他"。但是,让我们假设有一位律师或检察官追问:"当时天色已晚,而且你所在位置与案发现场之间有一定距离。你确定看到的就是他,而不是某个长相和身材都与他相仿的另外一个人吗?"或许他最终不得不改口说:"我不能确定看见的是他,但当时看起来的确很像他。"

值得提醒的是,当我们说不能满足于"感官所得"时,并不是说要目击者"透过现象看本质"。我们作为观察者,都害怕被"表面现象"或"错觉"所迷惑,因而渴望直接说出"本质"。但是,你我说出来的"本质"并非一定就是事实。生活中,一位旁观者对你说:"昨晚,我透过窗户,看见他开枪把一个人杀了。"你需要追问:"你到底看见了什么? 是不是看见他拿出一把手枪,然后听到响声,最后一个人应声倒下? 这就是你所谓的杀人吗?"倘若他回答"是",你可以告诉他:"你看见了这一切,但就是没看到他杀人。"也就是,当我们筛选"事实"时,与其说是"透过现象看本质",倒不如说是"尽量在某一限度内讲话,只陈述那些无明显争议的现象和过程"。对于说理所用的"事实"而言,重要的不是急于得出什么"本质"或"结论",而是设法为参与对话的人提供一些已经或可以得到普遍认可的、作为彼此共同"前提"的现象描述。

▐▐▐▐　| 小练习 |

■ 设想一个孩子哭着回家,告诉爸爸另一位小朋友欺负他了。你觉得"事实"在哪里? 下述三种方式,哪一种可以帮助我们更好地"筛选"事实?

（i）这位爸爸找到那位小朋友,帮着自家孩子揍他一顿。

（ii）这位爸爸找到那位小朋友,斥责他:"你为什么欺负我家孩子?"

（iii）这位爸爸详细询问孩子怎么被欺负了,然后找到那位小朋友问:"刚刚你们之间发生什么让我家孩子哭了?"

■ 下面的话如果被人在说理中用作"事实",你认为它们在通常情况下存在合理怀疑的空间吗? 为了能让更多参与对话的人接受,你觉得可以如何重新表述而令其成为"事实"?

（i）"人工智能"解放了人类的工作。

（ii）机器人在抢我们人的饭碗。

2. 认清事实,有时曲折而费力

尽管我们可以主动筛选,但有时需要一个较长的重新认识过程才能认清事实,在此期间,我们可能会把某种表面认识误以为"事实"。之所以如此,主要是因为依据我们界定的"事实",任何对于客观世界中具体情况所作的主观判断,只要在对话各方得到较为普遍认可即可认定为"事实",但是,对话各方当时没人提出"合理怀疑"①,并不意味着在后来就不再存有合理怀疑的空间,我们在说理某一阶段所认定的"事实"也不意味着就是"真相"。有些事情,需要一个耗时的"沉淀"或费力的"调查"的过程;尽管当时无法提出合理的怀疑,但随着事态的进展或者新证据的获取,原来被认定为"事实"的说法或许要颠覆,需要我们结合新提出的"合理怀疑",重新筛选方能认清"事实"。②

网上流传一个故事,也可能是笑话。某公司楼下开了家奶茶店,上班时间几乎每天下午两三点钟就有人在公司微信群里问:"我要买杯奶茶,有人要带一杯吗?"然后群里的人就开始说要喝什么,半小时后奶茶店的小哥就抱着一箱奶茶上来收钱。就这么过了将近三周,才有人发现那个每天在公司群里提

---

① 在缺少合理怀疑的情况下,我们暂且相信一种说法属实。如此形成的信念,有时被称作"缺省信念"（default belief）。典型的例子如:在一个陌生地方问路时,我们通常是直接相信为我们指路的人的说法,直到后来我们发现有可疑的地方。

② 当然,这里所谓的"认清",即便是结合着新证据的,依旧是相对而言的,无法担保将来不再有变更。

议买奶茶的不是公司同事,竟是卖奶茶的。在这个案例中,基于公司微信群里每天有人在群里提议带奶茶以及群里其他成员的响应和信任,我们基本可以筛选出"每天提议带奶茶的人是公司同事"这一事实,因为,至少在公司微信群的范围内来讲,对此没人提出"怀疑",是得到普遍认可的。但是,随着事件的继续,或许有人注意到,每天提议带奶茶的人竟是同一个人,假若他还发现原来公司内部微信群并非实名认证才能加入的,那么,他就可能提出怀疑:"这个人到底是公司里哪个部门的,有谁认识吗?"这样的"合理怀疑",显然来得有些迟,时间已经过去近三周了。然而,不论何时出现合理的怀疑,只要原来的"事实"现在不再被普遍认可,我们就需要重新识别,筛选出新的"事实"以取代原有的"事实"。

不要以为上述"受骗"之事只会在笑话中发生,也不要觉得"三周时间"不足以表明"认清事实"之曲折过程,这里的重点在于:我们在识别事实时,虽然只要是针对具体情况的可以得到较为普遍认可的判断就有资格在说理中用作"事实",但从说理的开放性来看,任何说理都不是一劳永逸的,"主张"以及事实认定也并非永不更改,因此,我们对于"事实"的审查,不应仅限于当下或某一阶段的"合理怀疑"。为了认清一件事情中的事实,为了尽可能地接近真相,我们需要把"实践"或"时间"考虑在内,要允许参与对话的人基于新发现而随时提出合理怀疑。要知道,我们在说理某一阶段认定为"事实"的说法并不担保就是事情的"真相",它顶多只意味着在现阶段就特定范围的对话人而言尚未出现合理的怀疑。有鉴于此,实践(时间)倒是能帮助我们去除"杂质","澄"清"事实"。

让我们再来看一个更为严肃的实例。1968年2月1日,美联社记者亚当斯(Eddie Adams)在越南西贡拍下了南越警察总长当街枪杀一名越共囚犯的一段摄影。其中的一张照片很快传遍全世界,亚当斯也因此获得1969年的普利策新闻摄影奖。这张照片传递的"事实"是什么呢? 全球尤其是美国和平运动组织及报章杂志把该照片视作"南越对平民的无情屠杀"的符号,呼吁尽快结束战争。历史学者后来认为,这张照片作为反战标志,对于提前结束越南战争的确起到了很大的助推作用。从照片的广泛传播及其反战效果来看,公众从照片筛选出并获得广泛认同的事实似乎是:"一位警察在当街屠杀平民"。然而,后来发生的情况却是:亚当斯联系到当年的那位警察总长,亲自向他和他的家人道歉;在后者于1998年去世时,他还称赞其为一位"正义事业的英雄"。亚当斯在《时代周刊》上撰写悼词:"这位警察长杀死了越共,但是我用摄影机杀死了他。照片在战争中是强大的武器,人们相信了照片,但是它撒谎了,哪怕它没被修改过,因为那仅仅是部分事实(half-truths)。……照片中没有说出的话是:'如果你是此时此地站在炎热天之下的那位将军,你抓到那位杀了一个、二个或是三个美国人的所谓坏人,你会做什么?'"①亚当斯之所以说那是"部分事实",主要是基于后来人们获知的更多信息。譬如,照片中那位被枪杀的人并非"平民",而是在被捕前刚刚杀害数位警察家属的越共上尉。很显然,原来所谓的"事实"(即"一位警察在当街屠杀平民")已经被颠覆了,但是,人们重新认定事实的过程何其曲折而费力!据说,照片中那位警察总长战后移居美国,由于其被认为是"杀人魔头",其私人生活曾长期遭受骚扰。

这个例子再次告诉我们,有时尽管我们已尽量从所报道的事件中筛选出能为多数人认可的一种判断(即用作说理的"事实"),但此种"事实认定"并不意味着我们不需要继续探知真相,实践(时间)会让我们意识到,我们有可能已经被我们自己认定的"事实"骗了。然而,作为说理之人,我们也不必因为一时受骗就否定我们所谓"事实"的价值。须知,我们在某一阶段进行事实认定,找出为多数人所接受的一种说法,只是为了在当前所掌握资料的基础上进行说理从而推进我们的探究。对于在说理中摆事实之人来说,他所要做的并不是提出某种自以为真相的说法,也不是要确保他的说法今后绝对不可能被证伪,重点在于:为他的"事实陈述"提供可让他人查验的第一手材料。② 正

---

① Eddie Adams,"Eulogy:General Nguyen Ngoc Loan",*Time*,July 27,1998.

② 从说理的终极目的——追求真理——来看,当一个人所援引的用以支持其主张的所谓"事实"被发现经不起检验时,并非一件坏事,因为,它会促使说理之人寻找其他方面的根据,从而把说理推向"新颖"之地。

如我们的一切认知都开放于未来经验一样,我们对于事实的识别和认定也当然可以经历不断的自我修正。

3. 网络信息中的"事实"审查

在当今时代,我们获取"信息"(新闻或资讯)的最主要渠道要算是互联网了。互联网上的信息有一部分是线下实体机构所发布内容的在线版,但更多是互联网上原发的,譬如,脸书(Facebook)、推特(Twitter)、谷歌(Google)、微博、微信、百度以及各类门户网站和网络论坛上的,结果造成许多线下新闻机构反过来报道网民的声音。如今,线下线上新闻差不多完全融合了。在这个网络几乎覆盖一切的社会里,每天铺天盖地的"新闻"已经不再自然地具有"事实"属性,倒是"新"这一属性无比凸显。在网络虚拟空间上,由于发布消息或传播消息的人可以匿名或托名,新闻与"谣言"之间的界线模糊了;由于信息传播本身会带来经济利益,资讯与"营销"①之间的界限也模糊了。不要以为有政府设立的网络监管部门或者各大网络公司设立的自查机制已经在大力打击"假新闻""伪资讯",因而作为信息"消费者"的我们就可以解放"智力"了。要知道,它们能做的往往只是初审或政审,更多更困难的"事实"审查工作是留给每一位关心事实的说理之人的。②

要对网络信息进行"事实"审查,有时我们只需认真一点即可看出其虚假性。譬如,2017 年 8 月下旬,社交网络上一度广为流传关于"学历继续教育将取消,上班族扎堆赶名校成考末班车"的消息。该消息还援引官方说法称:2016 年 11 月教育部发文规定,自 2018 年起,普通高等学校将不再举办本校全日制教育专业范围外的学历继续教育,没有举办全日制专科层次教育的普通本科高校,不再举办专科层次的学历继续教育。这篇消息的始

---

① 有时候,我们把这些名为资讯实为营销的文章称为"软文"。
② 而且,它们所开展的审查,在判断力上并不比一位严肃的说理之人更优越。

作俑者①很可能认为他在用事实说话，因为教育部文件就在那里，他查过了，读者也都可以去查的。可遗憾的是，报纸和记者或许吃准了很多读者"只看标题"的阅读习惯，于是便把教育部的规定压缩为"学历继续教育将取消"这一更加吸引眼球但却明显偏离事实的说法。如果我们不是停留于这篇消息的标题，而是愿意回到官方原话看"事实"，那么，我们应该会注意到上述带有下划线文字的限定说法才是"事实"。如此粗陋的虚假消息，当然也会很快得到"官方"驳斥。当月 30 日，教育部职业教育与成人教育司称："末班车"的提法系误读，普通高等学校开展高等学历继续教育将会继续进行。

更多时候，网络信息并不会睁眼说瞎话，它们往往会选择性地呈现事实，有意隐去有关背景，从而达到"误导"或"煽动"舆论的目的。② 很多新闻报道在"没说假话"或"并非不真实"的意义上，无疑包含了一些"事实陈述"，这便是通常所谓的"新闻真实"。但是，斯泰宾引用英国前首相张伯伦的话提醒我们："说到底，一家报纸并非主要是对公众进行免费教育的机构。它是一个工厂、一个商业企业、一种职业的组合体。"③为此，我们往往需要结合多个不同渠道的报道，对于网络"新闻事件"的背景做些必要的调查。之所以如此做，倒不是说我们得确保"事实"绝对真实。这一点不属于我们说理中所用"事实"要追求的。我们对网络信息的事实审查，关键是弄清哪些陈述才是已经或可以被普遍接受的核心"事实"，哪些只是媒体报道者为显示其立场态度而特意引入的不足道"事实"。譬如，在关于一起安全事故的新闻中，报道者可以找一位路边民众进行采访，也可以请一位专家进行评论，但到底选择哪一位民众或哪一位专家，往往并非完全随意的，而是受到报道者立场和态度的影

---

① 参见《北京青年报》2017 年 8 月 28 日。

② 这样说，并不否认新闻报道也可以起到"引领舆论"的积极作用。这里面涉及有关传播学的很多道理。举一个简单例子，关于新闻发布的时间选择，倘若是希望扩散的"好消息"，最好选择在每周第一个工作日发布；倘若是不希望扩散的"坏消息"，最好选择在周末发布。

③ ［英］斯泰宾：《有效思维》，吕叔湘等译，商务印书馆 2008 年版，第 62 页。

响。从"新闻真实"的角度来讲,这位被采访的群众确实说了如何如何的话,那位被邀请的专家确实做了如此这般的评论,这些都是事实。但是,对于关心安全事故本身的人来说,这些事实往往是无关痛痒的,因为找另一位民众或专家,很可能会说出不一样的观点。对于这类情况,我们就不能囿于新闻报道者的视野和立场,而是要善于综合多个"新闻"渠道的不同声音,设法筛选出我们所真正关心的那些"事实"。如果我们所关心的只是安全事故的起因,那么,新闻报道中那位民众或专家的话能在多大程度上得到普遍认可呢? 倘若不能,它们尽管事实上出现在新闻报道中,但显然不属于本书中说理可用的"事实"。

还有一种情况是我们对网络新闻作事实审查时应该关注的,即是不是只有在新闻报道中才有"事实"呢? 这涉及我们对"新闻真实"的另一种误解。正如有学者指出的那样:

> 如果新闻报道中的客观和公平意味着呈现所有的事实,而且是只呈现事实(刊登一切适合刊登的新闻),这样的客观和公平只是人们的一种幻觉。人们只能了解全部事实的冰山一角,呈现所有的事实(就算人们能够获得全部的事实真相)是不可能做到的。①

因此,可以说,世界上任意一天发生的事情,进入新闻报道中的或许只占全部"事实"的 0.0001%。

对此,斯泰宾也有类似的说法:

> 我们习惯于认为没有在我们喜欢的报纸上(或许好几种报纸,如果我们喜欢的报纸不止一种的话)报道的事情一定是不值得报道的,唯有已经报道了的才能揭示其全部涵义。我们总以为报纸会提供我们想知道的有关政治形势的所有信息。这个是误解。部分原因是报导的东西必定是有所选择的。……重要取决于不同的立场观点。因此控制报纸

---

① [美]理查德·保罗、琳达·埃尔德:《批判性思维工具》,机械工业出版社 2013 年版,第188—189 页。

的人只强调在他们看来是重要的东西,对相反的东西便一笔带过或干脆只字不提。①

明白了上述道理,就不难懂得,尽管我们当然有必要从"新闻"中已经呈现的"事实"出发(尤其是对于那些我们未能亲历的事件),但并不能简单认为"新闻"中的"事实"就是我们所关注的"事实",而且,为了弄清楚自己所关注的事实,我们并不必局限于新闻报道中的"文字"。那些"新闻报道",与其说提供了我们所需要的"事实",不如说把我们引入了一个可以让更多人共同关注的话题,即让我们知道有一件有趣的事情发生了,然而其中很多"事实"有待审定。至于我们所关心的那些"事实"到底是什么一种说法,我们看完新闻后,需要自行做更多的搜索、比对和调查工作。

▊ |小练习|

■ 试着用"不说假话"的"新闻真实性"标准,对于你今天所看到的一件事进行三种方式的"事实陈述"。你觉得哪一种陈述方式容易误导人,哪一种不太会误导人?

■ 有一种说法认为:"所谓事实,就是客观中立地描述一件事,永远不要作任何主观评价"。这句话与本书所采用的"事实"概念一致吗?对于"描述"与"评价"之间的关系,你怎么看?

三、统计数据之作为一种事实

提到"用事实说话",今天很多人经常想到的是"用数据说话"。在数字时

---

① [英]斯泰宾:《有效思维》,吕叔湘等译,商务印书馆 2008 年版,第 171 页。关于此处所论"报道的选择性",曾选修"说理的学问"这门课的张馨方同学提醒我:传播学上的"议程设置(agenda setting)"理论也持类似观点。根据后一种理论,大众媒介虽不能决定公众对某一事件或意见的具体看法,但是可以通过提供信息和安排相关的议题来有效地左右公众关注特定的某些事实和意见以及他们议论的先后顺序。换言之,新闻媒介有一种"传播"功能是为公众设置一种议程。

代,似乎真正的事实都离不开数据的支撑,否则的话,至少会被认为不属于科学上所讲的"事实"。然而,我们从说理上要问的是:是不是有了数据,就等于有了事实呢? 或者说:数据在什么意义上可以算作事实,在什么意义上不再是事实?"精确"和"事实",是同一种属性吗?

1. 数据不会撒谎

在科技时代,人们习惯援引数据是有理由的。因为,所谓"数据"[①]总是依照特定的统计程式,精确算出来的。这些数据往往并非孤立存在,而是涉及一整套数据。对于这套数据,任何人依照其中的程式,都可以拿去反复验证。在此意义上,我们可以说,"数据不会撒谎"。因为你可以说某一套数据对你没价值,但你很难说某一套数据本身是假的。放在特定的统计语境下看,那一整套数据本身就意味着某种"事实",即其可验证性足以让我们能普遍接受它。

所谓"假数据",有时是指:有人的数据是随意编造的,因而并非我们这里所指的"通过计算所得的数据";更多时候则是指:有人算错了,即计算方式有误,但那也不是数据本身的问题,是一方对另一方算法的误解所导致的。譬如,有一种算法是这样的:"一年是 365 天,减去 1/3 即 122 天作为休息时间,再减去约 45 天作为一日 3 个小时的进餐时间,余下的 198 天中再扣除 90 天度暑假,21 天过圣诞节和万圣节。这时余下的时间连过星期六和星期天都不够。"[②]认为这中间有小把戏的人会说,这里的计算方式有误。[③] 但依照其中所预设的减法运算,用 365,减去 122,减去 45,减去 90,减去 21,最后余下 87;而一年中(按双休日计)我们平均得过至少 104 天周末,所以,87 小于 104。这

---

① 汉语中的"数据"有时用来翻译英文中的"data",譬如,"大数据""数据库"等等。而当我们说用数据说话时,特指"数字"(figures)。

② [美]达莱尔·哈夫:《统计数字会撒谎》,廖颖林译,中国城市出版社 2009 年版,第 118 页。

③ 当然,从区分一年中各个时段的时间来看,这里存在着重复计算的错误;不过,说话人提出他的算法或许是要提醒人:一年虽然有 365 天,但真正能用来工作的总时间连一年中的双休日时间还不及。

一切是数据在说话,并没有撒谎啊!还有一个笑话是说:有人问路边一位小贩,"你的兔肉三明治为什么卖得如此便宜?"小贩回答:"哦。我当然得掺一些马肉!不过,我的比例是1∶1,1匹马,1只兔子。"①我们可能不认同小贩的比例计算方式,但依照小贩所预设的计算方式(即按照品类数量计算),所得到的数据也没有撒谎啊。

因此,除开"编造数据"的情况外,可以说,我们生活中所见的大多数统计数据都是"不撒谎的",是值得信任的。只要我们按照其所预设的统计程式进行计算,它们都能经得起反复验证。实际上,一位负责任的统计学家,往往会告诉我们:"我所要说的'事实'全都在那一整套数据中,你们自己去验证吧。"在此意义上,"数据"不仅不会撒谎,而且对于我们确定某些"事实"是非常有用的。正如不要去责备科技一样,我们也不要去责备数据。因为事情的关键往往是我们这些使用科技或数据的人如何去思考和做事!

2. 的确有人拿数据去说谎

数据都是按照特定的统计程式调查和计算出来的,就此而言,它们是精确的、不撒谎的。但是,正如我们在前面两个例子中看到的那样,如果某人计算数据时有意采用一些容易致人误解的计算方式,那么,即便我们仍可以说数据没撒谎,但这个人的确拿数据撒谎了。② 换言之,一套统计数据可以是精确同时却误导人的(accurate but misleading)。英语世界流行的一句话,非常简洁有力:"Figures don't lie, but liars figure!"(数据不撒谎,但的确有撒谎的人拿数据作臆测!)

---

① [美]达莱尔·哈夫:《统计数字会撒谎》,廖颖林译,中国城市出版社2009年版,第120页。

② "拿数据说谎"这种现象,很多时候就像是在"拷打数据"(torture data)。人们(包括一些科研人员)倾向于基于"经过拷打的数据"得出具有"统计显著性"(statistical significance)的结论。但是,正如有当代学者所指出:"在高速计算机和大量数据的帮助下,寻找统计显著性是一件很容易的事情。如果你观察得足够仔细,你甚至可以在随机数据表格中发现统计显著性。"参见[美]加里·史密斯:《简单统计学》,刘清山译,江西人民出版社2018年版,第19页。

拿数据说谎的人,在我们社会中一直存在。"拿数据说话"越是成为一种时尚,拿数据说谎的人就越是可能多,并且越可能获得成功。从说理上看,他们的诡计在于不愿把代表"事实"的一组完整数据拿出来,而只呈现一部分;他们成功的奥秘则主要是因为他们吃准了某些人出于对"数据"的简单化理解而把"数字精确"当成"思维严密"。有一本书专门谈到了这方面的大量实例,其中文书名是《统计数字会撒谎》,而英文原本书名为"How to Lie with Statistics"(如何用统计数据来撒谎)。① 譬如,书中有这样一个典型例子:"在美国与西班牙交战期间,美国海军的死亡率是9‰,而同时期纽约市居民的死亡率是16‰。后来海军征兵人员就用这些数据来证明参军更安全。"②这看似统计数字上的简单对比,给人一种印象,好像通过其中两个死亡率数值的比较就可以看出哪里的人更不容易死亡一样;但由于海军人员本身就是精挑细选的青壮年市民,无法将其与包含老弱病残在内的普通市民相提并论。书中还有大量"图表"数据的例子,譬如,图4.1可能是某公司为了暗示其发展业绩逐年上升的趋势,但由于其中漏掉了纵坐标上的数值,这可能是一个年收入达到10万美元但自1923年以来每年以几美元递增的公司在说谎。③

在《统计数字会说谎》这本书之外,我们每天的生活中也不难找到类似的例子。譬如,你可能见到一些人有意无意地通过援引平均数(如"人均预期收益5000美元")向你传达某一"事实"(如"你自己的收益至少应该在4000美元以上"),但他知道而你可能不知道的是,统计数据中经常所用的平均数大都是"算术平均数",而我们日常所理解的"平均"往往是指"中位数"或"众

---

① 作者甚至创造了一个词"statisticulation"(统计操纵)来指那种通过使用统计资料向人们传达错误信息的做法。也正是在此意义上,通过美国作家马克·吐温流传开来的那句据说出自英国前首相迪斯雷利(Benjamin Disraeli)的名言显得非常机智,即,"谎言有三种:谎言、该死的谎言以及统计数字。"

② [美]达莱尔·哈夫:《统计数字会撒谎》,廖颖林译,中国城市出版社2009年版,第89页。

③ 参见[美]达莱尔·哈夫:《统计数字会撒谎》,廖颖林译,中国城市出版社2009年版,第47页。

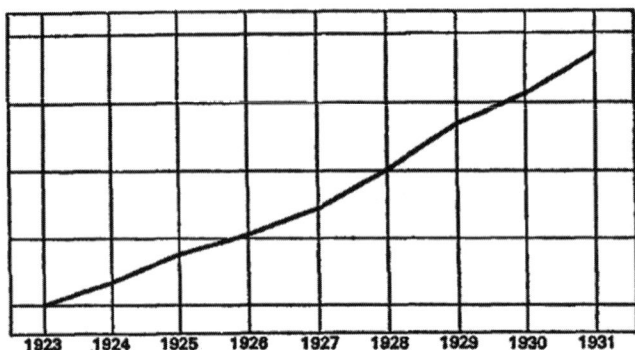

图 4.1

数"。在此情况下,尽管他可以说人均预期收益 5000 美元,但某些人(包括你自己)甚至多数人的收益可能还不到 500 美元。再如,你可能听到一位广告代理人用数据向你宣扬某一地区的气候宜人:"根据以往 60 年的记录,该地区具有十分相似的年均温度:摄氏 20 度。"但是,由于他没有说每个季节的气温波动范围有多大,他可能只是在误导你,让你相信一个气温温差极大的地区也是很适宜居住的。再如,上海市消保委曾做过一项调查,结果显示:17 家商业银行 2016 年上半年到期的一些理财产品,预期收益率和实际收益率差距大得有些离谱,而且有 1/3 的理财产品是以"最低预期"收场,能达到"最高预期"的产品连 4% 都不到。在这方面存在过大差异的银行很可能就是在用"预期收益率"数据说谎了。夸张一点说,某家银行的理财产品,预期最高收益率 18%,预期最低收益率 0,而实际收益率却常常为 0。① 还有,一位推销员可能援引最简单的"数据":这个产品全国 5000 万人都已经在用了。然而,"5000 万"这个数字代表什么"事实"呢?是说"买的人很多",还是说"这个产品好用",还是说"你需要这个产品"?当你把这些直接拿来当做事实时,你或许觉得只是在"随大流",但很可能已经由此"被数字误导"了。

---

① 相关信息可参见《人民日报》时评《别拿预期收益忽悠我》,http://opinion.people.com.cn/n1/2017/0227/c1003-29108625.html。

| 小练习 |

■ 对于同一种事态,人们会根据自己的目的挑选不同的数字或图表。譬如,有时说"1%的销售利润率",有时说"15%的投资回收率",有时说"1000 万美元的利润",也有时说"利润下降 60%"。请分析这些说法所针对的有无可能是同一回事。

■ 为了表明某一藏品的价格回升,有人可能会说:"去年时,价格下降过20%。今年,又上涨了 20%。"你认为,他所说的这一藏品,现在的价格跟去年下降前一样吗?

3. 回到数据本身找"事实"

有鉴于数据不会撒谎但的确有人拿数据说谎,我们应该知道:"拿数据说话"并不等于"拿事实说话"。如何评价"数据"并从中读出"事实",这并不是每个人只要能提供或援引"数据"便可自然掌握的一种能力。美国经济学家、统计学家沃克(Francis A. Walker)在 19 世纪下半叶说的话,或许至今仍适用于我们的社会大众:

> 这个国家太渴望信息了。一切统计性的东西甚至包括看似统计出来的东西,全被以一种近乎病态的热情接受了。然而,对于此类统计性陈述,我们国家的人基本上还不懂得如何怀疑和批判。①

作为关心事实的说理之人,我们所需要的是能免于合理怀疑从而得以普遍认可的"事实"。要找到这种"事实",我们一定要了解某一数字背后更多的相关数值或其他信息,也就是说,能作为本书所谓"事实"的统计数据,得是包含统计程式在内的、完整的、情境化的"数据"。

有读者或认为,最初形态的完整统计数据可能本身比较复杂,包含多维度的"事实",而有时出于某种特殊的关注点,我们倒希望从中挖掘出更加简便

---

① 转引自 Henry N. Pollack, *Uncertain Science … Uncertain World*, Cambridge University Press, 2003, p.87。

的"事实"。对此,要指出,尽管是只关注原始数据中某一维度的"事实",我们也需要格外谨慎!虽然我们没必要像统计学家那样对每一组数据重新核实,但任何旨在从数据中解读事实的人都应该回到数据本身,弄清楚每一数字所代表的统计含义(即它在整套数据中的位置),由此寻找更加完整的信息版本。不能忘记,我们说理中所用的事实,不能单单宣称就可以了,而是要摆出来大量的一手材料(包括原始的统计数字和计算方式)允许对话人自行确认事实。

譬如,当你听到新闻中说"今年上海经历史上最长夏天"时,你可能注意到其中的某一代表最长夏天数的数字。但是,这个数字何以能成为一种事实呢?或者说,其到底指向一种什么样的事实呢?对此,最简单的回答可以是:你去查看一下当地气象部门的统计数据!而倘若他没有耐心去查原始档案,那么,他至少应该弄清楚气象统计中所谓的"夏天天数"到底是如何统计出来的。① 按照气象学定义,以 5 天平均气温为标准,某地春季以后 5 天平均气温稳定超过 22℃ 时,则达到进入气象学意义夏天的标准。这 5 天中的第 1 天即为进入夏季的第一天。然后,他或许还应该弄清楚这里的"日平均气温"是如何测出来的?倘若他知道气象学上通常用一天 2 时、8 时、14 时、20 时四个时刻的平均气温作为一天的平均气温(即四个气温相加除以 4),那么,上海市的测量又是在哪一个或哪几个站点进行的呢?倘若他知道测量温度是在百叶箱中进行的,那么,百叶箱的周边环境有何要求呢?不弄清这些,他提取出来的"事实"要么是无法被人认可的,要么是空泛无力的。

我们也经常听到当地气象台预报天气:"明天下雨的概率为 30%。"这种概率式预报,被认为不仅仅是瞎猜,而是包含"事实"在内的。那么,其中到底是什么"事实"呢?假若我们搞不清楚这个 30% 在统计数据中处在什么位置,

---

① 当然,"今年上海经历史上最长夏天"一句话中的"史上"一词可能也是有歧义的。为此,气象学上通常界定为"有气象记录以来"。

就难以抓到"事实"？不愿意回到统计数据本身的人，或许希望试着猜测，这个30%可能是指"明天将有30%的区域下雨"，也可能是指"明天将有30%的时间下雨"。但就气象统计而言，其标准含义只是："在有气象记录的历史上，像明天那样的气象条件下，有30%的天数曾下过雨"。① 这才是它所代表的"事实"。

　　还有，吃过维生素等保健品的读者或看到过，国内这方面的产品会有标明每种营养成分百分比含量的"成分表"。但如果你对照美国生产的保健品，就会发现，它们的"成分表"（Supplement Facts）一栏也有标注各类维生素含量的百分比数字。不细看完整数据的人，习惯于将美国产品的"成分表"对应于国内产品，直到他注意到某一成分（如维生素C）的百分比竟然是150%。实际上，两地产品成分表上的"百分比"背后，有着不同的统计方式。美国产品的百分比特指"每次服用量所含成分占专家建议每日摄入量的百分比"（即Daily Value）。

　　最后，当你不愿意回到数据本身找"事实"时，请听听《统计数字会说谎》一书"序言"中的如下告诫：

　　　　统计这种神秘的语言，在一个用事实说话的社会里是如此的吸引人，但有时它却被利用并成为耸人听闻、恶意夸大或简化事实、迷惑他人的工具。在报告社会经济趋势、商业状况、民意测验和普查的大量数据时，统计方法或者统计术语是必不可少的。但如果作者不能正确理解并恰当地使用这些统计语言，而读者又并不能真正懂得这些术语的含义，那么，统计结果只能是一堆废话。②

---

① 有关这方面的认知实验以及气象学概率式预报如何可以避免让民众误解，可参见 Gerd Gigerenzer，"A 30 Percent Chance of Rain Tomorrow"，in *Rationality for Mortals：How People Cope with Uncertainty*，Oxford University Press，2008。

② ［美］达莱尔·哈夫：《统计数字会撒谎》，廖颖林译，中国城市出版社2009年版，第 II 页。

四、"事实"如何成为"根据"

前面我们已经看到,说理中所用的"事实"往往不是既定的、现成的,而是要求我们善于从各类信息、资讯或数据中识别和筛选出事实。但是,我们所关心的事实有许许多多,每天也都在增加。就具体的说理而言,我们所需要的往往不仅是事实,而且是能作为说理证据(即图尔敏结构中之"根据"要素)的事实。为此,我们需要谨慎呈现"事实",不仅要表明其与说理之"主张"的相关性,还要主动交代事实的"具体出处"。

1. 事实要与"主张"相关

事实并不会直接成为"证据/根据"。实际上,证据,是一个关系词,我们将某一事实当做"证据"时,总是指 X 是相对于 Y 的证据。因此,同一个事实,相对于不同的说理之"主张",完全可以成为彼此冲突的证据。譬如,特朗普当选美国总统,这一曾被喻为"黑天鹅"的事实,有人用它作为"美国民主在向好"的证据,也有人用它作为"美国民主在变坏"的证据。①

当我们谈到某一事实与"主张"相关时,要求"事实"不仅是针对客观世界中具体情况所作的一种广为认可的主观判断,它还得是为支持某一主张而值得特别提出的"相干事实"(relevant facts)。乍看起来,这一点似乎比识别"事实"要容易些,但我们日常生活或是学术讨论中的确常见到"不相干事实"被

---

① 这一现象倒是可以为科学家们衡量所谓"证据的可诊断性"(the diagnoticity of the evidence)的必要性提供佐证。因为,当我们观察到一件事实后,它到底能在多大程度上用作证据以表明我们的某一推测是正确的,这是需要通过条件概率来计算的。实际上,"证据的可诊断性"作为似然比(likelihood ratio),正是贝叶斯定理中的一个因子。一个标准的贝叶斯公式是:$P(H/D):P(\sim H/D) = (P(D/H):P(D/\sim H)) \times (P(H):P(\sim H))$。其中,D 表示观察到的所谓"证据",H 表示"你认为可以由此得以说明的某一推测",$\sim H$ 表示"其他可能推测";P 表示概率值,/表示条件概率(即在已知某事发生时另一事发生的概率)中的"已知"(given)。公式中第 1 个比值叫做后验比率(posterior odds),第 3 个比值叫做先验比率(prior odds),而第 2 个比值,$P(D/H):P(D/\sim H)$,便叫做"似然比"。

用于说理。比如"诉诸怜悯"：公司在考察一个人的工作能力是否适合某一岗位时，他却反复说自己家庭经济如何困难；一个人为了说服他人捐钱，而说"不捐钱即没有同情心"。还有"诉诸情感"：别人在争辩西红柿是否属于水果时，他却反复强调自己从小很喜爱吃西红柿，而且周围人大都也喜欢吃。从说理上看，人们把"诉诸怜悯"或"诉诸情感"当做一种逻辑谬误，并不意味着怜悯心、爱心、梦想等各种情感在说理中不重要，更不是说它们没有任何感染效果，这里的关键在于："它们的存在"之作为事实，跟我们当前的"主张"毫不相干，因而无法作为用以支持"主张"的一种"根据"。

对于不顾"主张"究竟是什么而轻率提供"事实"的做法，在辩论和学术讨论中，人们称之为"跑题""偏题"或曰"转移论题"（Evading the Issue）。譬如，有人主张"教师工资应该上调10%"，但其提供的"事实"却只是"教师工作很辛苦""教师的岗位工作关乎儿童的成长""很多国家都重视教育工作"等等。他可能争辩说：后面这些东西谈论的大都是教师，因而似乎跟其"主张"存在某种联系。但那种联系并不意味着这些"事实"之作为判断与他的"主张"之作为判断彼此间有什么相干性。试想一下，难道一项工作只要辛苦、被国家重视、涉及儿童成长都应该加工资10%吗？[①] 当然，这里有一种可能性，即，提出这些"主张"的人或许原本就知道没有什么真正的"根据"可以支持"教师工资应该上调10%"，于是便有意地把某个"红鲱鱼"放到对话各方面前，以达到"转移注意力"之目的。因此，这种"不相干性"有时也被称作"红鲱鱼谬误"（Red Herring）。

需要指出的是，当我们考察某一事实与"主张"是否具有相关性时，只是初步触及"相关性"议题。论及某一事实究竟如何就与"主张"具有了相关性以及相关性程度怎样，往往会引入另一说理要素"担保"。关于"担保"对于"相关性"的最终确立以及"担保"与"根据"关系，我们将在第五讲中论述。

---

① 类似的例子还可以提到：有人为了主张"特朗普应该当选美国总统"，而提出"他很爱国，敢于直言，尤其是他竞选资金主要是自己掏腰包。"

2. 事实要有"具体出处"

我们在说理时，不单单是把某种说法拿来作为事实。作为说理之"根据"，我们所呈现的事实不能仅仅是你自己知道、感觉或预估它是广为接受的一种说法，你必须允许参与说理的对话者可以前去查验，自行判断其到底在多大程度上可以作为支持某一主张的"根据"。因此，为了确保你所筛选出的事实可以被更多的不确定受众认可为"根据"，我们需要向不特定的对话人表明：基于当前这些条件，我们至少可以暂且接受某些东西为事实。这里所谓的条件，主要是指"出处"或"消息源"，即事实原本所在的观察场景。这就等于是告诉了别人（不论是现场对话人还是后来加入对话的其他人）你是如何知道它是已被或值得广泛认可的事实，以及如何可以用作"根据"。当然，一种说法有"出处"不是说就没有可疑之处或任何人一定会相信，①但这的确是说理及批判性思维首要倡导的负责任和开放的态度。

在许多口语或非正式的场合，读者或许会觉得，如果每次提到某一事实作为"根据"都要交代具体出处，那将会非常繁琐。但是，要强调一下，除非你并非当真在说理，除非你不担心受骗，否则"具体出处"对于我们确保某一事实可以作为"根据"就是至关重要的。我们在网络上应该见到过不少没有出处便被人用作"根据"而后来却被发现是"谣言"的所谓"事实"，也见到过所谓"事实"却不过是"个人假想"的情况。譬如，某人这样说理："他所遭受的一切痛苦，都是他应得的。因为他前世犯下了太多罪孽。"尽管"他前世犯下了太多罪孽"前面带有"因为"二字，却无法作为"根据"，因为那是无法查验的。

我们对于身边"说大话""吹牛"的人往往不屑一顾，却发现对于网络上各种"炒作"现象防不胜防。之所以如此，往往是因为那些"炒作"的文章更像是

---

① 譬如，所谓"官方说法"或"官网发布的信息"，很多时候只是意味着某些信息出自正式渠道，有人会为"说假话"负责任。事实上，英文中表示官方的词"official"本来就有"正式"之意。

在一本正经地拿事实说话,那些所谓的"事实"本该结合着具体出处交由读者或听众验证,但是,它们却无任何出处,或者很多读者或听众并不关心其出处。① 譬如,2017 年 3 月,在世界睡眠日到来之际,网络及各大媒体争相报道《2017 年中国网民失眠地图》这一研究报告的发布。报告中提到:虽然有超过80%的网民受到过失眠问题的困扰,超过57%的调研参与者不能全面了解失眠危害,仅4.5%认为出现失眠应该马上治疗,而在有失眠经历的人群中超过57%表示坚决不吃药。然后,我们就看到,有文章以此作为"根据"提出"阻断失眠'恶性循环',需尽早服药"②,甚至是"偶发性失眠危害健康,应及时采取药物治疗"③。但是,《2017 年中国网民失眠地图》能在什么程度上作为"失眠人群应采取药物治疗"的有力"根据"呢? 为此,需要特别关注其"具体出处"。稍加留心或略作搜索,读者就可以发现,这个调研报告仅是一种在线调查,这意味参与人群可能并不够典型;同时,更为关键的是,这个调查是"赛诺菲中国"与"腾讯健康"联合主办的,这两家均非专业的调查公司,"赛诺菲中国"反倒是生产和销售失眠药物的跨国公司。看到这些"具体出处",我们或许可以继续把《2017 年中国网民失眠地图》当做某种"事实",但它到底能在多大程度上用作"失眠者应及时服药"的"根据"就难说了,至少不会是多么有力的"根据"。④

各种渠道得到的统计数据,其中包含的事实往往是多重的。我们最好设想或查证(如若可能)一下统计如何设计、何以完成,以帮助我们把握该统计数据作为事实在什么意义上可以成为一种"根据"。《统计数据会撒谎》一书在最后一章"如何反驳统计资料"为我们提供了可以帮助我们识别有人是否

① 从心理上看,人似乎更愿意相信那些"说得有鼻子有眼"、带有具体信息的话,虽然它实际上更容易被证伪。吊诡的是,不少听众从来不打算去花精力验证所听到的话,而只是仅凭说话人的坚定语气去相信。

② 可访问 http://xmwb.xinmin.cn/html/2017-03/17/content_8_2.htm。

③ 可访问 http://health.qq.com/a/20170317/014082.htm。

④ 关于失眠之后是否应该及时服药,其实存在不同的声音,譬如有专家提出:失眠需引起大家重视,但也不要过度恐慌、夸大,甚至矫枉过正。参见 http://sh.sina.com.cn/news/m/2017-03-20/detail-ifycnpiu9144247.shtml。

拿数据说谎的五个问题:(1)"谁说的?"(2)"他是如何知道的?"(3)"遗漏了什么?"(4)"是否有人偷换了概念?"以及(5)"这个资料有意义(重要)吗?"①实际上,作者就是在围绕这五个问题告诉我们,"查找原始出处"对于确定某些事实能否作为说理之"根据"如何具有重要性。基于此,当一个人要把"XX 是影帝"拿来作为说理之"根据"时,就有必要交代出处,告诉对话者哪一机构哪一年因为哪一部影片而授予 XX 最佳男主角称号。当他要拿"YY 是奥运冠军"作为说理之"根据"时,也有必要交代"出处":"YY 在哪一届什么奥运项目上取得多少成绩?""YY 后来有没有因为药检等被取消奖牌?"需要牢记,很多时候,"说出精确的数字"并不等于"如实相告","交代出处"之后才算。譬如,当某人要你如实告诉他你某一次考试的成绩时,你所要做的不只是告诉他一个精确数值"93.5",你还需要标明这个精确分数的"出处":"考试满分多少? 全体考生成绩分布情况?"否则的话,尽管你坚持说他的成绩事实上就是 93.5 分,但这能在多大程度上作为一种主张的"根据"呢?

3. 如何看待论文中的"文献标注"

我们说在把某一事实作为说理之"根据"时要交代其"原始出处",这想必已经让许多读者联想到学术论文中的"文献标注"做法。关于"文献标注"的重要性,做过学术论文的人,大都深有感触。不过,对于尚未入门者,"文献标注"可能意味着一种"繁琐"和"累赘"。对此,我们从说理上应该如何看待呢?

首先,作为说理之人,我们应意识到:"文献标注"在很多时候关系到你是否为你的"主张"找到了能真正作为"根据"的事实。也就是说,"文献标注"的实质是尽可能详细地表明论文作者所提到的那种作为"根据"的事实,以便

---

① [美]达莱尔·哈夫:《统计数字会撒谎》,廖颖林译,中国城市出版社 2009 年版,第 129—148 页。

于读者随时查验。这种做法本身就体现了说理的开放精神,即某某说法究竟在什么意义或程度上能作为"事实"以及"根据",这是允许甚至鼓励读者去查证或批评的。也正因为如此,我们看到,"文献标注"信息不仅交代作者及成果名称,还会列出成果类型、发表刊物及期次、出版社及出版地、发表日期、具体页码等等。所有这一切绝不是故弄玄虚,完全只是出于为受众着想,让愿意参与说理的人更为便捷地前去查验。①

其次,关于学术写作中标注参考文献的重要性,人们习惯于说那是尊重知识产权的体现,但远不止于此。在当今学术体制中,索引率的确是学术作品质量的一种重要指标。因而,当其他人参考某一文献后主动标注文献信息,既是对他人劳动成果的致敬,也可以帮助真实显示该文献的被引情况。然而,这些对于说理活动而言,只是外在的(尽管可能也重要)。从追求"好的说理"而言,关键的一点是:"参考文献"能作为证据的标识。那些在我们论文中被标注出来的参考文献,一方面显示,我们所谓的"事实"是有据可查、可还原到特定语境中的;另一方面也表明,我们的结论得出是建立在什么样的资料之上的。

最后,"文献标注"对于通过援引文献而为某一"主张"辩护的人来说,还具有"责任分摊"的功能。② 在"事实确认"存在严重分歧的情况下,通过援引参考文献来提出你认为可以被更多人接受的事实判断,这可以使得你的说理顺利开展下去。此种参考文献交代了你所谓"事实"的出处,类似于为你提供了一种背书。它们虽然算不上独立的论证,却可以为你提供背书式的支持,至少能暂时或局部地为读者释疑。在很大程度上,我们写论文"拿事实说话"

---

① 从这个角度看,有些从网络上转来的 IP 地址不够稳定的信息,就不能作为学术参考文献。因为虽然说话人曾在某个地址访问到该信息,但等到其他人依照他所提供的这个地址去核实时,它很可能已被删除或转移到其他地址了。为此,从国际惯例上说,对于来自网络的电子"文献",学者们往往只引用那些具有 DOI(Digital Object Identifier,即数字对象识别码)的,以确保它们是读者可永久访问的资源。

② 如果是纯私人性的感受经历或情感价值,当然不需要参考文献,但在学术论文中应尽量少用这些不具公共性因而无法公开查证的判断,那会减少此类话题上的说服力。

时,那就像是法庭上的陪审团在作裁决:我们不可能亲历所论述的一切材料①,我们当前所能做到的只是根据所能获得的证词情况来做出合理判断。这种合理性并不意味着我们的结论绝对不会出错,它是基于"特定情况下的证据"(upon the basis of circumstantial evidence)而来的。对于何谓"特定情况下的证据",斯泰宾有过如下阐释:

> 我们当中想"了解事实真相"的人,其实和陪审员所处的位置相差无几,他们得根据所提供给他们的证据来裁决受审的被告人是否真的有罪。……陪审团必须以特定情况下的证据为根据作出他们的决定和判断。假如一连串事实放在一起可以表明一个结论,但是孤立地看它们并不能说明这个结论,这种证据就是"特定情况下的"。特定情况下的证据是累积起来的。证据中的每一个都说明同一个问题。像我们平时说的,"在某种情况下,唯一合理的结论是什么什么"。说下这个结论是合理的,并不是说它一定是正确的。②

所以,在法庭上,假若有人作伪证,陪审团的裁决就不能确保此种合理性了。同样地,我们论文的结论是建立在参考文献所列的那些"证词"之上的,即我们的观点是有条件的,我们假定了那些参考文献具有可靠性。倘若所谓的"参考文献"在后来被认定为"不实"③,我们建立在它们之上的论证就难免松动,但那些"参考文献"的作者应当为我们分摊责任。

必须承认,在学术上坚持用参考文献来标注"根据",是需要颇多耐心和功夫的,但它就像新闻工作者坚持用"消息源"来标注"新闻"一样,属于一种可贵的品质,是需要坚守和竭力维护的。我们都知道,如果不是为了追求真相

---

① 关于这一点,可以举一个直观的例子。譬如,"人类登上了月球",你何以知道这是事实? 你亲眼见过登月过程吗? 你有能力或机会亲眼见证这个过程吗? 我们绝大多数人之所以相信那是事实,往往只是凭借电视转播、新闻报道、官方机构发布的信息等等"间接"渠道而判定的。

② [英]斯泰宾:《有效思维》,吕叔湘等译,商务印书馆2008年版,第180—181页。

③ 学术期刊中存在的因为发现存在论文造假而在文章发表多年之后决定撤稿的情况,可以证实这一点的确有可能出现。

而只是为了"抢头条",即便是主流的传统媒体,也很容易不审查"消息来源"就发布从网络上转来的"新闻"。

五、关于"根据"的谬误或偏见

第四节中已经看到"不相干事实""转移论题"等谬误了。在本讲最后,我们再列举其他一些常见的涉及说理之"根据"的逻辑谬误或认知偏见。认识和了解这些,有助于我们从反面理解应该如何在说理中"用事实说话"以及哪些"根据"才算是好的。

1. 循环论证

当别人要求你提供"根据"时,你可能会换一种说法把你所要论证的"观点"重申一下。这在逻辑上是"循环论证"谬误。

虽然这种谬误名称是"循环论证",它却不一定是直接原话不动地照搬"主张"(C)作为"根据"(G)。英文中的叫法"Begging the Question",(有译为"乞题")倒是讲得准确,因为其谬误性更多是在于:当某人提出 G 作为 C 的理由时,我们却发现,他还需要用 C 反过来作为 G 的理由,只是这种"需要"经常不被说话者本人觉察。其隐蔽性多出现在以下几种情形:

(1)把 G 换成 C 的等值命题。譬如,"他讲的是实话。因为他在这件事上是不会撒谎的",或"因为他这个时候是不会撒谎的。"可以说,"因为"之后的句子并不是简单地重复之前的句子,至少增加了"这件事"或"这个时候"这些字眼,但是,从"根据"之作为一种理由而言,它们并没有向我们提供任何"理由"。再如,"你应该那样做,因为那样做是好的,是值得的。"同样地,某人以"开心"或"有好处"作为行事理由,或者以"真实的"作为命题理由,也都是在循环论证。因为主张某一命题就是断言其真实性的,主张某一行动就是为实现某一意图(即好东西)的。

(2)把所要循环的东西藏在某一"事实/根据"的背后。你不追问,一切还

好;但追问下去,"循环"就现形了。譬如,下列对话:

> A:他应该是这次大赛的"最佳歌手"。
>
> B:你怎么知道?
>
> A:所有真正懂歌的人都喜欢听他的歌。
>
> B:那你认为都有哪些人真正懂歌呢?
>
> A:这位歌手,还有他大批的忠实粉丝,都是真正懂歌的人。

(3)试图掩盖"举证"的必要性,似乎C可以自己为C辩护一样。譬如,"实话实说,他并没有撒谎。""客观地讲,他是对的。"生活中类似的强调语还有"毋庸置疑""毫无疑问""坦率地讲""显而易见"等等。并不是说,我们说话中不能带这些词。但是,它们要么不是在说理,要么就是循环论证。

(4)试图用一些标签或口号作为证据。譬如,"中国人是丑陋的。不是有一本书叫做《丑陋的中国人》吗?""知识分子是不受人尊重的。因为知识分子的外号是'臭老九'。""他这样沉迷网络、不务正业,是不对的。"

2."德克萨斯神枪手"

据说一位德克萨斯人在谷仓上开了一枪,然后在子弹击中的地方画上靶心,最后宣称自己是神枪手。"德克萨斯枪手"谬误的名字由此而来。中国也有,小说《穆斯林葬礼》中曾记载:一位商人把原本一对珍贵玉器中的一个摔碎在地,然后说:"这种玉器现在是世界上独一无二的了。"此种谬误的本质是:它不是从言语或思想上论证一种主张,而是直接从物理或实践中改变事态,从而使得原本有争议的说法现在不再有争议。它看似是在说理,却只是让原本的说理不再有必要。

3."一厢情愿"思维

所谓"一厢情愿"思维(wishful thinking),是把某种仅仅是希望因而尚未落实的东西当做"事实",并以此作为说理之"根据"。譬如,"他一定没有偷东西,否则我们大家不要气死了吗?"对于持有此种思维方式的人,我们首先要告诫他:赶快回到现实中来! 然后,我们要提醒他,一种说法是不是事实,不是一个人希望它是它就是的,它得是面向对话各方寻求更多人接受的。

4."证据伪托"

所谓"证据伪托"(proof surrogate)是指:有人自己没有证据,只是相信别人已经拿出了证据,但至于是谁提出的证据,他并没有讲清。譬如,某人陈述事实时,夹带"众所周知""消息人士指出""明眼人都看得出来"等等。这些或许是能得到很多人认可的"事实",但在用作说理之"根据"时,至少得交代部分"文献信息"。否则,最好用"我们假设读者都承认以下事实"或"本文的论证建立在以下预设之上"等,直接说明它们是某种预设或临时假说。

5."证实偏好"

"证实偏好"(confirmation bias)是认知心理学上的一种叫法,泛指这样一类心理现象:你因为有某种信念,而开始格外关注某些在此前只是偶然发现的东西,并把那些"偶然发现"当做对于你个人信念的支持。这方面最典型的例子莫过于我们常说的"当人怀孕了就更容易发现孕妇""你开了奔驰就更容易看到奔驰""你拎个 LV 就发现满大街都是 LV"等。这等于是把"信念"和"理由"倒置了。当一个人怀孕时,她可能基于种种机缘已经相信"应该在今年或这个季节怀孕""怀孕后应该多出来走走"等等说法,由此,她往往更多关注那些"证实"自己信念的局部现象或个别案例。但是,此种后验的"证实"往往算不上对于她原有信念提供"根据"。毋宁说,她当时持有那些信念,本身就是没理由的,因而也不属于说理中的"主张"。即便在后来说话人有意重新为该信念寻找理由,但她选择性接受的"事实"对于"应该怀孕生孩子"等并不构成一种好的根据。

6. 近因效应

近因效应,作为心理学上的认知效应,是一种基于可得性的习惯思维(availability heuristic）。很多人习惯基于近期所能得到的信息或材料来做事实判定,而忽略掉了远期或其他人那里所经历的情况。譬如,一个人说:"上海的天气真好。我去年 11 月在那里呆过。"但最近的"去年 11 月"对于支持"上海的天气真好"而言并不构成一种好的"根据"。上海一向被人抱怨的黄梅天并不是出现在每年 11 月的。再如,一个人当众评价另一个人:"他这个人蛮好的。昨天还请我们吃饭。"昨天吃饭时的欢快气氛和享受其中的感觉或许还清晰记得,但这些作为事实对于"他这个人好"的相关性到底有多大呢? 当我们大家说一个人好时,远不仅仅是在说他请过某一个人吃饭。还有,请考虑下面一组对话:

A:我最近在看报纸,发现这个社会犯罪率很高。

B:你最近都在看什么报纸?

A:《检察日报》和《犯罪现场》。

7. 光环效应

"光环效应"类似于人们常说的爱屋及乌,是指当我们特别喜欢某个人或某物的某一点时,在我们心理上,这一点经常变成一个发光的光环,使得它周边的一切都变得光亮。作为心理习惯的一种刻画,这或许符合很多日常思维活动。但是,如果是在说理中,你把自己的个人心理倾向当做一种"主张"的"根据",那显然就是不相干的。譬如,"这双鞋子很好。因为我的偶像穿过。"你喜欢一个偶像,肯定是基于他某一方面的"优秀",但是这一方面可以无限扩展到其他方面(如对于鞋子的审美评价)吗?

要点整理

■ "事实"一词,常用来指称某种值得我们尊崇或能让人感到荣耀的东西。但是,那种代表"世界本来样子"或代表"客观真理"的"事实",

要么是独立于我们的,要么我们永远无法确知是否已经获得。为此,我们在说理中所用的"事实"只能是不那么强的"事实"。它特指针对客观世界中具体情况所作的一种被认可的主观判断。

■ 根据本书的用法,"事实"与"意见"之间并无截然的划分,前者更多是一种在对话语境下广为认可的"主体间意见"。这种"事实"往往并非现成的,而是需要说理之人主动筛选,谨慎呈现。即便如此,今天被认可的"事实"仍可能在后来被颠覆,从而需要重新认定。

■ 网络上的很多信息在"新闻真实"的意义上包含着诸多事实,但是,由于其对"事实"的选择性呈现,我们作为信息消费者不能囿于新闻报道者的视野和立场,而是要善于综合多个"新闻"渠道的不同声音,设法筛选出我们所真正关心的那些"事实"。

■ "事实"常常借助于"精确的统计数据"来呈现,但后者并不能简单地等同于"事实"。就数据所在的特定统计语境来说,每一整套统计数据本身就意味着某种"事实",然而,当"拿数据说话"成为一种时尚时,的确有人在拿统计数据来说谎。为了防止被统计数据误导,我们需要回到包括原始统计数字和计算方式在内的一手材料中寻找事实。

■ 就具体的说理而言,我们所需要的往往不仅是事实,而且是能作为说理之"根据"的事实。为此,所谓的"事实"不仅要与说理之"主张"相关,说理者还要主动交代事实的"具体出处",以便于对话人查验。

■ 从说理上看,学术写作中之所以详细标注参考文献,是主动交代论文作者所提到的作为"根据"的"事实",便于读者随时查验。它不只是尊重知识产权的体现,更是作为证据的标识。另外,"文献标注"对于通过援引文献而为某一"主张"辩护的人来说,还具有"责任分摊"的作用,就像法庭上的陪审团那样。

■ 针对"根据"这一说理要素,我们可以提出的批判性问题包括但不限于:所谓的"事实"从何而来? 对于所谓的"事实"有另外的解读吗? 这些数据背后的全部真相是什么? 这篇报道中忽略掉了什么事实?

这些事实与所主张的观点相关性有多大？

延伸阅读

■ [美]达莱尔·哈夫：《统计数字会撒谎》，廖颖林译，中国城市出版社 2009 年版。该书可谓通俗统计学的经典之作。

■ [加]马克·巴特斯比：《这是事实吗？》，张立英译，上海教育出版社 2017 年版。本书旨在成为《统计数字会撒谎》这一经典著作的修订升级版。

■ [美]加里·史密斯：《简单统计学》，刘清山译，江西人民出版社 2018 年版。本书原版标题为《标准偏差：有缺陷的设定、经过拷打的数据以及其他种种统计学说谎的方式》。

拓展练习

[1] 对比网络共享词典《百度百科》（baike.baidu.com）与《维基百科》（www.wikipedia.org），看它们的词条撰写规范有何不同？从说理的角度来看，哪一个更好，好在哪里？同时，举例说明：什么样的词条是可信度强的，什么样的词条是可信度差的？

[2] 有一种说法是："没有对基本事实的认同，就无法对话。"请结合本讲对于"事实"之各种用法的辨析，谈谈你对这句话的理解。你是否认同？如果认同，是在何意义上？如果不认同，又是在何意义上？

[3] 请在微信公众号推文中找一篇貌似"新闻"的事件报道例子。你觉得其中哪些句子可以作为本书所谓的"事实"，哪些方面的事实是报道中未涉及但你作为读者很想弄清楚的？

此外，请结合该例子谈谈我们说理之人应该如何正确对待和使用公众号推送的新闻?

[4]对于当今正式渠道或曰各大媒体发布的所谓"客观"新闻,你觉得它们的报道会传谣吗? 如果会,请说明何以可能;如果不会,请陈述你的理由。

[5]结合自己的专业或感兴趣的领域,找一篇带有文献注释的学术论文,注意观察它在什么地方交代了参考文献,并根据其文献标注,试看能否快速而精准地找到所需参见的内容。找到这些参考文献后,你认为自己可以接着做些什么? 如果没有这些参考文献,你觉得对于论文的说理会有什么影响?

(提示:在文章中标注参考文献,有时是在交代相关"事实"的原始出处,也有时是在交代所援引"理论"的提出人或倡导人。)

[6]就你新近看到的一个印象深刻的统计数字,设想一下它是如何得出来的。然后,查找有关资料,核实该数据原本的统计方式是怎样的。你觉得该数字到底能传达什么样的、你所关心的"事实"?

[7]任选一个主题,从你所见闻的两个同时宣称为"事实"的不同说法出发,正本清源,寻找你认为更有可能被接受的"事实"版本,并谈谈你的筛选标准都有哪些。

(提示:这里所谓"事实"是旨在用作说理之"根据"的"事实描述",而非所要辩护的"事实型主张"。对于前者,重在从信息源头上作事实认定;对于后者,重在提供分层的理由。)

177

第五讲　何以推得出来

当有人提供某种事实为自己的"主张"辩护时,他已经开始尝试说理了。对话人在相信这一"主张"之前,需要依照说话人所提供的信息源核实所谓"事实"的真实可信度,并初步判断它们是否与"主张"有关联。但即便确认了这两点从而把说话人摆出的"事实"接受为某种"根据",对话人很可能还想知道:到底能否由这些"根据"(G)直接或足以推出"主张"(C)呢?此时所追问的并不是"进一步的"或"更多的"事实信息,而是图尔敏结构中与之位置不同的另一要素——"担保"(W),即,用以担保我们从 G 直接推出 C 的某种道理。"担保"在某些简单的说理片段中会被说话人省略不提,但是,在系统的说理中,有必要把"担保"挖掘出来。在本讲中,读者将看到,很多时候,只有在挖掘出"担保"之后,一个人的说理才可以正式被评估好坏。

案例热身

"那又怎样呢?"

本书第四讲第四节中曾提到一个关于教师工资应该上调 10% 的"主张",当时我们说有些人提出的"事实"跟"主张"并不相干,因而不能用作"根据"。下面让我们看有关该话题的另一版本对话:

A:我认为,义务教育阶段教师工资应该上调 10%。

B:你的根据是什么?

A:因为事实上这些教师工资偏低啊。

B:偏低就应该上调吗? 我们社会各行业收入本来就是有差别的。清洁工收入低,也没听说有人为他们呼吁上调工资啊。

A:教师跟清洁工不一样,他们工作不仅量大,而且挑战度高,责任也很大。

B:我可以承认,义务教育阶段教师工资水平,相对于其工作量和难度而言,是有些偏低。那又怎样呢? 难道相对于其工作量和难度而言偏低的任何行业劳动者,都应该上调10%吗?

A:我没有说相对于其工作量和难度而言偏低的任何行业劳动者都应该上调10%。或许有些行业要上调多一点,有些可以上调少一点。

B:但是,你主张的观点是"义务教育阶段教师工资应该上调10%",而不是"义务教育阶段教师工资应该上调一点"啊。你基于"义务教育阶段教师工资水平相对于其工作量和难度而言有些偏低"这样的根据,何以就能让我们推出你的这一主张呢?

我们注意到,这里的主张已经不再像"教师工资应该上调10%"那么宽泛了,而是特意加上了限定语"义务教育阶段"。跟上一讲中提到的"教师工作很辛苦""教师的岗位工作关乎儿童的成长""很多国家都重视教育工作"等事实相比,"义务教育阶段教师工资水平相对于其工作量和难度而言有些偏低"这一事实的确与现在的主张"义务教育阶段教师工资应该上调10%"具有明显的相关性,因此应该属于图尔敏说理结构中所用的"根据"。但是,相关性,毕竟是一个弹性比较大的概念,存在程度差异。有相关性,就意味着我们可以由此"根据"而让人接受一个人的"主张"吗? 上述对话中的"那又怎样呢"一语很有启发,英文对话中相对应的说法是"So What"。当听到这些问话时,我们应该意识到,单是摆事实、找根据,是不够的。我们还需要同时给出一种道理,担保我们能由所提出的事实(根据)一举推出所要主张的观点。换言之,仅仅是提出与"主张"具有一定相关性的"事实",对于说服他人相信你所主张的观点,是不充分的。

要知道,作为说理之人,你不能只是自认为某一"根据"足以证明某一说法,还得考虑到:虽然你在提出某一事实时已权衡过它与"主张"的相关性,但对话方可能依然觉得其相关性不够。而为了能让大家对于事实之相关性的担忧和追问停止,一种能充当说理"担保"的道理,不论此前你是否曾清晰地想到过,都需要最终明示出来。

在日常对话中,相对于作为"根据"的事实而言,"担保"经常被人忽视。这大多是因为很多人把"根据"与"担保"搞混淆了。为了深入展开说理,为了把理由讲得充分,也为了对话各方能"求同存异",我们必须不仅善于摆事实以明确"根据",还要通过提出"担保"来"讲道理",进而把"根据"与"担保"有机结合起来。

一、"担保"及其主要形态

说理活动中对话各方有分歧有共识,这些"分歧"和"共识"不仅限于"事实"层面,也牵涉到"道理"层面。但是,两人在"事实"层面的共识并不意味着他们不会在"道理"层面存在分歧,两人在"事实"层面的分歧也不妨碍他们可以共享很多"道理"。有鉴于此,在图尔敏模型中,我们把"道理"作为"担保"进行单独考察,以区别于作为"根据"之"事实"。让我们先来看,所谓"担保"的实质及主要形态。

1."担保"是说理之人援引的道理

"担保",代表着人们以概念理解世界的方式。它是说话人在某处得到的"道理",用以概括自然万物或人类社会诸现象间一些普遍的或总的联系。譬如,"凡人皆有死""无巧不成书""可怜之人必有可恨之处""万有引力""能量守恒",等等。这些"道理"有时被称作"一般性事实",但与本书上一讲中所界定的"事实"(即有时所谓的"个别事实")明显不同。同样是作为我们认识世界的产物,不论在人类认识史上,还是就个体心理发展来看,后者往往先于前者形成。尽管如此,前者大大超越了人们在特定情形下的知觉判断或其他经验所得,代表着一种不仅总结过去而且可以指导未来的、不仅存储于个体心中而且可以流传于社会上的一般性认识。

为了能够理解一个人为什么主张一种观点,我们不仅要求他"摆事实",还需要他"讲道理"。很多时候,"事实"虽已清楚,但对方若是不讲出他所援引的"道理",我们还是无法理解的。举例来看,某人跟另一个人说:"你不要提醒他了。因为他听不见的。"由于他没有提供"担保",听者就无法理解他为何这样说,甚至会反过来怀疑他提供的所谓事实并不对,譬如,另一个人或许回答:"为什么这样说? 他聋了吗? 昨天我还跟他聊天呢。"这时,倘若他补充交代他所暗含的道理是:"你无法叫醒一个装睡的人",另一个人会恍然大悟。也就是说,说话人为让别人相信自己的"主张",在他完整的"理由"表达中,一定可以找到他所用的某种道理。下面的对话实例可以进一步帮助我们领会这一点:

> A:你竟然在超市里吃你的巧克力。营业员会认为你在偷吃他们在卖的巧克力。
>
> B:这是什么道理? 我在吃我自己的巧克力。
>
> A:瓜田李下嘛!

2. 能发挥特定功能的"道理"才叫"担保"

"担保"是说话人所提出的一种道理,但并非任何"道理"都可以用作"担保"。就日常所谓的道理而言,我们这个世界似乎从来就不缺乏讲道理的人。正如"你有你的事实,我有我的事实"一样,你有你的道理,我也可以有我的道理。① 尽管道理属于一般性认识成果,但它们在不同人群或个体那里差异很

---

① 当代认知心理学研究表明,一位自我中心论者总是会想方设法为"自己的立场"(myside)编制各式各样的理由,哪怕是那种立场是无意识行为的产物。Cf.Keith Stanovich, *What Intelligence Tests Miss*:*The Psychology of Rational Thought*, Yale University Press, 2009, p.119, p.230。

大,甚至同一个人不同时期所拥有的道理也会改变。在说理时,我们会谨慎筛选,挑出那些可以得到公认并具有一定相关性的事实作为"根据",同样地,我们也不会随便拿一种道理用作"担保"。顾名思义,"担保"似乎应该是要发挥"保证"功能的道理。但是,它是要保证什么呢?它所保证的不是此前所提出的某一事实的真实性,也不是自身作为一种一般性认识的可靠性,而是说话人所提出的"事实"对于他所主张之观点的支持力。就此而言,说话人所提出的一种道理能否作为说理之"担保",其关键不在于它本身是否可以被普遍认可或对话人一定得听到过此类道理,而在于它一旦被接受,将可以表明所谓"根据"不仅仅跟"主张"相关,而且可以构成其他人据以推出该"主张"的充足条件。

回到本讲的热身案例去看,"义务教育阶段教师工资水平相对于其工作量和难度而言偏低"是"根据","义务教育阶段教师工资应该上调10%"是"主张",而接下去所要提出的"担保"不论如何,都应该保证我们能从前述"根据"推得出"主张"。但是,"相对于其工作量和难度而言,收入偏低的任何行业劳动者都应该上调工资",这个道理可以保证这一点吗?不能。这个道理所能保证的只是"义务教育阶段教师工资水平相对于其工作量和难度而言偏低"可以作为"义务教育阶段教师工资应该有所上调"(而非"义务教育阶段教师工资应该上调10%")的充足条件。这意味着,说话人要么把原来的"主张"限制为"义务教育阶段教师工资应该有所上调",要么重新提出新的"根据",否则,"相对于其工作量和难度而言收入偏低的任何行业劳动者都应该上调工资"这个道理,就没有资格充当他的说理之"担保"。从说理的阶段性来看,"担保"并非在提出之时就得保证它自身的可靠性,它重在于确保"根据"与"主张"之间的充分相关性,因此,尽管有人或许认为,"相对于其工作量和难度而言,收入偏低的任何行业劳动者都应该上调10%工资"这个道理存有争议,但它毕竟不至于明显为假。这里的关键是:它的确有资格作为保证我们从"义务教育阶段教师工资水平相对于其工作量和难度而言偏低",推出"义务教育阶段教师工资应该上调10%"的一种"担保型"道理。至于说该道理本身的可靠性,我们可以在说理后面的阶段加以辩护或强化。①

3."担保"的主要形态

"担保"旨在帮助我们由"根据"推出"主张",这意味着"担保"中所承载的"道理"可以充当某种意义上的"推理规则"。但是,汉语中的"规则"一词可以指代多个层次或领域的东西,由此也使得"担保"的形态多样化。

作为"担保"的"规则",可能是指科学上被称作"自然规律"或"行为定律"的某种东西,也可能是指作为社会约定的人为法则。前者如物理学上的"万有引力"、化学上的"质量守恒定律"、管理学上的"彼得原理"、心理学上的"皮格马利翁效应"等等,后者如各类法律规章制度、道德习俗礼仪等。除此之外,还有各种或许不太常用的"规则",包括在某些非正式场合下所用的"准规则"以及在基础学科或纯理论思辨中所用的"逻辑规则"。关于"逻辑规则",我们可以提到所谓的"同一律""不矛盾律""排中律"等所谓"逻辑基本规律",也可以提到"传递性规则""周延性法则""肯定前件式""否定后件式"、数学归纳原理、归谬原理、同类相比原则等等。关于"准规则",我们不仅可以提到那些名言警句中的人生哲理,还可以提到那些作为局部性或临时性经验总结的说法。譬如,一个人对你说:"你看那晚霞多漂亮。看来明天不会下雨。"当你问"为什么这样说"时,他提供的"担保"或许就是:"朝霞不出门,晚霞行千里"。再如,一个人作为说理之"担保"的可能是很多网民未曾听闻过的所谓"网络事件七天鲜活期",即,一个网络事件从一开始"爆料"到"热议"再到最后被"遗忘"大约会持续一个礼拜的时间。

在上述能够作为"担保"的各类规则中,有些是权威的科学理论,有些是明文确立的法规,还有一些则只是某种习惯或猜想而已。有读者或许觉得,相比"科学理论"和"明文法规"来说,那些仅仅表达某种惯常性联系的东西不应

---

① 当然,对于这一道理的具体辩护可以是多样的。作为其中一种可能性,我们可以设想:在某个国家里,行业工资水平的上调都是按照每次10%幅度递增的,不允许其他的调整幅度。

该拿来作为"担保",因为它们不具有普适性因而不够可靠。对此,我们需要再次强调:在说理中用作"担保"的东西,关键不在于它们是某种具有普遍性或确定无疑的"道理",而在于它们是在特定情境下可用来保证我们从"根据"推出"主张"的一种规则。在此意义上,"规则"一词或许比"道理"更接近说理之"担保"的要义。至于说"普适性",一种"担保"所传递的如果是已被广为接受的既定"道理",那当然可以免去一些来自对话方的怀疑。不过,这些被广为接受的"道理"能否适用于当前情境中呢? 这一点往往会成为说理的重点。譬如,"不矛盾律"似乎普适性地告诉我们:我们不能同时肯定又否定一种说法。但是,当一个人表示对于某件事既感到开心又感到不开心时,他是否属于"同时肯定又否定一种说法"呢? 他或许只是对于这件事的某一结果感到开心而对另一结果却感到不开心。再如,交通法规似乎普适性地规定"红灯停绿灯行",但是,一辆闯红灯的车子到底是否违反交通法规,我们在说理时需要考虑当时那辆车是否属于某种特殊车辆,譬如,急救车或执行其他公务的车辆。还有,所谓的"财产保护"或"言论自由"往往也被认为是普适性的公民权利,然而,说理当时情境下所谓的"财产"或"言论"到底是否属于法治国家通常所要保护的那种"财产"或"言论"呢? 甚至"万有引力",我们也要考虑当前所谈论的物体是否处在地球的引力范围内。因此,不论及具体的语境,脱离此前所提出的"主张"及其"根据",而把那些被认为具有普适性的科研成果或道德法律抬高在其他较为平凡的"担保"之上,这是不够克制的做法。要知道,科学研究、道德法律或许有留白,但人们说理是没有空白区域的。当我们说理所涉及的论题属于某种新现象或异常情况时,现有的科研成果或道德法律可能派不上用场,我们只能诉诸某些"猜测"或"习惯"。就作为"担保"的形态来说,那些被称作"非正式道理"的"猜想"或"习惯"与那些被称作"正式道理"的"科研成果"或"道德法律"之间并不构成冲突关系,毋宁说前者是后者的替补。

二、"担保"的重要性

在图尔敏模型中,"担保"的基本功能是通过提出一种虽然可能未被广为认可但却明显具有一般性的或大或小的"道理",保证我们能从"根据"推得出"主张"。单讲这一点,并不能把"担保"对于推进说理而言的重要性凸显出来。我们需要多从几个视角来看"担保"何以必要以及如何影响说理的展开。

1."担保"显现之处,常见对话各方的分歧根源

"根据"是说话人说理一开始便会主动告诉对方的,一般是说话人认为对方不知道或未注意到的具体情况。不过,一旦详细交代了可备查验的"原始出处",对方往往争议不大。相比之下,"担保"通常是说话人觉得太过明显而没必要提及的"自明道理"或"人之常情",因而只有在对方追问下才会交代。而一旦把原本暗藏的"道理"以"担保"的名义提出来,我们常常会发现,原来大家之所以存有不同的"主张",并非因为各自所依据的"事实"不同或事实认定有分歧,而是因为各自所用的"道理"存在分歧。初看起来,这种分歧似乎不符合汉语中"担保"的字面义。在英文中,"warrant"也有"许可状"的意思。但是,即便是"担保书"或"许可状",由于签发部门可能不一样,对话各方或许仍有争议,至少对某些"担保"会感到有些"意想不到"。

先看两个极端的例子。一个人向另一个人抱怨:"我讲出了实话。结果,我却出局了。为什么?"另一个人的答复可能是:"因为规则是说实话者输。"还有,一个人的抱怨可能是:"我跟你坦诚相见,你却还是不相信我。为什么?"而另一个的答复可能是:"因为(在我看来)对习惯于自称诚实之人,最需要提防!"

再看一个更为严肃的例子。一个人向你争辩:"美国需要有更强硬的枪支管理制度。美国涉枪案件的数量在最近 10 年大幅度增加。"鉴于共同参考的有关报道或统计数据,你们对"美国涉枪案件的数量在最近 10 年大幅

度增加"这一点或许并不存在争议,而之所以你不认同他所说的"美国需要有更强硬的枪支管理制度",则很可能是因为他虽未明述但已暗藏其中的"担保"(如"涉枪案件的大幅增加要求我们加强枪支管理")成为了你们的分歧点。

相比于在事实认定上所出现的分歧量,人们在道理层面的分歧并不一定少。① 这一点常常不被发现,或许是因为有些人认为没必要提供什么"道理",好像道理大家都懂似的。然而,稍加深思,我们就不难知道:一个人在说理时所提供或暗藏的"道理",在另一个人那里可能只是一种"假定"(assumption)而已。甚至在日常生活中,为了表达对于别人所暗藏的"道理"不予认同或不屑一顾,我们有时会说对方有"神逻辑""奇葩逻辑"或"清奇逻辑"。在说理上,我们一定要清楚:这时你发现的并不是对方具有一种与人类不同或与大多数人不同的"逻辑",只是对方用作说理之"担保"的"道理"是"独特的"或"未得到你身边人认同的"。仅此而已!道理独特,并不一定就是缺陷。我们所熟知的很多新理论在最初提出时都曾遭受冷落或被人嘲讽。更何况,我们现在所发现的只是各方观点分歧的一个发源地。当我们把分歧点由"主张"转移到"担保"时,尽管分歧尚未得到消除,但我们已经推进了原有的认识,即,我们目前至少看到了观点分歧的根源之一,即,道理分歧。

2. 揭示"担保",能帮助我们强化"他者"意识

我们很容易把身边熟识的人看作跟自己一样的"同类人"或"自家人",直到听到了他们出其不意的"道理",才深刻意识到"他者"的存在。要认识一个人,不仅是看他的外观或知晓他的过去,而且希望知道他的"思想"或"原则",即,那些一贯的认知倾向或做事方式。后者中,有很多都在说理中充当"担

---

① 人们之所以认为"事实"分歧多于"道理"分歧,可能主要是基于法律领域的说理现象,因为对于"法律条文"那些道理大家往往争议不大。然而,我们在其他领域的说理,并非都能找到类似法条那样明确可见的"道理汇编"。更何况,即便是在司法领域,尤其是那些判例法系的国家里,也存在一些案件其"道理"分歧是大于"事实"分歧的。

保"。譬如,某人在招待一位从城市来到农村他家的客人时,特意摆设了当地的丰盛宴席,但由于某种原因,这位客人吃得似乎并不怎么香。作为这位农村人的朋友,你后来知道了此事,告诉他:"你应该先问问客人喜欢吃什么,有什么忌口的吧。或许,他吃不香,是因为怕辣,也可能是嫌那种当地宴席不够清洁卫生。"对此,你的朋友可能说,"那又怎样?作为客人,本应该入乡随俗。客随主便嘛!"然而,你心中预想的待客之道或许是"主人应尽量满足客人的饮食习惯"。很遗憾,他的待客之道跟你不同,尽管你们一直是朋友。但是,世上的人本来就是不一样的,我们无权要求别人在任何地方(包括所持有的道理)都完全符合我们自己,即便他是我们的朋友,甚至是我们的爱人。"他者"意识,原本就是现代民主社会所应强化的。从说理的角度看,你是在跟一位"他者"对话,倘若什么见解都完全一样的人群,就没有必要说理了。

对于说理而言,眼中看到有"他者",并不是什么坏事。恰恰相反,倘若通过揭示"担保"我们知道了对方何以只是不同于(而非敌视或怨恨)我们,这可以增进双方的理解和信任。以男女之别为例。世界上,不管是东方还是西方,历来对此多有谈论。譬如,《红楼梦》中曾有提到,"女儿是水做的骨肉,男人是泥做的骨肉";西方也有流传的说法,"女人来自水星,男人来自金星";"女人不会看地图,男人听不见别人讲话";等等。可以说,男女有别是这个世界上最为公认的事实之一。也正是由于这样那样的差别,男女之间,尤其是情人或夫妻之间,起初经常相互误解。且看下面的对话:

女:你不爱我。

男:真是无法理解。我怎么可能不爱你呢!

女:你没有给我买过花。

男:简直不可理喻!我买过太多比鲜花更贵重东西了。

当然,这既可看作一个男人对于他女友的"不理解",也可视为一个女人对于她男友的"不理解"。不过,男女彼此"不理解"的根源何在呢?让我们试着还原二人的说理结构。那位女人的说理大意是:"你不爱我[C]。因为你没有给我买过花[G]。没有哪个男人不为他爱的女人买花[W]。"那位男人的说理大意是:"虽然没有买过花给你,但我是爱你的[C]。因为我买过比鲜花更贵重的东西给你[G]。肯给女人买贵重东西的男人一定是爱她的[W]。"①请注意这里我们增加的两个"担保":男人的"道理"是"肯给女人买贵重东西的男人一定是爱她的",女人的道理是"没有哪个男人不为他爱的女人买花"。导致二人争吵的根源应该就在这个地方,而不在于事实上男方是否给女方买过鲜花以及是否为她买过比鲜花更贵重的东西。这两个"道理"哪个才对呢?相信不论科学家还是哲学家都无法给出标准答案,因为这些"道理"体现的正是哲学家和科学家们普遍承认的男女之别,尤其是,男女之间的价值观有所不同。在上述对话中,作为不同价值观的体现,男女各自提出的"担保"不同,由此导致他们基于相同的事实而主张不同的观点。这应该就是他们争吵的实质所在。有必要强调,男女说理时倾向于选择不同的"道理"(即不认同对方的"道理"),这并不意味着其中一定有一方不是在说理或不善于说理,毋宁说男女之间就情感话题进行说理是比较困难的。而要克服这种困难,不能简单地声称某一方的"道理"不对,更不能提出"男人说理,女人说情"之类的托词。有些时候,女人在乎的东西跟男人不一样,譬如,女人或许比男人更看重被爱的感觉以及更喜欢鲜花,因此,她在选择说理之"担保"时会诉诸男人或许不太认可的价值判断(如"男人应该为他爱的女人买花")。但这并不是指她没有说理! 男女之间在某些价值判断上的差异,并不意味着他们的逻辑有别,更不是说他们说理能力因性别而不同。②

为了克服男女之间在某些话题上的说理困境,须先直面男女之间在诸多

---

① 一方之所以"不理解对方",往往是因为对方省略了说理步骤,这时补充其说理结构之后即可达到同情的理解。不过,有些时候,这些省略的步骤或许会很长,以至于我们需要多个说理结构嵌套在一起才能呈现其"思路"。

② 在"价值判断有所不同"的意义上,不仅男人可能无法理解女人,女人也可能无法理解男人所看重的东西。关于后者,英语世界有一本写给女性的畅销书,参见 Steven Harvey,*Act Like a Lady*,*Think Like a man*:*What Men Really Think About Love*,*Relationships*,*Intimacy*,*and Commitment*,Amistad,2009。

价值问题上的差异,把对方看作异性,作为"他者"。一旦这样看了,或许男女之间不是多了一种误解,而是多了一重了解。① 譬如,那位男人或许心想:"原来,(至少是她这位)女人非常看重爱人送来的鲜花,鲜花对于她们来说有时比电脑更贵重。"那位女人或许心想:"原来,(至少是他这位)男人关心自己的爱人时,更追求实惠,他们不懂鲜花的特别意义。"由此,正如男人之间或女人之间时而会有"道理"上的分歧一样,当男女一方提出自己的某种道理作为"担保"时,如果另一方恰好接受,那一切还好;但假若另一方不予认可,你就有必要为之辩护或是换别的道理作为"担保",否则你至少无法成就一种"好的说理"。在追求一种"好的说理"时,我们并不是要消除一切现存的人与人之间(包括男女之间)的价值观差异②,在设法提供种种理由时,我们要做的是尽量选择那些能够得到对方认可的价值判断作为某种"担保",并主动为之提供必要的辩护。

📚 | 敬告读者 |

关于"男人说理,女人说情"这种说法,一种根本的错误是:它割裂了"理"和"情"。我们在说理时,往往要维护一种自己真心看重的"事实"或"价值",因而总在某种程度上涉及"情"的成分,只是此种"情"多为"共情"而非"情绪"。不要忘记,我们说理所关注的是"合理性",而非那种脱离"情"的干燥而抽象的"理"。考虑到这种误解,对于英文中所谓"reasonable",有学者曾建议将其翻译为"合乎情理"或曰"合情合理"。我们在汉语中说到一种做法"是情理之中的",这里所谓的"理"和"情",本身是近义词(而非反义词),总是融为一体的。

---

① 说理各方的"道理集"不一定是重合的。这与其说阻碍了我们说理,毋宁说帮助我们在跟别人对话中拾获新的"道理",让我们变得更加包容。另外要注意:关于私人情感上的很多"说理",不适于搬到学术中,除非是"人类情感"的分析。

② 当然,我们这样说,并不意味着说理对于人们达成一些共同的价值判断毫无助益。倘若我们所要主张的正好就是某种价值判断(即价值型主张),说理的目标之一就是设法让更多人接受某种价值判断,但之所以就此开展说理,往往已经预设它作为一种价值判断并非无争议。

3. 发掘"担保",往往是说理走向深入的开始

"担保"所承载的"道理",可以说是一个人的"学问"所在。然而,相比于"根据","担保"往往是各方分歧的源发地。"担保"的明示,让我们意识到,原来并不是对方所有的"道理"你都能猜得到。此种意外发现甚至主动发掘而得到的"道理分歧",对于很多复杂的说理而言,意味着我们说理可以由此一步步走向深入。因为,接下去,为了能消除"主张"以及"担保"上的分歧,对方经常要求说话人为"担保"提供"支撑"(B),向我们显示它何以可靠。甚至,在无法完全消除"担保"之分歧的情况下,说话人还有必要通过"模态词"(Q)和"除外情况"(R)去限定自己此前所提出的"主张"。可以说,尽管从"根据"提供之时,一个人的"主张"就已经开始带有"理由"了,但直到发掘"担保"开始,我们的"说理"才有望走向深入。

为了看清"担保"之分歧如何影响两个人接下去的说理,我们来考虑下列对话中两人的分歧点:

A:我没有杀人。

B:但你无法提供不在场证据啊。你得认罪!

A:那你说我杀人了,可你也找不到我杀人的证据啊。

恢复二人的说理结构,我们可以发现,角色 A 的说理大意是:"我没有杀人[C]。因为你找不到任何证据来表明是我杀的人[G]。这是无罪推定原则[W]。"角色 B 的说理大意是:"是你杀的人[C]。因为你没有任何不在场证据来表明你未杀人[G]。这是有罪推定原则[W]。"二人在关键事实上(即,关于 A 是否杀人,双方都拿不出证据)无争议,而之所以在所主张的观点上存在争议,根源就在于他们在"担保"上的分歧。而既然找到了这一点,接下去要争论的要点便明确了,那就是:你凭什么要让我们接受"有罪推定"(或"无罪推定")这种信念? 即便通常情况下可以接受,但这里的情况是否属于例外呢?

对于第一节中那个用"瓜田李下"作为"担保"的例子,我们也会发现,尽

管在角色 B 提出"担保"之后,角色 A 能够理解 B 的基本想法了,但他往往不肯罢休,而是会顺着"担保"把说理往深处推进,就像下面这样:

A:你竟然在超市里吃你的巧克力。

B:没错。我的确是在吃我的巧克力。

A:超市营业员会认为你在偷吃他们超市卖的巧克力。

B:这是什么道理?

A:你难道没听说过"瓜田李下"嘛!

B:现在法制社会都要讲证据的,谁还信那一套呢?

A:……

除了不同主体因为所援引道理不同而产生分歧,还有相同主体因为所援引道理前后不同而出现"改变主意"的情况。考虑一下,我们该怎么跟下面这对夫妻说理:

一对夫妻开始时决定不买车,并列举出了无法辩驳的"根据"。车是消耗品,到手即贬值;维护费用太高,保险、保养和油钱一年要接近两万元;停车费越来越贵,固定车位要十几万到几十万元;最重要的是,房贷还没还完,两人没有小孩、父母也不在身边,上班打车、坐地铁就好,真的有必要买车吗? 但是,他们后来却买了车。他们提出的"根据"只有一个,即,"我们一起开车游玩会很方便"。

从表面上看,这对夫妻前后做了两个不同的决定,而且之所以有不同的决定是用不同的事实作为根据,即,前面决定不买车是因为用车太费钱、有替代的交通工具,后来决定买车是因为方便游玩。但是,这些"事实"在买车前后,一直都存在着,为什么由它们所主张的观点却改变了呢? 当然,我们可以说,这是"时间"的力量。那么,时间导致了什么变化呢? 是让他们由理性变得不理性了,还是由不理性变得理性了吗? 抑或是,他们后来变卦本身就意味着一种"不理性"? 为了回答这些,我们不能局限于其前后的观点之变以及前后不变的事实,而应该发掘其前后两次决定背后的"担保":前一次用作"担保"的道理是"只有经济划算时才需要买车",后一次的则是"只要能够带来足够的便利就有必要买车"。正是这两种不同的"道理"使得他们尽管面临着相同的事实,却做出了相反决定。不论是他们自己要反思自己前后的言行是否一致,还是我们作为旁观者要跟他们争论"到底是否有无必要买车",接下去的着力点都将是:这两种道理何者更可靠,或者说,哪一种道理更适用于这对夫妻的当下情况。这些有关"担保"的争论,或许会比较困难,但是,相比于始终围绕"哪一条才是事实""有无遗漏事实"或者"根据是否充分"进行争论,当我们转移至"背后的担保是什么"时,我们正在把说理推向深一层次。

|小练习|

■ 阅读下面的对话,思考:A 和 B 之间的共识和分歧都有哪些? 如果你是其中的角色 A,你觉得接下去应该从哪里着手跟角色 B 深入"谈心"?

A:他说你是世界上最漂亮的女人,这不明显花言巧语,不诚实嘛! 可你竟然还是喜欢他。

B:因为他知道我内心想要什么。

A:难道你内心想要被骗?

B:其实,撒谎不撒谎,我自己早知道。只是从他的说话方式,我看出了他的心意。

A:啊?!

三、"担保"VS"根据"

前两节里,我们已经涉及"担保"与"根据"之间的一些差别,譬如,前者更为一般,后者更为具体;前者往往比后者更具争议性。不过,鉴于它们之间的紧密联系,初次接触图尔敏模型的读者往往容易混淆二者。为此,这里将就二者之间的联系与区分作进一步论述。

1. 密切关联

"担保"与"根据"在说理中总是关联在一起的。在有"主张"之后,说话人第一个明述出来的理由通常是"根据",有时也可能是"担保",但是,不管实际上先说哪一个,后一个总是能够对应前一个而紧接着提出,因为"担保"之所以称为"担保",正由于它是为保证能由"根据"推出"主张"而准备的。可以说,二者作为用以支持"主张"的理由,总是成对匹配的。

对照"主张"所包含的关键信息,我们可以看清"担保"与"根据"如何匹配的。通常而言,"主张"作为完整的命题会涉及两方面的关键信息,我们姑且称之为"主项"和"谓项"。"根据"挑选"主张"中的"主项"(或"谓项"),同时另外引入一个新的关键信息(姑且称之为"中项"),由此陈述一种事实情况。而"担保"则把"主张"中的"谓项"(或"主项")与"根据"中所引入的"中项"建立联系,借助于一种全称句式或条件句表达这二者之间的某种一般性联系。譬如,一位安检员在对待检人员做过必要的检查后断言:"他身上应该没有带电脑",其根据是"(我能看到)他手里没拿,我查过他背包里也没有电脑。"这里的"主项"信息是"他","谓项"信息是"身上带有电脑",而"中项信息"就是"手里没拿电脑而且背包里没有电脑"。根据前述的对应关系,与"根据"(即"他手里没拿,我查过他背包里也没有电脑")相匹配的"担保"就应该是:"一个人如果带电脑的话,一定会拿在手上或放在背包里"。[①]

此外,"根据"与"担保"有时可以相互转化。在某一说理结构中用作"根据"的说法,在另一说理结构中可能用作"担保",反之亦然。譬如,"刑事责任

[①]　看过逻辑基础读物的人,或许能意识到,这里所谓的"主项、谓项、中项"与三段论中的"大项、中项和小项"之说相似。需要指出,二者之间在基本框架上一致,但侧重点不同:我们这里只用来凸显"根据"、"担保"与"主张"彼此共有某种关键信息,而不关注每个"项"之位置的可能变化情况。另外,要理解我们这里所谈论的主项、谓项和中项,并不要求读者掌握三段论知识。虽然从形式逻辑上看,我们这里已经用到第一格三段论的两个有效式(即 Barbara 和 Celarent),但由于这两种推理(在三段论理论中具有"公理"地位)非常直观,一般读者都可以毫无困难地运用。

年龄应该调到 14 周岁以下。因为接近 14 周岁的孩子已经具有完全自主的判断能力了,而只要具备了完全自主的判断能力就可以承担刑事责任。"这里的"接近 14 周岁的孩子已经具有完全自主的判断能力了"是属于比较具体的"根据",但在其他语境下,它可能又是相对比较一般的,因而又可以作为"担保"。譬如:"这位孩子应该具有完全自主的判断能力了,因为他已经接近 14 周岁了,而接近 14 周岁的孩子已经具有完全自主的判断能力了。"

还有,基于同样一些资料(譬如,统计数据),有人从中找出可以用作"根据"的具体事实,有人也可能概括出能用作"担保"的一般性道理。譬如,来自某调查机构的统计显示,中国离婚率在逐年上升。将其用作"根据"的人可能说:"中国离婚率在逐年上升。而离婚率上升意味着女性更加自由,所以,中国女性正变得越来越自由。"将其用作"担保"的人则可能说:"这些村庄的离婚率应该是上升了,因为它们属于中国典型的村庄,而(统计表明)中国离婚率在逐年上升。"

小练习

假设下列各项代表着你新发现的一种事实,请试着分别用它们作为说理之"根据",设想你会由此主张什么样的观点,同时补充你背后用作"担保"的道理是什么。

- 我看到他总是半夜才回到家中。
- 早上起来,发现自己的车子被人刮花了。
- 电视新闻上说这个潜逃十年的罪犯近日自首了。
- 人工智能 AlphaGo 跟世界冠军下象棋赢了。
- 他竟然爽约了。

2. 功能不同

尽管"根据"与"担保"作为"理由"总是彼此关联,但放在图尔敏模型中,我们还是可以清楚看到它们的功能有着显著不同。"主张"代表说话人的"判定"，如果将它看作是他想要做的"蛋糕"，那么，"根据"作为说话人的"观察所得"，其功能就是他制作蛋糕的"原材料"，而"担保"作为说话人所援引的"道理"，其功能则是他做蛋糕的"食谱"。这个"食谱"是体现说话人思想方式/思维习惯/思路的地方，它可以告诉我们何以能从"观察所得"推导出他的"判定"。

"根据"与"担保"的这种功能差别，如果对照亚里士多德"三段论"来看，则类似于"小前提"与"大前提"之间的不同定位。譬如，亚里士多德"三段论"："人非圣贤，孰能无过［大前提］。他也不是圣贤［小前提］。所以，他犯过什么错，不必大惊小怪［结论］。"这里的"大前提"可以作为"担保"，"小前提"可以作为"根据"，于是，相对应的图尔敏模型就是："他犯过什么错，不必大惊小怪［主张］。因为他也不是何方神圣［根据］，人非圣贤，孰能无过［担保］。"

"根据"与"担保"的功能差别，也可以从说理之人所处的对话阶段来看。当说话人提出一种主张时，出于说理的要求，他有必要向对话方说明"为什么"。"根据"可谓是说话人对于第一个"为什么"（即"你有什么事实根据?"）的回答，而"担保"可谓是说话人对于第二个"为什么"（即"你这是何道理?"）的回答①，"支撑"则是说话人对于第三个"为什么"（即"你这道理从何而来?"）的回答。三者虽然同属于"理由"，却分布在对话过程的不同阶段。

四、"类同"作为一种"担保"

虽然第三节通过三段论来理解"担保"之功能，我们不应把说理之作为推

---

① 图尔敏本人曾把"根据"与"担保"的这种差别比作法庭上"事实议题"（questions of fact）与"法律议题"（questions of law）之间的不同:前者问:"你是找到了什么,让你这样说?"（What have you got to go on?),后者问:"你如何走到那里?"（How do you get there?）;前者旨在表明:"一个人提出某一观点时已经发现了什么事实"（Whenever A, one has found that B）,后者旨在表明:"一个人提出某一观点时可以接受什么道理"（Whenever A, one may take it that B）。Cf. Stephen Toulmin, *The Uses of Argument*, Cambridge, England: Cambridge University Press, 2003, pp. 90—92。

理仅限于三段论或是演绎法。① 从"担保"作为由"根据"推导"主张"所用的规则来看,它可以是演绎法中的"大前提",也可以是归纳原理,或是类同原则等等。只不过,有些"担保"在应用时可能会存在例外。② 然而,就日常说理来看,倘若不是在纯粹的形式领域或仅限于私人的情绪感受,几乎所有"担保"或"规则"都会存在某些例外。所以,一般逻辑教科书中关于演绎法(作为必然性推理)与归纳法、类比法、溯因法等所谓"或然性推理"之间的区分,在日常说理中就不那么重要了。为显示"担保"在通常所谓"或然性推理"中的地位及其正当使用,这里仅以类比法为例进行讨论。③

1."类比"与"比喻"

说起"类比",它在我们言语交际和思想活动中的地位非常突出。有一门学科叫做仿生学。医学实验经常拿"小白鼠"作类比,工程模拟实验中也会用"沙盘"类比。学术中的"案例分析"有时被认为有"解剖麻雀"功能,即,用具体案例类比④,甚至英美法系国家中的判例法也被认为是在做"类比思维"。除此之外,或许更多人联想到的是"比喻"。那么,"类比"就是"比喻"吗? 对此,要稍作澄清。

必须承认,"类比"是多义词,其中一种意思似乎就是我们口语以及文学中所用的"比喻",即,把某种东西("本体")喻为另一种东西("喻体")。为什

---

① 实际上,从"syllogism"(三段论)一词的词源学看,它原本就是泛指"inference"(推理),而不限于演绎推理或"仅有三个命题构成的推理"。

② 图尔敏提醒我们,要把"提出一种担保"(a statement of a warrant)与"指出此种担保的可应用性"(statements about its applicability)区分开来。(Cf.Stephen Toulmin, *The Uses of Argument*, Cambridge,England:Cambridge University Press,2003,pp.94-95)对于一种担保的可应用性,我们在谈到说理要素"除外情况"时会处理。

③ 关于归纳法、溯因法中的"担保",接下来第六节有所提及。

④ 关于"案例分析",学术研究中常用的有范例法(reasoning by paradigmatic cases)和思想实验(thought experiment)。范例法,即原本意义上的"casuistry"(但今天已转义为"诡辩术"),多用于法律和道德领域,它以某个具体实例作为典型案例开展分析,并把分析所得出的一般原理应用于处理其他同类但比较棘手的难题。思想实验,多用于哲学领域,是拿一种人为假想的极端情形作为"简单化案例"进行分析,以此为复杂问题的讨论提供启发。

么要作比喻呢？这往往是因为我们要用一种熟悉的东西帮助记住或了解新发现的事物。在这个意义上，比喻可谓是人认识事物所用的一条很重要的途径。每个民族的语言中都有大量具有比喻用法的词汇，甚至在我们谈论说理时所用的"推出"一词以及英文中的"follow from"已经成为所谓"死的隐喻"，即，由于它们用得非常频繁，大家已经忘记"推出"原意是指"凭借双手用力推"，而"follow"原意只是"跟随"。

比喻，往往是讨读者喜欢的，用在说理文中有时也能增加行文的生动性。① 但是，有必要指出，纯粹的比喻并不是在说理。比喻，当然有恰当与不恰当之分。而即便是恰当的比喻，其在说理文中的作用，也是有限的。其主要功能是提供一种"路标"（guide）或"直觉泵"（intuition pump）②，引导读者或听众对自己的观点获得一种浅显易懂的理解，但并没有对观点本身做任何论证。譬如，有人说"时间就是金钱"，或有人说"XX 是房间里的大象"。③ 前者告诉我们时间很重要，重要程度犹如金钱一般；后者告诉我们 XX 是显而易见但大家秘而不宣，就像是房间里有一头大象而众人都假装看不见。对于言语交际来说，借助于这些比喻，听者或许轻易理解了说话人的"观点"，但是，由于说话者对此观点没有提供理由，没有告诉我们为什么时间是重要的或者为什么某件事是显而易见却避讳谈论的，所以，听者或许只是明白说话人的意思，而并不觉得有必要信以为真。当然，回到说话人本身的意图，他可能原本就没打算去说理。实际上，拿比喻说话的人或许根本就未设定有人会怀疑自己的观点（因而没必要说理），他所担心的只是有人听不懂他的话。明白了这些，对于日常谈到的"寓言故事"，如果可以承认那更多是一种比喻说法，那么，我们也应该意识到：所谓的"寓言"就是在以一种浅显易懂的方式向我们（或更多

---

① 关于这一点，可以参见王鼎钧《好有一比》一文（载于《讲理》第 128—146 页）。

② 关于"路标"之说，这里借用自斯泰宾的《有效思维》。"直觉泵"之说是借自当代哲学家丹尼特，参见丹尼尔·丹尼特：《直觉泵和其他思考工具》，冯文婧等译，浙江教育出版社 2018 年版（参见第 94 页）。

③ 除了这些，我们还常见到理论家们以隐喻命名自己的某一套新理论（如，"奶头乐理论""木桶效应"等等），以便于读者领会。

是儿童时期的我们)讲解一种哲理或价值观(即所谓的"寓意"),它只负责让我们明白这种哲理或价值观到底是什么意思,至于你是否相信这种"寓意"本身,或是有人直接反对,它并不关心,因为寓言有"寓意",但并无说理意义上的"结论"或"主张"。

2."类同"用作我们说理的"担保"

当我们说"类比"经常被用作"比喻"的同义词时,要知道,"类比"一词也有其他的用法。其实,上文提到的"小白鼠实验""沙盘模拟""案例分析""判例法"等工作,其中的"类比"大都不只是一种比喻用法,往往有着更严肃的说理功能。[①] 当我们通过类比法进行说理时,本质上是把两种事物在某一方面的"类同"作为一种"担保",即,前一种事物具有的此类性质后一种也会具有。

以儿童教育理论中的"白板说"为例。其说理的要义在于:"我们教给小孩子什么,他们就会变成什么,因为一块白板,你写上什么,就会印上什么。"其背后帮助我们由"根据"(即"一块白板,你写上什么,就会印上什么")推导出"主张"(即"我们教给小孩子什么,他们就会变成什么")的"担保"是什么呢? 那就是某一方面的"类同",即,至少在知识"书写"方面,凡是白板所具有的属性,儿童心灵也都会具有。如果用前文讲到的三组关键信息来还原,这里的"主项"是"我们对于孩子的教育效果","谓项"是"写上什么,就会印出什么",中项是"白板的效果"。"主张"表达主项与谓项之间的一种联系,"根据"建立起中项与谓项之间的联系,而"担保"建立起中项与主项之间的联系(即,两种"效果"是同属一类的)。

再看一个例子。有人在回答"为什么要读书"时说:"书犹药也,善读可以医愚。"这可以仅仅是一种比喻说法,即,通过药物的治愈作用来解释读书何以重要。但假若将其视作一种说理,那么,他的说理"主张"或许是"读书具有

---

① 除了"比喻"和"说理"之外,日常所用的"类比"也可能只是一种从众心理或群体效应,而在审美上可能是一种艺术联想。作为一种心理习惯或联想,当事人往往不是在说理因而无所谓合理与否,尽管我们可以基于某种外在目的对其作好坏评价或艺术鉴赏。

治愈的功效",而"根据"是"药物具有治愈的功效",这时"担保"就应该是一种"类同",即,"至少在消除缺陷方面,书与药物具有类似的功效。"

3. 防止"类比"简单化

尽管在说理中"类同"可以作为一种"担保",但是,我们在决定把某种东西类比于另一种东西时可能过于简单化,也就是说,那些被归为一类的东西或许并非属于"担保"所需要的"类同"。关于归类或类同,如果它只是在多个事物之间寻找一两个共同点,我们可能会把任意两个东西归为一类①,譬如,方和圆都属于"图形"类;张三和李四同属于"人"这一类;矛和盾同属"兵器"类。因此,当我们在说理中提出某两种事物可以类比时,一定要特别关注:"就什么方面而言,两者同属一类?"倘若不限定"某一方面"而泛泛地讲二者之间同属一类,那将是不相关的或无意义的。譬如,有人主张:地球上的人要取消户籍国籍限制,让人自由迁徙,因为动物界有自由迁徙,而人跟动物原本就是一类的。这里的"类比"由于没有限定类比点,就会被指责为"机械类比"或"类比不当"。这些指责并不是说"人与动物不可以归为一类",其重点在于:这种"类同"(即,动物和人同属一类)要么是明显为假的,要么无法保证我们从"根据"(即,动物界有迁徙自由)推导出"主张"(即,地球上的人要取消户籍国籍限制)。当我们承认"人与动物同属一类"时,往往是说他们同属"生物意义上的动物",而户籍国籍事宜则是社会学或政治学意义上的话题。在社会学或政治学意义上看,很显然,人与动物并非同属一类。

关于"简单化类比",我们社会生活中的"试点推广"要算是更为典型的实例了。通常,政府部门通过设立一个试点,实施新的政策或方案,由于在试验期间,各方格外关注和重视,这些试验点最终效果显著或被宣布"试验成功"。基于此,有人或许做出如下的类比"说理":这些新政策推广到其他点也应该

---

① 正如世界上不存在两片完全一样的树叶一样,世界上也不存在两片完全不一样的树叶或是任何其他东西。

会成功,因为这个实验点已经成功了,而其他点跟试验点原本就同属一类。但是,他们究竟在哪些方面算是同属一类呢? 具体地,他们在与"主张"相关的方面是否同属一类呢? 譬如,其他点是否已经或有机会获得像试验点那样的关注和重视呢?① 倘若没有,这样的类比就不免过于简单化了。

五、反讽法的担保机制

我们说理的"主张"有时是立论型的,也有是驳论型的。作为保证我们由"根据"推得出"主张"的规则,我们的说理"担保"往往既可以用于立论,也可以用于驳论。不过,在单纯驳斥某一论点时,有一种"担保"是我们在立论时往往不会采用的,那就是,归谬原理。采用归谬原理的说理方法,在数学或逻辑学中大多被称作反证法;而在日常说理中,往往体现为反讽法(irony),也即有学者所谓的"平行推理驳斥法"(refutation by parallel reasoning)。②

1. 说理中的反讽法

反讽法,多被认为仅仅属于文学修辞法,不能帮助我们直接论证是什么或不是什么,但当我们在说理中没办法直接驳斥对方的观点时,也是可以选择反讽法的。③ 尤其是随着互联网上各类恶搞事件的发生及其实际产生的广泛影响,最近很多人开始意识到,这种方法在弱者与强者的日常说理中(尤其是当强势方不愿"屈尊"或"俯下身"摆事实讲道理时)有着独特效果。哲学家罗蒂(Richard Rorty)尤其推崇它,他的反讽理论是其整个后

① 教育心理学中的"霍桑效应"与"试点推广"现象有颇多相似的地方,它为我们揭示的是:当人们在意识到自己正在被关注或者观察的时候,会刻意去改变一些行为或者是言语表达,从而达到意想不到的积极效果。

② 关于从"平行推理驳斥法"角度对反讽法所做的更多实例分析,可参见 Walter Sinnot-Armstrong and Robert Fogelin, *Understanding Argument: An Introduction to Informal Logic*, Ninth edition, Cengage, 2015, pp.343-346。

③ 王鼎钧在《讲理》一书中以"倒彩"为题也谈到了"反讽法"的运用,参见第254—265页。

现代哲学的重要一部分。

让我们看一个例子。对于"7·23"甬温线动车追尾事故，原铁道部新闻发言人王勇平面对记者的提问，曾这样回答："关于掩埋，后来他们(接机的同志)做这样的解释。因为当时在现场抢险的情况，环境非常复杂，下面是一个泥潭，施展开来很不方便……所以把那个车头埋在下面盖上土，主要是便于抢险。目前他们的解释理由是这样，至于你信不信，我反正信了。"这段话中，"至于你信不信，我反正信了"似乎反映了这位新闻发言人独特的见解，但是，网络上的异议很大，很多人并不接受。为了驳斥其看法，反讽法的效果尤其明显。譬如，有网民就这样说道："王勇平是个人才，至于你信不信，我反正信了。"或有说："他们说是老鼠咬断了铁轨，至于你信不信，我反正信了。"一时间，"×××，至于你信不信，我反正信了"为句式的一大批恶搞说法涌现出来并在网络上快速传播。

反讽法在学术界也有使用。譬如，著名的"索卡尔事件"。纽约大学量子物理学家索卡尔(Alan David Sokal)为了驳斥一些后现代人文学者的研究方法，他于 1996 年在著名文化杂志《社会文本》成功发表了一篇"诈文"《超越界限：走向量子引力的超形式的解释学》。在这篇文章中，索卡尔声称要讨论"后现代哲学以及 20 世纪物理学的政治意蕴"，力图通过各类知名的学术文献，表明后现代哲学的理论已经被量子物理学的后现代发展所"证实"。而后来，索卡尔自己曝光：那篇被刊物接受并发表出来的文章不过是大杂烩，其中大多是他个人有意编造的术语、凭空的猜想或是未经论证的结论。不要以为只有文化类杂志上才有这样的丑闻！同样是反讽法，也可以指向科学类杂志。据说，麻省理工学院一群研究员于 2005 年设计出一个叫"SCIgen"的软件，可以随机组合词组和句子，生成假的计算机科学的论文。而后来跟踪这些"假论文"去向的研究人员发现，它们中有 100 多篇竟然通过编辑部评审，已经发表在著名的科学杂志上。①

---

① 关于这方面的更多信息，读者可以"SCIgen"为关键词在网上搜索查看相关中英文报道。

2. 反讽法:归谬原理之作为"担保"

从说理结构上看,反讽法的特殊之处在于:其所运用的"担保机制"是一种归谬原理。逻辑学上的归谬原理告诉我们:当对方提出观点 A 之后,我们不是直接驳斥 A,而是从观点 A 出发,看似很自然地得出一种明知为荒谬的结果(或者是自相矛盾,或者是与公认的基本事实或价值信念相冲突),由此间接可以表明 A 应该是可疑的。①

回到前面的例子,运用反讽法的人提出一种"根据",即,目前出现一种荒谬的结果(如:相信是老鼠咬断了铁轨,或者,连胡编乱造的诈文也能被杂志发表)。然后运用归谬原理作为"担保",便可以推出:对方所主张的那些观点(如:"他们的解释是这样,至于你信不信,我反正信了",或者,"这些权威学术杂志所发表的论文都是建立在真实数据和可靠的研究方法之上的")是可疑的。这里我们可以再增加一个例子,2014 年关于"天津科技大学研究发现方便面比包子营养均衡"的新闻②也曾引起网民的恶搞潮,其中一条是这样的:"我有一项重大科研发现,地沟油没有二锅头烧嗓子"。作为反讽法的运用,网民说理所要驳斥的不是"方便面比包子营养均衡",而是"方便面比包子营养均衡,竟然可以作为一种科研发现"。于是,从说理结构看,他的"根据"是"把地沟油没有二锅头烧嗓子当作一项科研发现,明显荒谬",由此出发,以归谬原理作为"担保",就可以推导出:"天津科大的方便面科研做法是可疑的"。

3. 反讽法的效果评估

从言语实践来看,反讽法往往能收到意想不到的效果,尤其是可以很快把某种原本神圣或崇高的东西"消解"或曰"搞臭"。但是,从说理效果来看,反

---

① 可以看出,归谬法中用到了逻辑上的 MT 规则(否定后件式),即,当我们假定"如果 A 那么 B"成立时发现 B 因为明显荒谬而无法接受,这意味 A 也是无法接受的。不过,归谬法中不只是用到 MT 规则,同时涉及其他推理步骤,所以一般将归谬法视作一种独立的论证法。

② 关于新闻报道,可访问 http://politics.people.com.cn/n/2014/0912/c70731 - 25652043. html。

讽法有明显的局限性,即,它只表明对方的观点可疑,但到底错在什么地方,并未揭示出来。譬如,前述关于诈文的例子,有些数据造假的投稿却被权威期刊发表,这的确意味着并非所有的期刊论文都是可靠可信的,但是,这就能全盘否定某某行业期刊的权威吗?它能够具体说出哪一篇期刊论文(除了那些已知的诈文)不可靠吗?新闻发言人似乎不应该简单地基于"至于你信不信,我反正信了"去接受某一种解释,但是,他自己所相信的那些解释,果真就不符合实际吗?因此,反讽法最好不要单独使用,而是要与基于正面证据的说理结合,或者说,不妨把反讽法看作是指引我们在正面战线开展说理的一种刺激。

另外,反讽法的使用,往往仅仅在已知某种观点被很多人反感而且至今没有值得信赖的第三方权威时,才能取得积极效果。如果某种观点原本就是有争议的,支持者和反对者均有相当的比例,那么,反讽法的效果将大打折扣。即便一方采用了反讽法,另一方面也能很快运用反讽法回击。

六、由明显为假的"担保"引起的谬误

虽然一个人提出一种"担保"时并不必承诺它绝对无例外,但倘若是明显为假的(即与一些基本信念相悖),这时对方可能不等你提供辩护(如引入"支撑"要素),就直接拒斥。换言之,有些所谓的"担保"尽管可以担当由"根据"推得出"主张"的规则,但如果它明显为假或至少有公认的"反例"(而非只是存有争议或证据不足),那么,这时的说理已经陷入种种"推不出"(non sequitur)的谬误。

1. 因人立言/废言

因人立言,就是仅仅因为某句话是某个重要人物所说的而相信它。譬如,"这话不会假的。因为这是一位诺贝尔奖获得者说过的。"因人废言,则是仅仅因为某句话是某个你感到反感或不受重视的人所说的就不相信。譬如,

"世界不会灭亡的。因为'世界灭亡'都是宗教狂热者说的。"

两个例子中,前者所暗藏的"担保"是"凡是这位诺贝尔奖获得者说过的话都是可信的",后者暗藏的"担保"则是"凡是宗教狂热者说过的话都不可信"。我们不必等到说话人交代其背后的"支撑",就可以提前断言这些"担保"是不真实的。因为这些话反映的大都是有关性别、地域或国家的成见或思维定势,其本身就是有违说理之精神的,可轻易被反例证伪。

2. 合成/分解谬误

分解谬误,是不考虑具体情况而直接基于一种明显错误的"道理",把某一整体的属性赋其部分,而合成谬误则是反过来把各个部分的属性赋予由它们所构成的整体。前者如"这位教授一定是学界权威。因为他所在的大学是世界一流的。"后者如"他们6个都是最强的运动员。所以,由他们组成的球队一定是无敌的。"前者的"担保"是"凡是整体具有的属性,其各个部分也都具有",后者的担保是"凡是各个部分具有的属性,其整体也会具有",很显然它们都是假的。

之所以出现分解谬误,或许是因为有些人把物理上整体与部分(whole-part)的关系混同于概念上的属种(genus-species)关系了。譬如,"人"作为"生物"的种概念,属概念"生物"所具有的任何属性,"人"一定也会具备。但是"人"与"生物"的关系并不同于"上海"与"中国"的关系。而之所以有些人出现合成谬误,或许是因为他们把个体等同于集体(或个人等同于社会)了。

3. 虚假两难

在把某种两难选项作为说理之"担保"时,如果该"两难"并非二选一的,那就意味着是"虚假两难"。譬如,"你应该是恨他的,因为你不爱他。"通常而言,对于一个人的态度,"爱"与"恨"并非二选一的。所以,其背后作为"担保"的"对待一个人你要么爱要么恨"就是一种"虚假两难"。

在日常讨论中,一种比较特殊但并不罕见的"虚假两难"情况是把"无法证实即证伪"作为一种"担保"。譬如,当对方无法证实上帝存在时,你便由此推出"'上帝存在'这种说法已被证伪"。其背后的"担保"是"要么这个东西是不存在的,要么我们现在能证实它的存在"(即"如果一个东西是存在的,我们现在一定能证实它是存在的"),但这显然是错误的。这样说,当然也不是要支持"有神论"。因为,通常认为,对于"上帝存在"之说,我们现在既无法证实也无法证伪。实际上,如果无法证实上帝存在,至少就"可证实性"而言,某人的有神论信念无法得到强化。

类似地,当一个人由"对方无法证实上帝不存在"而主张"上帝存在"时,或当一个人由"你无法证实星相学是错误的"而主张"星相学是正确的",或当一个人由"你对于这一说法拿不出科学上的依据"而主张"这一说法不科学"时,也都犯了"虚假两难"的错误。

4. 虚假因果

在日常生活以及科学调查中,我们时常根据所观察到的现象,推断某件事的原因是什么,其中的推理形式在逻辑教科书中称作"溯因法"(abduction);而作为一种说理,其背后的"担保"多是显示某种"因果关系"的一般性判断。譬如,我观察到每次下雨这所房子总是漏水,于是推测其原因应该是屋顶某处出现了漏洞,而背后的"担保"就是:屋顶漏洞与房子漏雨之间具有因果关系,即,屋顶漏洞是房子漏雨的因,而房子漏雨是屋顶漏洞的果。[1] 然而,有时所谓的因果关系明显是虚假的。常见的情况有因果混淆,以先后代替因果,忽略共同的因,以统计相关替代因果关系,等等。譬如某人说:"这位孩子成绩应该不会好,因为他看课外书太少。"这里所省略但可以恢复的"担保"是"看课外书少是导致学生成绩不佳的原因",可显然是不真实的。[2] 再如,某统计机

---

[1]　哲学上对于因果关系的理解历来存在热烈争议。不过,关于"A 是 B 的原因",一种比较普通的解读是:A 是 B 的充分条件,尽管不一定是必要条件。本书这里照此理解因果关系。

[2]　当然,这样说并不否认:就具体某个学生而言,"他看课外书少"可能就是"他的成绩不佳"的原因之一。

构发布结论:"公务员肥胖比例是普通人的两倍,过半男性患脂肪肝",有人据此做了如下说理:"我毕业后才不要当公务员呢! 因为我不想让自己肥胖。做了公务员,就会导致比普通人肥胖。"这里公务员数量与肥胖人群的相关性只是统计学上,并不意味着"做公务员"是导致"容易肥胖"的原因。

关于虚假因果,有一种隐蔽的形式被称作"自动实现的预言"(self-fulfilling prophecy),即认为某种预言是后来某件事成功或失败的原因。譬如,"罗森塔尔效应"(有时也称作"皮格马利翁效应"):一群随机挑选出来的学生被以权威的口吻公开宣布为"有前途的",实验发现,这群被寄予厚望的学生后来都有了很大进步。那么,我们能说那种公开化的期待(作为一种关于好事的"预言")本身就是学生进步的原因吗?① 相反的情况,当有人被诅咒(或是担忧)会有什么厄运时,或许由于这些诅咒的话严重干扰了他的生活,后来果真遭遇了某种不幸事件。那么,我们能说那种诅咒(作为一种关于坏事的"预言")本身就是这个人身上发生不幸事件的原因吗? 其实,与期望或诅咒本身比起来,期望或诅咒所引起的主体行动才是真正的原因。要明白这一点,只需要考虑一下那些所谓"自动破灭的预言"(self-defeating prophecy),即有些人由于被寄予厚望,感觉已经成为优秀群体,于是便不再努力,结果导致预言破灭;或者,有些人由于担心某件坏事发生,将其作为预警,从而积极预防,最终使得预言失败。这方面,奥斯本效应(Osborne Effect)可谓著名的例子:世界笔记本电脑厂商奥斯本宣布他们要推出更高档的机器,消费者闻风纷纷不再订购现有机种,最后导致奥斯本因收入枯竭而宣布破产。

5. 草率概括

逻辑教科书上所谓的归纳法,作为一种说理,其独特之处在于其背后的

---

① 一个源于医学临床的用来表示类似效应的词是"安慰剂效应",即一些病人在服用某种药物后全都出现明显好转,但这并不意味着该药物就是此种疾病好转的原因,因为那些药物很可能只是某种随意选取(只是病人事先不知道)的用来安慰病人的无害药物。为了避免由此所导致的虚假因果,当代很多的临床药物实验研究要同时设置三个病例对照组:第一组给予某种特定的药物治疗,第二组不进行任何治疗,第三组则只提供安慰剂。

"担保"是归纳原理或曰"自然齐一性"（the uniformity of nature），即如果关于某类重复出现的事情至今未发现反例，那么，它便具有一种不变规律或曰"齐一性"。这看起来很简单，但由于对"至今未发现反例"这一短语的理解过于粗浅，有时仅在单个人或单一群体未发现反例时就草率地概括出"某一类事情至今未发现反例"，并以此作为说理之"担保"。譬如，今天某个人在某地看到像天鹅一样的鸟类时断言："那不是天鹅，因为它们是黑色的。"其说理所用的"担保"就是："人类至今发现的天鹅都是白色的"。但是，这一"担保"在今天显然是假的，尽管说话者本人尚未见过黑天鹅，但参与对话的人可能曾经亲眼见过，或至少已经通过其他渠道知道人类已经发现黑天鹅。当然，我们这里并不是要求必须得事先确保"所有天鹅都是白色的"绝对无疑，才能将之用作"担保"。说理之"担保"所要求的是它至少不能是在对话人看来是明显为假的。倘若刚刚做出上述断言的说理之人不是处在当代，而是在世界上尚未证实有黑天鹅存在的那个历史时期，那么，我们可以说，他背后的"担保"（即人类至今发现的天鹅都是白色的）就不属于"草率概括"。①

再看一个例子。据报道，日本某一知名滑雪景区里，五棵冰树上被人用红色荧光喷漆书写了"HAPPY BIRTHDAY"和"生日快乐"字样。② 有些人由此便推断："这是中国人干的，因为现场喷的字有中文。"这种推断所用的"担保"是什么呢？恢复出来后应该是："至今发现写中文字的都是中国人"。且不说暗藏此种"担保"的人是否他本人真的未曾见过中国人之外的人写中文字，但在对话者那里明显是假的，是草率概括出来的"担保"。后续的新闻报道是："景区喷字"事件发生一个多月后，日本警察以"暴力妨碍业务罪"逮捕了一名29岁的缅甸男子，后者承认中文字和英文字都是他喷的。

关于"草率概括"，有一种极端的情形是以发生在自己或他人身上的趣闻

---

① 从心理学上看，"草率概括"有时被叫作"虚假同感效应"（false-consensus effect）。即人们总是无意间夸大自己意见的普遍性，甚至把自己的特性也赋予他人身上，假定自己与他人是相同的，自己有疑心，就认为社会上的人都是疑心重重；自己好交际也认为别人好交际。

② 关于新闻报道，可参见 https://www.thepaper.cn/newsDetail_forward_1957201。

轶事作概括。很显然,这样的趣闻轶事作为"个人故事"只可以用作某一观点的一个示例(illustration),并不能作为论证的仅有证据。但是,确实有身边人喜欢或善于以"讲自己的故事"来说理的现象。说理之人应警惕此种"轶闻证词"(anecdotal evidence)的诱惑,既不要轻易听信别人的"故事",也要提醒自己不要以讲故事替代说理。

6. 赌徒谬误

除了演绎法、类比法、归纳法、溯因法,有些逻辑教科书上还讲到"概率推理"。从说理上看,概率推理往往是把某种概率判断作为说理的"担保"。譬如,一个人随机抛出一枚硬币,他根据"硬币只有正反两面"推断"正面朝上的概率应该是50%",其背后的"担保"就是:对于存在两种均等可能性的事情,其中每一种情况的概率都是50%。但是,我们说理所用的"概率"并不是全都如此容易理解。

有些时候,说理之人对于概率的理解会偏离统计学上的标准用法,从而导致把明显为假的"概率判断"用作"担保"。譬如,一个人反复抛掷硬币,前面十次抛出的结果都是硬币反面朝上,或许他便推断下一次抛出正面朝上的概率会变大。其所用的"担保"是:"在对所有抛掷硬币事件的统计结果显示,正面朝上的次数应该约等于正面朝下的次数。"然而,这不论是从概率论上还是从人们抛掷硬币的实际经验来看,明显是假的。或许,这位说理之人提出自己的"担保"就是概率学上的"大数定律"(Law of Large Numbers),但是,"大数定律"说的是一种长期的平均数(a long-term average),它要求抛掷次数足够多,而非简单的 10 次 20 次实验结果。图 5.1 可以帮助我们看清,"大数定律"尽管告诉我们长远来看的平均情况可能是中间那条直线水平值,但是,就某一具体阶段的实际情况来看,它可能大幅度高于或低于水平线,因此,即便我们知道至今已经抛出多少次正面和多少次的反面,下一次到底是正面还是反面朝上,总是跟之前一样无法确定。

上述对于概率的误解,就像是一位赌徒在得知自己整个晚上已经连续输

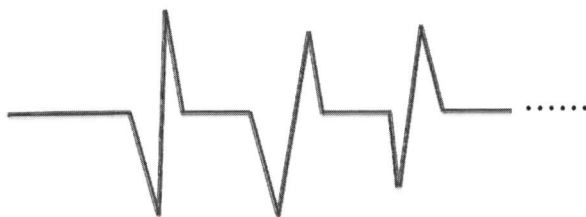

图 5.1

掉 20 局之后,会推断自己下一局赢的机率变大,于是选择继续赌下去。① 正因为如此,此种谬误有时被称作"赌徒谬误"。从心理学上看,它是卡尼曼所谓的"代表性直觉"(representative heuristic)作用的"不幸"结果,其错误在于相信局部概率(即,一个晚上的输赢机率)能代表全局概率(即,无限多次的整体输赢机率)。"机率常被认为是一种自我修正的过程,其中某一方向上的偏离随后会引起相反方向上的偏离以恢复其平衡。事实上,随着一种机率过程的展开,这些偏离并未'得到修正',它们只是被稀释了。"②

需要补充提示的是,关于概率,不论是理论上还是实践中,情况往往比较复杂。不少人在说理中常常把统计学上的"概率"等同于"可能性"或"机会"。但是,即便是从概率学上看,目前所谓的"概率"既包括那种适用于理想封闭系统的"经典概率",也有那种基于频率统计的"经验概率",除此之外,还有用来刻画个人行为习惯或选择倾向的"主观概率"或"认知概率"。以前面的抛硬币事件为例,单看一次抛掷结果,由于其中只有两种可能性,我们在排除干扰因素的理想情况下,可以直接计算出正面朝上的概率是 50%,此即"经典概率"。而如果这枚硬币经过特殊设计(如可能是空心的),或是原本就有

---

① 关于此种误解,概率论上有时也会提出独立事件与非独立事件之间的区分来澄清:每一次抛掷硬币和每一局赌博都是独立事件,彼此的发生概率互不影响。"非独立事件"的例子如:一个口袋里有 5 只白球,5 只黑球。如果你每次抽出 1 只球后不是放回口袋,而是将其放置一边,继续从剩下的其他球中抽取一个,那么,你后面每次抽中黑球或白球的概率将会受到前面抽取结果的影响。

② Amos Tversky and Daniel Kahneman, Judgment under Uncertainty:Heuristics and Biases,*Science*,New Series,Vol.185,No.4157,1974,p.1125.

设计上的瑕疵,那么,基于足够多次抛掷的结果统计,正面朝上的概率就可能是高于或低于50%,此即"经验概率"。① 至于抛掷者对于正面朝上或反面朝上的预期,假若两人在拿硬币决定什么利弊,由于两人由以出发的背景信息不同,一方可能相信会出现正面或至少是认为正面概率大于50%;而他的对手可能相信不会出现正面,或至少认为正面概率小于50%,此即个人的"主观概率"。②

要点整理

■ "根据"是说话人说理一开始便会主动告诉对方的,一般是他认为对方不知晓或未注意到的具体情况。不过,一旦详细交代了可备查验的"原始出处",对方往往争议不大。相比之下,"担保"通常是说话人觉得太过明显而没必要提的"自明道理"或"人之常情",因而只有在对方追问下才会交代。

■ "担保"之所以称为"担保",不是说它要保证"根据"中所述事实的真实性,也无法保证自身作为一般性道理的可靠性,而是担保说话人所提出的"事实"对于他所主张的观点的充分支持。至于它本身的可靠性,可以由另一说理要素"支撑"负责辩护,但可能仍旧无法确保其真实无疑。

■ 男女之间在情感话题上的争吵,很多时候,并不意味着"男人说理,女人说情"。毋宁说男女用作说理之"担保"的价值判断有时不同,因而

---

① 就赌博来说,经验概率往往是更重要的,它要求我们考虑游戏规则的设计、各方的判断能力、其他参与者的协助与否等等。

② 概率论上的"主观概率"虽然关注主体个人的行为倾向或选择习惯,譬如,你认为自己选择某一类型伴侣的机率有多大,或者你认为中国足球队出线的机率有多大,但这些"主观概率"也并非随意的、无规律的,因为我们人通常都愿意或尽量做到前后一致。有关这方面的计算,贝叶斯定律是著名的概率公式,它在决策理论中运用广泛。

他们之间的说理往往比较困难。要克服这些困难,我们不必消除一切现存的男女间价值观差异,所要做的是尽量选择那些能够得到对方认可的价值判断作为某种"担保",并主动为之提供必要的辩护。

■ 就日常说理来看,倘若不是在纯粹的形式领域或仅限于私人的情绪感受,几乎所有"担保"都会存在某些例外。所以,一般逻辑教科书中关于演绎法、归纳法、类比法、溯因法等所谓"推理形式"之间的区分,在日常说理中就不那么重要了。不论在"担保"形态上如何有差异,它们都得是保证我们能从"根据"推导出"主张"的一种"规则"。

■ 即便是恰当的比喻,其在说理文中的功能往往仅限于提供一种"路标",引导读者对自己的观点获得一种浅显易懂的理解,但并没有对观点本身做任何论证。

■ 尽管作为说理之"担保"的说法,不追求绝对无疑的真实性或普遍被人认可,但它也不能是明显为假的,否则将会有对话者基于共同体经验或基本信念直接予以拒斥,或被指责为种种"推不出"谬误。

■ 针对"担保"这一说理要素,我们可以提出的批判性问题包括但不限于:你何以由"根据"得到"主张"? 你没有说出来的那个道理是什么? 你所提供的担保是哪一类规则? 你如此类比,是在说理,还是仅仅用比喻来解释? 除了反讽,你还能从正面论证吗? 你自己对所提供的那个担保有多大信心?

延伸阅读

■ [美]理查德·保罗、琳达·埃尔德:《批判性思维工具》,机械工业出版社 2013 年版。该书第四章中对于"信息""推论"和"假设"之间的区分及其诸多实例,可以帮助读者更好地把握图尔敏模型中前三个要素之间的区分和联系:"信息"对应于"根据","推论"对应于"主张",

"假设"对应于"担保"。

■ [英]托尼·霍普:《医学伦理》,吴俊华等人译,译林出版社 2015 年版,第六章"对待精神病错乱者的不一致"。你会注意到,该书在讨论精神病患者是否应该被隔离时,相关"担保"(譬如"不能因为预期一个人将会犯罪而将其监禁""一个有行为能力的成年人有权拒绝接受治疗"等等)的选择和评估尤其重要。该书为中英双语版,强烈建议读者对照英文段落理解和把握中译文。

■ 本讲注释中所提供的其他你认为有必要跟踪阅读的文献。

 **拓展练习**

[1]你在跟人谈话中,听说过别人讲出的最始料不及的"道理"是什么?你觉得,你会接受他所提出的这种"道理"吗? 如果不接受,你认为你们之间的分歧是否可以通过什么途径消除?

[2]询问你身边人最为欣赏的说理文字都有哪些,然后任选一篇,找出其中说理结构的"主张"和"根据"及"担保",并对于此种"担保"的可靠性进行初步的分析判断。

(答题提示:有些说理文本可能有多重"根据"和"担保",这时你需要分别谈论;另外,如果"担保"竟然被省略掉了,那么,你需要根据语境先试着将其恢复,然后再评判其可靠性。)

[3]结合你自己的经历或有关见闻,谈谈:法庭上的陪审团在决定犯罪嫌疑人是否有罪时,应该适用什么样的"事实"和什么样的"道理"?

(答题提示:在实行陪审团而非陪审员制度的国家里,陪审团成员大都是社区里的普通公民,因此他们可能并不熟悉某个领域的法律条文或判例。另外,陪审团他们所要做的决定不是某人应该受到具体什么样以及何种程度的惩罚,而是针对有关指控做出"有罪"或"无罪"的裁定。)

［4］在现实版的"龟兔赛跑"中,偶尔乌龟可能真的赢了,但是更多时候乌龟连比赛的资格都没有。即便真的有比赛,其"寓意"也会大相径庭。请结合自己的体会,试着创作新版的"龟兔赛跑"寓言故事。如果你的故事有某一种寓意,你认为,故事本身为之提供理由了吗? 如果没有,请简述你自己的辩护理由。

［5］对照第二讲中热身案例"两小儿辩日",你认为其中有无采用"类比"进行说理? 如果有,请试着完善其说理结构。另外,你觉得可以通过反讽法驳斥其中某一方的观点吗? 如果可以,请试着构建,并评估其说理效果。

第六讲　追溯信念之根源

在某些话题上,尽管一个人提出了某种道理作为"担保",使得参与对话之人可以从他所提供的"根据"推导出他的"主张",但是,对话者或许此前未曾听闻此种道理,或者该道理与他们自己此前所听到的其他道理之间有某种程度上的冲突,这时,倘若此种道理不是明显为假的(即有些可疑但也不至于与更为基本的信念直接相矛盾),谨慎的对话者或许会追问:你用作"担保"的这种道理从何而来? 也就是说,"担保"的真实可靠性(尽管此前没有但现在)开始成为关注的焦点。这是图尔敏模型与三段论法的关键区分之一:虽然后者也会援引某种道理作为"大前提",但它至少在推理当时不怀疑因而不追问该道理源自何处以及是否可信。为了能够让对方相信"担保"的可靠性,说理之人当然可以另作说理,即以该"担保"中所承载的"道理"作为一种"子主张";但是,不论如何辩护,我们终将追溯到该道理的"信念根源",此即本讲所要集中讨论的说理要素——"支撑"(B)。我们将看到,作为我们信念之根源的"支撑"是多样化的,而在追求一种好的说理时,我们需要选择恰当的"源头"去支撑"道理"。这是图尔敏模型中颇为复杂也是生动深刻的地方。

案例热身

"担保书,是哪里开具的?"

一个人说理时,经常被省略掉的不只是"担保",还包括用以标明"担保"

何以得知的"支撑"。在没有"支撑"的情况下,我们可能看到,对立双方似乎全都手持一张"担保书",但是,这些担保书在"担保的内容"上存在冲突。这不禁让人想问:这些担保书,是哪里开具的? 让我们看下面的对话:

　　A:我反对政府在公共场所安装太多摄像头,因为那样会侵犯我们的隐私。

　　B:为什么这样说?

　　A:侵犯我们隐私的事情,当然不应该让它发生。

　　B:这似乎可以算作一种道理,我先不去质疑。不过,我要说:我支持政府在公共场所多安装摄像头,因为那样可以有效地防止犯罪。

　　A:你这样说有什么道理吗?

　　B:有啊! 现在犯罪事件太多,能有效防止犯罪的事情,我们当然得支持啦。

　　A:……

　　B:……

"政府不该做侵犯公民隐私的事情""我们应该支持政府去做能有效防止犯罪的事情",这两种道理我们似乎都听到或用到过。即便自己此前未曾听闻,至少初听起来也"不无道理"。我们可以设想,上述对话中的 A、B 两人继续争论:到底谁的"道理"才适用? 从作为说理之"担保"来看,双方的道理都能保证由各自的"根据"推出各自的"主张",但是,哪一种道理才可靠呢? 对此,我们不能指望查一下某种固定的等级序列或编码表就能挑选出一个具有更高优先值的"道理"。因为,人们所拥有的"道理"并非总是系统化的有序排列(譬如按照从"公理"到"定理"再到"推论"的次序),至少在某些地方是碎片化的。即便有些道理在我们看来是有等级次序的,但人与人之间或不同群体之间由于信念体系的不同,某一道理的位置排序也会存在差异。

有鉴于此,对话各方有时会直接退回到"道理"之作为一种信念的源头,追问"你是从哪里获知这一道理的?"或"你怎么就认为那是当然之理?"这好比是在问:你"担保书"上的内容的确有担保作用,不过,这张担保书是哪里开具的呢？譬如，"政府不该做侵犯公民隐私的事情"，这是我国现行哪一部法律的规定吗，还是全民共识？"我们应该支持政府去做能有效防止犯罪的事情"，这是你个人内心的道德情感，还是犯罪学专家的指导建议？如此指出作为"担保"的那种道理源自哪里，就是在引入说理之"支撑"。"支撑"的引入并不意味着对话各方即可决定或最终定论该道理是否正确，但由于我们了解到了对方信念之源头，并且这些源头都是为所有人共享的，所以，当说理各方结合信念源头重估"道理"之可靠性（包括是否适用于当下）时，当前的说理已经朝着争议的解决前进了一大步。

"支撑"对于"说理"的推进，与"担保"的作用相比，主要在于：它让"道理"跟"事实"一样回到了可以让说理各方共同查验和衡量的"基石"之上，即，人类获知信念的共通源头。我们的信念或许不同，但信念的根源是共通的。我们对于别人基于某种源头形成某个信念的做法，以及别人对于我们基于某种源头形成某个信念的做法，往往持有同情态度。为了深入领会"支撑"的说理功能，让我们从"信念"及其分类讲起。

一、"支撑"作为"担保"的信念之源

说理的"主张"，代表着一种相对新的或因出现争议而需要辩护的信念。我们用作说理"根据"的事实，代表着我们对于具体事态或事件之真相的一种信念。说理中用作"担保"的道理，则代表着我们的一种比较持久的或是很强的信念。但是，这些并非人类信念的全部，甚至也非同一类型的信念。

1. 信念的类型

信念（belief），简单来说，就是我们信以为真的东西，也是我们大多数行动的基础。当人们说"信念有力量"时，就是指：人们往往会基于某种信念而采取某一行动或不采取行动。不过，人们的信念往往不是彼此孤立、单个出现的，而是连成网状的。每个人以及同一个人不同时期会拥有不同的"信念之网"。在每一张"信念之网"上,某些局部或许显得很有序,就如一个几何学演绎体系那样,某些局部信念之间的关联则相对比较松散,还有一些信念处在"网"的末端或边缘,相对显得碎片化。根据信念之间的关联方式,我们大致可以把信念分为衍生型信念与非衍生型信念,它们彼此交织成一张张复杂程度各异的信念之网。

所谓"非衍生型信念",就是没理由的信念,或找不出其他信念予以支持的信念。它们往往是人"生而俱有""自然习得"或在其他意义上未加反思(没法区分真假对错)而接受下来的信念,典型的有自然本能类的(如"人要吃喝拉撒睡才能活着")、社会习俗类的(如"做人要守信")、直觉类的(如"数学比艺术难")、感官判断类的(如"我看见了 UFO")、记忆或想象类的(如"我记得我 3 岁那年⋯⋯")。除此之外,往往还有各类的权威说法或正统理论(如牛顿力学、气象学等等)。这些东西,往往被认为是摆在人们面前的、我们没法不学习(或曰"不知不觉中学到")的,由于它们大都融于我们的环境和文化之中,因而很多时候被认为是无需反思的自然之物。

如果说"非衍生型信念"是你没法选择的"命运",那么,"衍生型信念"则是你自己主动的选择结果。后者是人理性反思的结果,也就是有时所说的"推理之知"。这种"非衍生信念"有些被认为是好的,譬如,一位侦探基于自己的仔细观察和行业经验而相信凶手就是谁;也有些被认为是不好的,譬如,某人因为自己对于某偶像的崇拜而相信他所说过的某一离奇说法。[①] 我们的说理或批判性思维,很多时候就是要分辨此种衍生型信念的好坏。

不同的人(或人群)或同一人(或人群)的不同语境下,用作衍生型信念与非衍生型信念的东西,可能发生变动,即,同样一种说法有时作为非衍生型信

---

① 衍生型信念与非衍生型信念之分,与哲学家罗素所倡导的"亲知"(knowledge by acquaintance)与"摹状知识"(knowledge by description)之分存在诸多相似之处,不过,本书这里的"信念"一词不追求"知识"一词所传递的那种"确定无疑"或"不可错"。关于罗素本人的区分,可参见 Bertrand Russell,*The Problems of Philosophy*,Oxford University Press,1912,pp.46-59。

念,但在另外一些时候,可能试图为之寻找理由,因而变成一种衍生型信念;反之亦有可能。然而,不论怎样,就特定时期的具体某一张信念之网来看,我们总是可以区分出衍生型信念与非衍生型信念的。

2. 说理中的"非衍生型信念"

推理之知,属于非衍生型信念。这容易给人留下一种印象,似乎说理中所运用的任何一句话都要讲明理由,以至于任何非衍生型信念背后仍有一系列其他的非衍生型信念。真的是这样吗?让我们结合"主张""根据""担保"和"支撑"等说理要素,来看它们各自的信念地位。

在说理结构中,"主张"是典型的衍生型信念。如果你只是原本相信某一观点,并强调对此并没有什么理由可讲,那么,尽管你的话可能并没错(即后来被证实了),甚至别人也会认同你的话,但它并不称为你说理的"主张"。很多时候,我们之所以选择"说理",就是要看看我们究竟如何基于其他信念(即包含在"根据""担保""除外情况"等之中的那些正反两方面的理由)一步一步衍生出包含在"主张"之中的那种信念。

作为说理"根据"的那些事实,往往属于非衍生型信念。虽然这其中经常涉及事实认定等难题,但由于说话人交代了原始出处或描述了观察场景,它到底是不是事实以及在什么意义上可以作为事实,都是由参与对话之人直接确认的,所以,算得上是原生的。不过,如果对于事实认定无法达成"共识",即,基于同样的"观察场景"或"原始出处",有人认为其中有事实 F,其他人却认为其中没有事实 F,这时或许就要引入新的说理结构,把 F 作为一种"子主张"。在此情况下,由于必然会引入一系列理由,所谓的"事实"当然就属于衍生型信念了。①

作为说理"担保"的那些道理,由于它们本身无法保证自己的真实可靠

---

① 要知道,尽管我们可以就"有些说法能否作为事实"进行说理,但终究得有"不存在理由"或"无法给出理由"的"事实认定",否则就是循环论证了。

性,而争论双方可能各有各的"担保",所以,有时我们可能需要把其中的"道理"另作为"子主张",从而引出新的说理结构。但是,就特定情境下的说理而言,我们不可能无穷回溯,"道理"终究会达到某种再也找不出或无须再引入进一步理由的地步,最后告诉对方:某某道理源自哪一领域以及我们凭什么相信这种道理,此即"支撑"。就"担保"和"支撑"的关系而论,后者作为"担保"中所承载之"道理"的信念之源,可谓是我们说理的"基石"①,当然属于非衍生型信念,而前者则是衍生型信念。

从以上的分析可以看出,我们用作说理的大部分信念都需要诉诸其他信念的支持,即,属于衍生型信念。但是,正如我们说话并非总是在说理一样,即便是在说理型话语中,我们也不可能只涉及衍生型信念,而必须在某些地方引入非衍生型信念。之所以这样做,一方面可能是因为衍生型信念背后倘若永远都还是衍生型信念必将导致无穷倒退(infinite regress),从而使得说理成为某种"无休止的追问";②另一方面则是出于时间、精力、资源等方面的"经济"考虑,说理之人不得不至少就当前说理而言把某些信念当作无须论证的非衍生型信念。从说理上看,其中所用的衍生型信念与非衍生型信念,并无尊卑贵贱之分。"一个信念不会仅仅因为并非基于可靠的论证之上而提出便成为不合理得出的。"③之所以把某种信念而非另一种信念作为衍生型信念,往往是因为它在当时参与对话的各方中是有待(而且可以)澄清和论证的。

说理之中,既有衍生型信念,也需要用到非衍生型信念。不过,说理之人

---

①　某些说法在某一说理结构中作为"支撑",意味着它们在这里属于非衍生型信念,但这并不妨碍它们在其他说理结构中用作衍生型信念。

②　为避免这一点,即便是在数理系统中,也总是有公理或初始公式(即未经证明而直接设定为出发点的命题)作为"非衍生型信念"。哲学上著名的寓言"卡罗尔疑难"很好地诠释了"无穷倒退"可能产生的多种悖论中的一种,其大致寓意是:当一个人由命题 A 出发推出 Z 时,如果别人问为什么必须这样,他可能回答:"那是因为另一命题 B,即,若 A 为真 Z 就一定为真";而当别人问为什么由 A 和 B 就一定能推出 Z 时,他可能又回答:"那是因为另一命题 C,即,若 A 和 B 均为真,Z 就一定为真";如此无限回溯,没完没了,永远也无法推出 Z。有关该寓言故事的更多细节,可参见 Lewis Carroll,"What the Tortoise Said to Achilles",*Mind*,104(416),1995,pp.691−693。

③　Gary Gutting,*What Philosophers Know*,Cambridge University Press,2009,p.111.

对于两类信念的处理方式的确有着显著不同:在比较严肃的说理活动中,但凡用到"衍生型信念",就有必要提供用以支持该信念的"理由";但凡用到"非衍生型信念"的,则没必要为之论证,只需要呈现该信念的"原始出处""特定语境"或"原发场景"。

3. "支撑"是位于"担保"背后的一组相对稳固的"非衍生"信念集

我们前面说过,说理中必须涉及某些非衍生型信念,否则便会陷入"无穷倒退"。为了避免这一点,有些人或许反过来希望在说理中找到一个牢不可破、无可争议的"基础信念",将之作为"非衍生型信念",所有其他信念都必须建立于其上。这种想法在思想史上的确有人(甚至包括一些知名的数学家、哲学家或科学家)曾持有,学术上通常把它称作"基础主义"(foundationalism)。不过,要申明,我们说理中的"非衍生型信念"尽管可以在隐喻的意义上叫做"基石",并非基础主义者眼中的那种"基础信念"。具体到"支撑"来说,它只是位于"担保"背后的某一组相对稳固的"非衍生"信念集。① 对此,有三点需要我们注意:

第一,与"担保"通常只是作为某一条道理相比,"支撑"往往代表着"道理"由以引出的某一整套更为广阔的理论或信念集,类似于发生学意义上的证据汇集。② 在一定程度上可以说,"支撑"是"担保"的"语境铺展"或曰"体系化"。譬如,倘若"担保"是"鲸鱼属于哺乳动物",相对应的"支撑"则可能是生物学上的一套分类系统。倘若"担保"是"百慕大人是英国人",对应的

---

① 这里的"非衍生信念集"并不意味着前面所讲的是一张完整的信念之网。信念之网既有非衍生型信念也有衍生型信念,有些非衍生型信念会自然地集合在一起但并不因而构成完整的信念之网。譬如,在建构欧几里得几何学时,关于点、线、面会有很多初始信念,它们集合起来使得一套理论内核成为可能,但是,作为完整的信念之网,欧几里得几何学往往还包含很多非衍生型信念,如各式各样的定理、推论等等。

② 不过,与作为说理之"根据"的那些事实相比,"支撑"所汇集的证据往往涉及特定理论或信念集何以形成以及如何在特定领域起作用,它更多体现的是特定群体的人过往观察、经历和调研而得的一般性结果。

"支撑"则可能是关于在英国殖民地出生的公民之国籍的现行法律体系。倘若"担保"是"沙特阿拉伯人是穆斯林",对应的"支撑"则可能是关于不同国家民众宗教信仰的统计记载。① 如果说用作"担保"的道理看起来是孤零零的话,那么,"支撑"则让我们看到那种道理其实是如何发生或定位于一整套的理论之中的。其实,很多严肃的说话者在运用一个全称句式表达某种"道理"时,都是就特定的理论语境而宣称其道理的通用性。即便是所谓的"公理"(如"平行线不相交"),往往也都是置于特定的系统(如欧几里得几何学)而言的。

作为说理之人,我们有义务让受众知道自己用于支撑"道理"的信念源头是什么。这倒不是说一个道理不交代源头就一定是错误的,主要是我们要说服他人,让对方理解。倘若不交代"支撑",有些道理很容易被人视作明显为假的"担保",尽管可能在说理者本人看来那只是误解。根据图尔敏等人的看法,如果一个人的论证仅仅是为某个"主张"提供"根据"和"担保",这只是"普通论证"(regular argument);而如果对"担保"本身的可靠性进行论证时,就属于"批判性论证"(critical argument)了。前者是简单的"规则适用型论证"(rule-applying argument),后者则是"规则辩护型论证"(rule-justifying argument)。②

第二,尽管"支撑"是拿一整套说法(即信念集)去支持某一道理,但这并不意味着"支撑"所承载的非衍生型信念集就一定能为"担保"带来"毫无疑问"的最终保障。"支撑"重在交代在说理人那里相对稳固的一套非衍生型信念,告诉别人你是具体凭什么相信某种道理的,让人知道它不是无缘无故孤立存在的,以期获得别人的认同。因此,"支撑"对于"担保"中所谓的"规则/规律"等各类"大道理"的支持,并非像证明论意义上的"基础"(公理)那样,它

① 这三个例子出自图尔敏。Cf.Stephen Toulmin, *The Uses of Argument*, Cambridge, England：Cambridge University Press, 2003, p.96。

② Cf.Stephen Toulmin, Richard Rieke, and Allan Janik, *An Introduction to Reasoning*, New York and London：Macmillan, 1984, pp.276-277。

既不意味着完备无遗的辩护，也不意味着其他人都一定表示认同。这有点像是对于事实的认定：我们在陈述事实时已经呈现了原始出处或发生场景，但并不能保证所有听众都信以为真；同样地，我们在交代"支撑"时已经设法让对话人看到了我们何以相信某一道理，但这也并不能保证所有听众都会接受。①这或许有点令人遗憾，但就特定阶段的某一说理而言，我们"说服他人"的努力只能暂告一段。在"这一段"中，我们至少让他人知道了我们之所以主张某种观点，是基于特定的事实（即"根据"），并诉诸源自特定理论（即"支撑"）的某一道理（即"担保"）。而且，这一切将成为后面我们所可能建构的其他说理的新起点。

第三，"支撑"不承诺"最终的保障"，但说理人对于"支撑"的交代的确可以显示出他在特定领域的理论功底。虽然在不正式的说理中（就像本书前文中提到某些简单例子时那样），我们可以用"大家都认为""有人""常识""权威人士""经验表明"等过于模糊的字眼来标明"支撑"，但是，在比较严肃的说理中，一般都要求具体展开这些"支撑"所代表的信念集，即，结合具体情境，对于相关的理论或传统进行概述，以展示"担保"的可信度。譬如，"我反对政府在公共场所安装太多摄像头，因为那样会侵犯我们的隐私权。"这里的"担保"应该是："任何侵犯隐私权的事情，都要反对"。为了显示这个"担保"何以可信，你可以如此提供"支撑"："根据当前国际上流行的一套法律理论，隐私权是一种非常基本的人格权。不同于法人，自然人拥有隐私权。任何机构或个人都不能在法律（或宪法）授权之外或未经本人许可，侵犯私人隐私权。……"可以设想，对于一种"道理"提供类似这样的"支撑"，并不总是容易的。这首先是因为道理往往是分领域的，即便是法律条文，如果不是同一国家或时代的，也可能不适用。② 如果不是某一领域的有资历人士或专业人才，你

---

① 有些人不接受，或许是有"合理怀疑的"，对此，有必要展开新的说理。但也有一些人则提不出什么"合理怀疑"，只是为"怀疑"而怀疑。这时，就没有必要再去说理了。

② 从法律适用来看，国与国之间可能产生冲突的一种棘手情况是：对于发生在本国领土之上的涉及外国人的案件，本国可能按照"属地原则"要求适用本国法律，而该外国人所在的国家则可能按照"属人原则"要求适用他国法律。

需要查询专业文献,以获得对于某某理论的概貌和基本原理。另外,即便你是某一领域的专家,在为某一道理交代"支撑"时,也非常考验专家的功力。只有非常熟悉某套东西的人,才能讲得透彻易懂、准确到位。因为在展示"支撑"时有点像是在与"根据"不同的另一更高层次上用"事实"和"数据"说话:这时的"事实"和"数据"侧重显示人们在某一领域或某一方面的相对稳固的信念集实际形态是怎样的。如果在交代"担保"时说理之人可以相对自由地"采取"或"援引"某一道理的话,在交代"支撑"时我们则要受限于大家或某一群体的人实际已经发现、推广和流传的信念集。

📚 | 敬告读者 |

"根据""担保"和"支撑"这些用词有时给人一种暗示,似乎说理之人一旦提供了这些要素,我们对于某一"主张"的论证或辩护就大功告成,而任何人如果仍然不认同我们的"主张",他就是不理性的了。① 但这显然是不符合实际的,因为,即便我们提出了这些要素,仍旧可能有人提出一些怀疑,甚至会另外提出"根据""担保"和"支撑"而建立与我们"主张"相反的说理结构。更重要的是,这偏离了图尔敏模型所倡导的开放性说理的精神。在某一阶段特定情境下的说理,总是有针对性的。我们基于当前可得的事实作为"根据",选择某一套理论来支撑我们的"道理",由此交代我们用以主张某一观点的理由,但这些辩护并不是一劳永逸的。我们根据需要,完全可以在其他地方或同一地方其他的说理结构中选择其他"根据""担保"和"支撑"来为同一"主张"作辩护。另外,在其他人对于我们此前的说理提出某些质疑后,我们可能修改原有的"根据""担保"和"支撑",甚至调整或放弃自己原有的"主张"。这都是符合开放性说理之原则的。正如第二讲中所指出的那样,当下提出"根据""担保"和"支撑"为某一"主张"作辩护,其核心功能在于:我们只有先在图尔敏模型之下明示各方彼此的共识和分歧所在,然后才知道接下去的"批判"或

---

① 如果按照字面意思理解,所谓"根据""担保"和"支撑",主要是就提出这些理由的人一方而言的。

论证要在哪里着力和发力。

📚 | 小练习 |

■ 围绕近期你听闻的热点话题,简单查找资料后,试着建构一个包含"主张""根据""担保"和"支撑"等四要素的说理结构,然后指出其中所涉及的哪些信念属于你当下的非衍生型信念。

■ 在说理结构中,"支撑"与"根据"同属于说理情境之下的"非衍生型信念",而且用作"根据"的非衍生型信念也往往跟"支撑"一样属于一组信念集,而非单个命题。请结合第五讲"担保"与"根据"之间的差别,谈谈:作为"支撑"的非衍生型信念与作为"根据"的非衍生型信念有何不同?

二、"支撑"的多样化与潜在竞争

用作"担保"的道理,来源于某种"非衍生型信念集"。然而,人类并非共享所有的非衍生型信念集。实际上,不同时期的人们或同一时期的不同人群可以拥有各种不同的非衍生型信念集,即便同一个人,也常常同时拥有不同类型的信念集,譬如,有来自"你个人"的主体感知或情感集,有来自"你所在圈子"的社会习俗和群体价值观,还有来自"第三方权威"的专业化理论。而在最后这一类型之下,所谓的"专业化理论"往往五花八门,即便是同一话题,也常见到不同形态的理论。所有这些信念集自成一体,其本身往往并不是在说理①,但其解释力以及可靠性,经受过长期验证,尽管时有出错,仍大体上可资信赖。我们在说理之时,基于特定的情境,会选择它们中的某一种信念集作为"支撑"。在很多情况下,它们这些"支撑"可能是平行或互补的,不过也有潜在的竞争。

---

① 本身并不说理的东西,往往是用来为其他东西说理的。本书所谓的"说理"不是理论本身(作为非衍生信念集)的建构,但往往涉及诸理论的应用。

1. 主体个人的知觉情感集

在为某一种"道理"作辩护时,有时会先想到:这种道理源自我对于自身和周围环境的长期而反复的观察和内省,我个人自然形成的一系列知觉与情感集合在一起,足以能作为该"道理"的"支撑"。譬如,对于"眼见为实"这一道理,一个人的"支撑"可能是:"人看东西,离不开自己的眼睛。眼睛看到的东西,具有更加鲜明的效果。视觉是人的第一感官。即便远看或初看某些东西时,不太清楚,但我只要全方位去看而且看得足够仔细,就总是能避免视错觉。记得有一次,……。对于自己喜欢的东西,我向来希望亲眼一见。……"这里面有他的个人轶事或经历总结,有他的个体直觉,也有他发自内心的喜好情感,还有属于他个人的价值判断。所有这些往往不是借鉴外部的他人或机构,而是对于他内心感受或情感的诚实表达,但它们堆积在一起,便构成一个相对稳固的信念集,尽管其内部的关联可能有些松散。再看一个例子。一位美食家的说理结构可能是这样的:"我要买这种糖[C]。因为它是蓝莓味道的[G]。买糖果我只选蓝莓口味的[W]。"在他那里,"买糖果只选蓝莓口味的"代表着一种道理。而为了让人明白,何以有这样的道理,他所提供的"支撑"或许是:"我喜欢蓝莓的味道,它有一种独特的……让人联想起……"

此类个人感知或情感合集作为说理之"支撑",在严肃的公共说理中或许并不常见。不过,从它们构成了用以标明"道理"之源头的"非衍生型信念"来看,它们的确属于一类"支撑"。为了弄清这类"支撑"的特殊地位,有几点需要注意:(1)本书前面谈到"诉诸情感"或"诉诸怜悯"之类的谬误,那只是说"不能误置我们的情感",并不是说"情感不重要"或者说"要抑制我们的同情心"。恰恰相反,在涉及个人见闻或主体价值判断的情况下,一系列的感知判断(如,他先看到了什么,后又听到什么,再后又闻到什么,等等)可以成为"事实"因而作为合法的"根据";而如果把外部知觉和个人好恶之类的内心感受结合起来,还可以显示一种"道理"缘何出现,因而担当一种"支撑"。(2)感知或感受不属于"推理之知",但这并不影响它们构成非衍生型信念集,可以用作我们说理的"支撑"。如果某人自己是亲历者,或者他只是一个人自己说服自己,此时的说理与特定意义上的"跟着感觉走"①并不冲突,说理要对抗的更多只是"顽固不化",即,当你后来的某一感知反对此前的另一感知,却不懂得放弃原来那个或开展更多其他观察。正如斯泰宾所言:

> 只要我们抱着适当的谨慎态度,我们可以接受通过感官获得的信念,只有当我们的感官得到了进一步的证据,引起我们的怀疑的时候,才有必要检验这些信念。前面一句话中的"抱着适当的谨慎态度"这个词组有近于以未证实的假设为证据的危险。但我还是认为我们的感官可以提供我们知识这一点是毫无疑问的。这是个合理的程序,因为我们只能依靠另一个感官证据检验这个感官证据。我们由记忆提供的知识与感官提供的知识没有根本区别,尽管根据记忆产生错误信念比根据观察产生错误信念要容易些。②

(3)有些时候,你可以用自己"内心"的知觉情感集作为说理"支撑",但这并不意味着别人对你就完全不予置评了。你的知觉或许有限,或你的情感很特别,这些并不妨碍你拿它们支持你私人坚信的某种"道理"。其实,我们每个人都难免在某个时候这样做。然而,这里作为支撑的是"信念集",当你自己主动或在听众要求下尽可能多地展现你个人的"知觉情感集"时,听众至少可以探求其中是否存在明显的不一致或不融贯之处。譬如,当一个人坚信"家人之间可以无所不谈"这一道理时,他或许引出他个人有关这方面的种种感知感受,但是,倘若在此集合中竟然包括"××事情最好还是不要让家人知道"这样的直觉,那么,他作为"支撑"的个人知觉情感集,就会在听众中引起合理的怀疑。

---

① 这里所谓特定意义上的感觉,主要是指作为朴素知觉或情感的"感觉",而非现代汉语中"感觉"一词有时所传达的"随意性"或"任性"。

② [英]斯泰宾:《有效思维》,吕叔湘等译,商务印书馆2008年版,第162—163页。

2. 社会习俗和群体价值观

作为社会性动物,每个人都生活在某种"圈子"或曰"社群"内,因此,在说理时,我们除了诉诸个人的知觉情感集外,还会诉诸自己所在社群的某一套社会习俗或群体价值观,因而会有"古人曰""有诗为证""俗话说""常言道""网民都说""群众认为""大家都这样讲"之类的措辞。后者往往囊括了我们所在社群中的一系列为人熟知的基本(即非衍生型)信念,代表着"沉默的大多数"或"我们大家"对于自然界的判断以及关于人之价值追求的信念集,有时被简单称作"习俗""民意"或"常识"。譬如,为了支撑所谓的"道理":"在你走进一个仅有一名观众的剧场时,如果他是陌生人,你不能直接坐在他身边的位置",你或许会重点展现你所在社群的相关习俗,包括相关的文字记载或能够体现习俗之流传性的实例、场景等。

通常而言,所谓"习俗""民意"或"常识"都是限定于某人所熟悉的特定社群的。在此意义上,"社会"及其"常识"并非代表统一整体的单独概念,正如"社会"有多个一样,"常识"也有不同版本。不过,有时当讨论的话题足够广泛以至于跨越了多个行业或阶层、多个地域或国别,人们可能希望诉诸那种"全世界""全体老百姓""全人类"等"最大群体"的"民意"或"常识"。譬如,面对来自各个国家或地区或各个行业阶层的非特定人群说理时,如果你希望为道理"积极向上的人生才是幸福的"提供一种"支撑",你或许会说:"这不只是某一个人或某一个民族的观念,而是全世界都认同的。纵览古今,……从国内到国外,……从科学家到普通工人,……从政治上的'左派'到'右派',……那些否认这一点的人,往往都是误解。人总是想着追求什么,而且希望自己追求的东西被周围人认可。……"这样做,或许有"很快招致怀疑"的风险,但有时不得不这样做。

在以此类社会习俗或群体价值观作为"支撑"进行说理时,以下几点需要注意:

第一,很多人都想借"常识"之名来为自己的"道理"辩护,但是,我们应该当心,有些所谓"常识"并非什么社会习俗或群体价值观。在现代汉语中,人们提到"常识"时所表达的概念至少有三个:(1)"经验常识"(rule of thumb),如一个人制作蛋炒饭的能力,一个孩子学会了安全过马路。(2)"科学常识"(basic knowledge),如物理学上的牛顿力学第一定律,英文中的26个字母。(3)"共有感知"(common sense),如人要吃饭才能活下去,筷子插在水杯里看起来像是变弯了。① 而本讲提到的作为社会习俗或群体价值观的"常识"仅限于第三种,即,每个正常人在同样条件下都能获得的"共有感知"或"共情",它是处于同一位置上的人对于你的设身处地、换位思考、感同身受。② 这原本也是英文中"common sense"一词的意思。不过,在当代英语世界,"common sense"一词也常招致误解,所以要格外当心。③ 正如图尔敏等人所言:

> 常识是一个人人熟悉的概念。没有谁会认为他不理解常识,即便他的确在误解常识。实际上,当我们试图对其加以分析时,构成常识的那些习俗和约定(即,社会组织全体成员的共有经验)极其复杂难懂。总的来说,我们经常会误认为某一特定主张建立在常识之上。……对于一个人来说显而易见的事情,另一个人可能会在常识上完全无法接受。④

第二,关于"民意",如果仅仅是很小的"圈子",个人或许可以直接获知,但倘若是比较大的社群,我们往往需要借助于第三方"平台"或"工具"。为了支撑某种"道理"(如"我们大家都赞成方案A"),你可以自行发起或请第三方

① 相比之下,"光的折射现象"以及"地球是圆的"尽管属于第二种意义上的"常识",却不是第三种意义上的"常识"。

② 普通人在生活中作出的"人要吃饭才能活下去"或"筷子插在水杯里看起来像是变弯了"之类的感知判断,并非通常而言的"个例"(cases),毋宁说是一种帮助我们理解何谓"人""弯"等概念的"范型"(paradigms)。

③ 日常生活中有人谈到"常识"时似乎带有一种贬称,暗示某种不值一提的"陈词滥调"(platitudes)。这种暗示,有可能是指本书这里所谓的"经验常识"或"科学常识",但不太可能是我们所谓的"共有感知",因为那是我们在对话交流中倍加珍惜并经常由以出发的东西。

④ Stephen Toulmin, Richard Rieke, and Allan Janik, *An Introduction to Reasoning*, New York and London:Macmillan, 1984, p.165.关于英语世界中"common sense"的多种可能所指,也可参见 Timothy Williamson, *Doing Philosophy:From Common Curiosity to Logical Reasoning*, Oxford University Press, 2018, pp.7-9。

机构发起一场"民意调查"，可以是电话访问、问卷调查或是网络调查。当然，"民调"是需要很多专业技能的，尤其是"调查问卷的设计"。即便是"设计很好的调查问卷"，也可能存在实施上的各种障碍。

第三，当一个人诉诸社会习俗和群体价值观作为"支撑"时，尽管是限于某个小圈子进行说理的，但圈外的人依旧可以评判该"支撑"是否恰当，只要说话人能把其信念集谈得足够多。当然，这里的评判，不是说这个社群的人不该有某某习俗，而是指出该社群的种种信念是否有冲突或无法操作的地方。另外，同一社群内部的其他人，也可能对所谓习俗或价值观提出质疑，表明那并非他们社群的"大多数意见"。为此，说理之人若要表明某某道理属于某个圈子里的"常识"或"普遍看法"时，最好同时提供用以表明它们的确属于"常识"或"普通看法"的第三方"权威"（如果有的话）。

📚 |小练习|

对于各类民意调查或测验，你或许有想要吐槽的。请结合自己的经历或见闻，举例谈谈以下几种情形何以可能出现：

■ 在所调查问题中，由于涉及敏感话题，调查人不大可能得到诚实回答。

■ 由于所设计的问题含糊不清或本身存在多种解读，被试者的回答可能是基于对原问题的误解。

■ 调查的实施本身，在某些地方让参与者感到不适因而使得他们不愿意积极配合。

■ 在问卷设计上，有些属于"复合问题"（如"你认为这种行为应该在全社会倡导吗？"）因而包含了调查者本身的一种"偏见"或"预设"。[1]

---

[1] 这里所谓的"复合问题"不是说这个问题极其复杂而难以回答，而是指：这个问题的回答依赖于其中另一个有待确定的问题，即两个不同的问题被复合在一个问句中了。当然，前一种情形下的"复杂问题"也可能对民意调查的公正性构成一个障碍，有关这方面个人经历的例子可以参见［加］马克·巴特斯比：《这是事实吗？》，张立英 译，上海教育出版社 2017 年版，第 33页。该书第四章还谈到了影响民意调查结果的其他各类常见偏差，如"选择性偏差""无应答偏差""回应欺骗偏差""问题顺序偏差""情境偏差""赞助者偏差"等等。

3. 第三方的"权威"

如果在最广泛的意义上把"理论"理解为用来支撑某一道理的一整套基础性说法或曰非衍生型信念集,那么,我们前面提到的来自说话人个体或群体的两种"支撑"都属于相对粗糙的"理论",而更多常说常用的"理论"则是相对精致的,它们往往属于"第三方的权威"。这种"权威",从渠道来看,可能来自于个体,如某一位专家或名人(诸如《圣经》"佛祖""子曰")那里的"理论"①,也可能来自于机构,如,报纸、电视台、大学、调查中心、商业公司发布的"研究报告""卷宗档案""调查数据"等等,最为常见的则是来自当今世界的各类科学理论。从所涉及主题来看,"第三方权威"可能是关于生活道德、艺术或宗教的"哲理名言"或"人生感悟",也可能是关乎"万物之理"的物理学、心理学、社会学、星相学以及某项特殊理论(如"破窗效应""木桶定律")等等。② 当我们援引这些"权威"来显示某一道理何以可信或何以出现时,就是以它们所代表的"信念集"作为说理的"支撑"。以科学理论为例,当有人希望为"三角形内角和等于180度"这一道理作辩护时,或许会引入欧几里得的平面几何学理论(包括其中有关三角形及其内角的定义、相关公理等等);而当有人希望为"政府干预有助于保障经济平稳运行"这一道理作辩护时,或许会引入凯恩斯主义经济理论(包括该理论产生的时代背景、其基本假说等等)。

在以第三方权威作为"支撑"进行说理时,我们需要注意:

(1)很多第三方权威所体现的是他们对非特定个体或群体"民意"和"行为习惯"(即前文所谓"第二类支撑")的研究成果,它们基于特定的方

---

① 当然,这不能是简单地援引一句名人名言,而是要详细得多:不仅要交代这位"权威"在什么场合或什么作品中讲过这样的道理,以供他人查验,还要设法讲清楚该"名言"背后的一整套信念。

② 第一讲曾提到,很多"心灵鸡汤""哲人之理""物理之理""心理之理"等本身并不是在说理。但如果它们是代表着一整套信念集的"第三方权威",就可以用在说理之中担当说理的"支撑"。

法论对后者进行某种程度的系统化呈现。譬如,圣经关于"信仰"或"懒惰"的各种故事和评价,孔子关于"人性善"的各种言论,南京大学中国社会科学研究评价中心发布的 CSSCI 索引目录,阿里巴巴公司发布的网购消费者报告,豆瓣网(www.douban.com)发布的最高评价电影报告,中国知网(www.cnki.net)发布的引用率排行报告,大众点评网(www.dianping.com)发布的美食评价报告,心理学对于自闭症的研究成果,古生物学对于恐龙化石的科研报告,等等。

(2)在今天,很多权威机构都是利用互联网平台汇集信息的,对其所支撑的"道理"要谨慎对待。在某种意义上,有平台就有发言权。"平台"对于从互联网上找到"民意"或"大众习惯",的确非常重要。因为网络信息量实在太大,很多地方还是杂乱的,这些使得我们从中筛选出"意义"常常变成了"大海捞针"一样的难题。就此而言,在互联网世界,不仅搜索导航功能是重要的,各种平台类网站的点评统计功能也很重要。然而,由于这些平台类网站大都是营利性公司,其所发布的看似是帮助我们说理所用的"支撑",可能只是一种有选择的、误导人的"营销"。

(3)当别人说出某种第三方理论(尤其是科学理论)作为"支撑"时,作为听者,我们的第一反应不应该是直接拒斥,而是认真听听其完整的"理论支撑"。因为该理论非他自己杜撰的,而是第三方的现成或公认理论,其"融贯性"和"可行性"已经受过诸多检验。当然,这并不意味着我们要惟"理论"是从或惟"科学"是从。我们可以通过其他渠道查询,对照该理论的其他版本甚或原始版本,看看他所"概述"的理论到底是不是符合通常或标准意义上的说法。要知道,正如"常识"一样,"科学理论"也常被人冒用。

(4)当现有的第三方权威由于彼此严重冲突均不被信任,或面对跨行业或跨理论的新话题而缺少第三方权威时,我们需要转到(或曰退回到)前两类"支撑",即,主体个人的知觉情感集,社会习俗和群体价值观。尤其是"常识",它是跨专业的科学家们之间或科学家与普通大众之间说理时经常选用的"支撑"。因为,归根结底,"各种特殊科学是从科学思维未诞生之前的人们所怀有的关于事物(包括他们自身)的习性的原始信念发展而来的"①。

4. 诸"支撑"间的合作与竞争

前述三种类型的"支撑",是每一位说理之人都会在某个场合用作自己"信念根源"的。很多时候,它们是可以和平共处的,即,可以从不同角度共同解释某一"道理"。譬如,为了表明一种"道理"(如"人要吃饭才能活下去")的可靠性,你可以诉诸你个人的主体感知集,也可以诉诸你所在圈子的社会习俗,当然还可以诉诸某个专家或某门科学的专业化理论。即便是就同一类型而言,你可以同时引用多个人、多个群体或多个第三方权威,联合起来支持某一道理。通常而言,各种"支撑"没有绝对的高下之分,每一种"支撑"都在各自的界限或视野内有"发言权",因此,说理之人可以结合具体的对话情境,本着"扩大共识"的目的,选取对话各方都能接受的一个或多个"支撑"。② 譬如,关于"古代中国人重视厚葬"这一道理,不论是以历史学方面的史籍记载为"支撑",还是以考古学方面的墓葬考古发现为"支撑",很可能均可以被说理各方所接受,甚至这两种"支撑"还有相互印证之功效。

不难想到,"支撑"之间也存在潜在竞争。以主体个人的知觉情感集而论,每一个人在这方面的信念并不完全一样,因而会出现:尽管大家都是诉诸此类"支撑",他们所要辩护的"道理"并不相同。同样地,由于大家来自不同的社群,尽管大家都是诉诸社会习俗和群体价值观,但他们所要辩护的"道理"也不一样;由于第三方权威林林总总,不同的人会基于不同的"第三方权威"支撑他们各自不同的"道理"。此外,有人基于个人知觉情感集或自己圈子的社会习俗和群体价值观为某一道理作辩护,而另一个人则可能基于第三方权威为与之对立的另一种道理作辩护;反之亦然。遇到这样的

---

① [英]斯泰宾:《有效思维》,吕叔湘等译,商务印书馆2008年版,第160页。

② 虽然我们可以在某一次说理中为某一道理提供多个"支撑",但在实际说理,尤其是说理文中,由于篇幅所限或是为了强调前人未曾做过的某一点,我们往往仅就某一套理论展开和详述。

冲突,该怎么办呢?

一个简单易用的调节原则是:因地制宜,"在什么山上唱什么歌"。也就是说,我们选用的"支撑"得是对话各方都能接受的、适合于当前说理情境的。譬如,有一个小故事是这样的。作家对厨师说:"你从没有从事过写作,因此你无权对这本书提出批评。"厨师反驳道:"我这辈子从没下过一个蛋,可我能尝出炒鸡蛋的味道,母鸡行吗?"表面上看,评价一本书似乎得要诉诸"写作专家"之类的"第三方权威",但是,在当前对话情境下,如果我们所谈论的是"什么样的书籍才能让读者喜欢"之类的道理,那么,每一个严肃读者的感知感受都可以作为某种合法"支撑",反倒是那些关于写作或文体研究的第三方理论派不上用场。要知道,"专家"与"外行"之间的划界并不是固定不变的,没有谁是"无所不能的"专家,也没有谁是"一无是处"的外行。又比如,蒙娜丽莎的微笑到底美在哪里?尽管科学的解释力很强,但就当今科学形态和发展水平而言,人们通常不会拿"科学"解释此类"艺术"现象。① 要为有关"美"的某种道理提供"支撑",往往需要引入人文艺术理论。再比如,假若在为"学生要有整洁好看的校服"之类的道理辩护时,一个人如此提供"支撑":"古人云,礼之大者莫过于衣冠。我国古代历来重视穿衣戴帽之事。……"这到底是否合适呢?这要取决于说话人和其他参与对话的人是否与"古人"同处在一个"社群"或"传统"内。如果是,就应该算是合适的"支撑";而如果不是,就需要换作其他能被对话各方接受的"社会习俗"或者其他类型的"支撑"。

然而,有必要提醒:尽管坚持"在什么山上唱什么歌",我们有时仍旧可能发现,各方所提供的不同"支撑"都适于该情境,彼此之间却存在明显冲突(即用来支持不同的"道理")。这时,我们的说理暂时只能到此为止,因为至少在当前语境下各方的"支撑"都属于"非衍生型信念"。说理之人所能做的只能是尽量详尽准确地展开其"支撑",留待所有对话之人自行评判各个"支撑"的

---

① 当然,之所以"科学"无法解释"艺术",一个根本原因或许是:二者的分工原本就不同,即,"科学"的研究对象或许包括艺术品的某种构造或规律,但不会包括"如何才能算作美"或"美的本质是什么"。

说服力。即便是分不出高下，我们最起码通过说理把原先的分歧深挖了一层，即让我们看到"主张"的分歧源自"道理"，而"道理"的分歧又是源于"支撑"。所谓"好的说理"，很多时候并无法保证我们消除一切分歧，但假若它能让我们发现了新的共识或分歧，从而让我们明确了未来的探究方向，说理的主要功能就已经达到了。

三、科学理论的"支撑"功能

在诸多第三方"理论"中，"科学理论"可谓当代最精致、最权威、最通用的。在比较正式尤其是学术说理中，我们往往会优先考虑援引某种"科学理论"作为说理之"支撑"。之所以这样做，是因为相比于其他来自个人或机构的第三方"权威"以及相比于个体感知感受或社会习俗，"科学理论"往往历经更为长期的积累和更为严苛的检验。但是，这是否意味着，"科学理论"作为支撑，定能具有高于其他"支撑"的说服力呢？让我们加以澄清。

1. 科学的"优势"

当代社会，"科学"是一个广为使用的词语。作为一种褒义词，有人将其等同于"正确的"。不过，从说理上看，"科学"只是我们获取信念的来源之一。作为一种"理论支撑"，科学的最大优势是"可重复检验"以及"可预言"。我们应该意识到，当我们说科学理论"可检验"和"可预言"时，已经承诺了它的"可错性"。因为，如果明知道不可错，我们就没必要进行检验了；倘若总是不可错，也就无所谓"预言"，毋宁称之为"注定"好了。简而言之，不论是在科学家那里，还是在我们普通的说理之人这里，所谓科学理论，就是经过反复验证但依然有可能出错的一种"好的假说"。

毋庸置疑，"科学"的这种"可检验性"和"可预言性"，在说理上代表着一种显著优势。因为，说理以平和对话的方式说服他人，而要让他人相信一种"理论"，莫过于给他亲自检验的机会并让他看到预言的现象果真出现之后最能奏效。① 也正因为有这样的特征,我们看到,有些工作成果虽然在其他方面是有价值的,但倘若不具有可检验性或可预言性,它们就不能算作"科学理论"。譬如,2016 年,国内学者韩春雨作为通讯作者在《自然·生物技术》(Nature Biotechnology)杂志上发表了一篇研究成果,提出一种新的基因编辑技术——NgAgo-gDNA。由于这种技术向现有主导技术 CRISPR-Cas9 发起了挑战,该文发表后一度在国内外引发强烈关注,甚至被认为有望获得诺贝尔奖。但此后不久,不少业内同行提出,韩春雨的实验无法重复,这就意味着它不具有可检验性。虽然关于其中的数据是否可重复获得,曾产生过争议,但最终由于作者无法表明其实验具有公共的可检验性,《自然生物技术》杂志于2017 年 8 月 3 日发布声明称,韩春雨团队已主动申请撤回其于 2016 年 5 月 2日发表在该期刊的论文。②

2. 科学是"常识"的放大,而非抛弃"常识"

在我们强调科学理论作为"支撑"的优势时,不应忘记,科学理论与其他"支撑"并不总是对立的。以"常识"为例,熟悉科研工作的人都知道,科学家的理论基于实验和调查,但这并不意味着科学家本身"高人一等"。科学家的确运用了常人不具备的望远镜、显微镜和其他精密仪器来延伸自己的"五官",但他们只是用手拿起了工具,用眼对着屏幕或光学仪器,并没有放弃自己的"眼睛"和"手"。③ 他们可以通过田野调查、统计工具等收集和分析群体行为,但是当涉及到学科内部到底什么样的研究才值得尝试以及什么样的方法论更可行时,他们内心的直觉或情感难免夹杂其中。所有这些,使得科学家

---

① 当然,我们这样说,并不意味着只有"科学理论"才能被经验,也不意味着只有科学理论才能成功预言。譬如,一个人的感知判断,往往也具有可检验性和可预言性。不过,这些往往只是个别判断,单凭一个人的感知判断并无法形成一般化的科学理论。

② 相关新闻报道,可参见 http://www.xinhuanet.com/politics/2018-09/01/c_1123365252.htm。

③ 关于常识与科学的关系,有学者曾如此概括:"如果常识中的基础部分可以接受,那么科学就能繁荣;如若认为不可接受,科学必将凋亡。"Cf. Hugh G. Gauch, Jr., *Scientific Method in Practice*, Cambridge University Press, 2003, p.370.

们同样会犯常人所犯的"错误"。而他们避免或减少错误的方式，跟普通人一样，那就是反复操作以及共同体的检验。在此意义上，我们可以说，科学好比是"常识"的"长臂"（long arm）一样，它并没有抛弃"常识"。我国逻辑学家金岳霖在《知识论》一书的话值得我们铭记于心：

> 如果我们完全抹杀常识，我们不会有出发点。常识确须修改，但修改常识最初所利用的或最基本的工具仍是常识。①

知道了科学并非抛弃"常识"之后，我们或许应该想想：有时候你相信一种道理，到底是基于科学专家的理论，还是基于我们大家的日常信念集呢？之所以会这样问，是因为在科学似乎支配一切的时代，不少人不肯相信任何道理，除非那种道理出自科学家之口，或是由科学家再重复一遍。但是，我们常常忘记的是，关于某种"道理"，科学家们并不总是拥有完全一致的理论，而且这在一定时期是符合科研规律的。在这种情况下，当你说基于科学理论而相信某种道理（譬如"人每天睡眠不应少于 8 个小时"）时，可能只是因为你事先有了某种来自周围人的"常识"，然后才选择援引有关这方面的某一科学理论，并选择忽视科学界还有另外的理论在支持相反的道理（如"人每天睡眠不宜过多"）。② 也就是说，你很可能只是因为已有的"常识"而选择了"属于自己的"或"自己偏爱的"科学理论而已。

下面这个例子，选自《统计数字会撒谎》一书。它同样告诉我们，科学理论很多时候只是重复或放大了"常识"，因而，我们在强调"科学理论"的优势时，不应否定其他"信念源头"的价值。

> 几年前，十来个调查人员分别独立地发表了关于抗组织胺药物的数据。所有的数据都证明，在经过抗组织胺药物治疗后相当大比例的感冒能够治愈。这引起了传媒的大肆宣传，至少在广告中也是如此，并兴起了药物生产的热潮，这是因为人们长期以来对药物具有强烈的需求。但奇

---

① 金岳霖：《知识论》，商务印书馆 1983 年版，第 18 页。
② 有关这方面的新闻报道，参见 https://huanqiukexue.com/plus/view.php？aid＝25774。

怪的是,人们拒绝越过统计去注意一下早就了解的事实。正如一位幽默的非医学权威人士,亨利·G.菲尔森(Henry G.Felsen)所指出的那样,服用上述药物的确能在一个星期内治愈感冒,但人们却忽略了另一个事实——即使不服用上述药物,一般而言,感冒也能在七天内痊愈。①

3. 多想想科学家的实验室环境

当我们说科学理论具有"可检验"和"可预言"的特征时,还要意识到,很多科学理论之所以是可检验的,原因之一为它们是基于可控的实验室环境下提出的。为了实现"可控性",科学家往往在"实验室环境"下特意排除或减少了所谓的"干扰因素"。这就是科学上常说的"理想化方法"和"实验模型"(如"经济人""理性人""真空""无菌环境""百叶箱"等等)。但是,在很多日常现象或实际生活场景下,我们不可能提纯出这样的"理想情况"。这使得尽管在科学理论中有类似"一加一等于二"那样的确定性结论,但由于其"实验室环境"或"理想模型"中抽离掉了某些在当前语境下颇为重要的因素,那么,该科学理论所提供的"支撑"就很有局限性,即,它仅能解释特定范围内的那些现象。②

譬如,假若经过心理学家的智商测试,A、B 两人的 IQ 值分别是 101 和 98。由此,你会认为,A 比 B 智商高吗? 或者,A 比 B 更有智力吗? 如果我们回到心理学家的"实验室环境",不难发现,他们用来检测和评估"智商"的因素跟我们平常说一个人比另一个人更聪明时所包含的内容并不尽相同,甚至其中缺少了我们说理之人非常看重但在实验室中(由于难控制)被有意排除或忽视的"参数"。正如哈夫所提醒的那样,

① ［美］达莱尔·哈夫:《统计数字会撒谎》,廖颖林译,中国城市出版社 2009 年版,第 i 页。
② 这当然并不意味着科学家得出确定性结论时是有意说谎,因为大多数科学家在呈现其理论时总是把实验室环境或理想模型一并交代出来的。用科学方法论中的行话来说,实验研究所得结论的有效性更多只是"内在效度"(internal validity),并不能确保其相应的"外在效度"(external validity),需要额外慎重地考虑该研究结论到底能否或者能在多大程度上推广至现实生活中的某一具体现象或个体对象。

我们首先必须注意到,无论智力测验测试什么内容,它都与我们平常意义上的智商相去甚远。它忽略了类似领导才能、创造性想象力等十分重要的素质;它没有考虑到社交判断力以及音乐、艺术或其他方面的才能;它无法测试出诸如勤劳、情感平衡等重要的人格品质。再加上,大部分学校做的智力测试都是简单低廉的类型,它们极大程度地依赖于阅读能力、测验者反应的快慢等因素,阅读速度慢的人根本没有拿高分的希望。①

实际上,如果我们留意相关科学理论的发展,就会发现,即便是心理学家群体,他们也早就意识到了我们用于测量智商的模型或许需要不断细化和完善。提起 IQ(即通常所谓的"智商"),学术界一般会想到英国心理学家斯皮尔曼(Charles Spearman)的"G 要素"(general intelligence factor,"通用智力要素")。根据"G 要素"的智商模型,个体在一类认知任务上的表现可以反映出他们在其他类认知任务上的表现,因为每个人的基本心智能力持续影响着他所有的认知活动。不过,心理学家卡特尔(Raymond Cattell)后来提出了"流体智力"和"晶体智力"之分改进斯皮尔曼的"通用智力要素"模型。所谓"流体智力"(fluid intelligence,一般简写为 Gf),主要包括一个人抽象思维、推算数学题目、学习新事物的能力,不依赖于过去的经验。所谓"晶体智力"(crystallized intelligence,一般简写为 Gc),主要是指运用经验和技巧的一些能力,往往随着一个人年龄的增长而提高。因此,一个人的"通用智力"并非一生不变,也非随着年龄变老就自然下降,因为在你流体智力低的时期你的晶体智力却可能是高的。当然,还有其他的"模型"被智商测试者所采用。最后需要指出的是,即便考虑到心理测量师所采用的各种模型,他们所谓的"智商"依旧是狭义的,不能等同于我们日常所谓的"智力"(intelligence)。根据一种广义的概念,我们所谓的"智力"除了心理测量中的那些评价要素外,往往还包括

---

① [美]达莱尔·哈夫:《统计数字会撒谎》,廖颖林译,中国城市出版社 2009 年版,第54 页。

适应环境的能力、现实生活的决策能力、创造力、智慧等等,也正因为如此,我们有时会说某个智商高的人"聪明但做起事来很蠢"(smart but acting dumb)。[1]

四、如何理解"我们需要专家的指导"

我们在说理时把某种科学理论作为"支撑",是在诉诸一种典型的第三方"权威"。在当下社会,除了科学家,还有其他各类专家"权威"经常被用作说理之"支撑"。在这个专业分工日益彰显的时代,我们做事和说理都不免需要专家的指导。不过,说理之人该如何理解"我们需要专家的指导"这句话呢?是不是我们需要什么,专家就可以给我们什么? 是不是我们的说理好坏主要取决于所援引的专家权威而不必靠我们自己呢?

1. 尊重"权威",本质上是尊重前人的劳动

首先必须承认,"专家"代表着某种程度的"权威"。而所谓"权威"本质上是"过来人",是富有经验、资历深厚的人,是各个领域的"老手"或"大拿"。不论他们的经验是不是通过科学文献查阅、实验操作、田野调查等渠道获得的,任何"专家"都跟科学家一样在某个问题上做出了常人没有的、长期且严肃的工作。因此,当一位新手开始接触这个问题时,这些"专家"的工作就是值得尊重的"前人劳动"和"专业工作"。当我们说"服从权威"时,也主要是在这个意义上而言的。"这个权威,不是政治力量,这是知识学问的力量,学问愈大,力量愈大,所以说一份知识,一分权力。"[2]

从说理的角度来看,我们尊重科学家以及其他各方面专家的"权威",主要是对他们搜集数据、重复实验、长期经历、大量见闻的尊重,并不是对于他们

---

① Cf.Keith Stanovich,*What Intelligence Tests Miss:The Psychology of Rational Thought*,Yale University Press,2009,pp.12–14.

② 王鼎钧:《讲理》,北京三联书店 2014 年版,第 115 页。

逻辑或理性思维能力的盲从。从专业分工的必要性来看,任何人都有可能成为某一方面的"专家",因此,当我们说尊重"专家"的权威时,并不意味着人们所从事的劳动或行业有高下之分。说理中所援引的"权威"可以是科学家、哲学家、作家、艺术家、企业家、政治家,也可能是一位手艺人、耄耋老者或是冒险家。

▦▧ | 敬告读者 |

当我们说"尊重权威"时,当然是说我们要认真对待科学家等人的研究成果或专家报告。这要求我们:在遇到具体问题时不只是简单地采纳其结论或建议,而是尽量读懂"原文",弄清其思路、方法及过程。对此,有读者或许担心自己作为门外汉读不懂专业文献。不过,通常来说,只要你受过大学教育(尤其是通识教育),并有耐心查阅有关专业术语,你会发现:尽管一开始会有挑战性,最终你至少可以读得懂某个专业内的大多数介绍性(introductory)文章或综述分析类文献(systematic review 或 meta-analysis)。很多专业文献,对于读者背景知识的要求并没有我们通常想象的那么高。大家不妨试试看!

2. 有一种"权威"只是"当局者"

除了从长期而专门的研究工作来理解各路专家的"权威"外,我们还需要注意到,当我们在说理中援引"权威"时,所谓的"权威"可能主要是因为他们有条件或资格掌握信息或去从事某种调查。譬如,国家统计局所做的各种调查,一方面统计局的人士的确长期从事专门的统计工作,另一方面并非只有统计局的人才算统计专业人才。我们之所以在国家经济社会发展指标等方面将国家统计局视作"权威",主要是因为只有他们才有权力或门路去开展涉及全国各个领域的调查工作。在此意义上,所谓的"权威"就是中文中所谓的"当局"。其实,现代汉语常常用"当局"来翻译英文中的"the authority"的。从英文"authority"词源上看,其最初的意思似乎也只是"作者这样说"。

我们说理中所援引的"权威",有不少都是像统计局调查结果那样的"当局说法"。譬如,一些互联网巨头凭借数据平台掌握着大量能够反映消费者行为习惯的信息,对于这些信息,其他人都无权知晓,除非平台方打算将其分拆为商品(知识产权)卖出去。我们之所以将他们的统计数据视作权威,是因为他们做了其他人无法(不管是因为没能力还是没条件)做到的调查。明白了这些,或许可以更加清醒地意识到,我们之所以需要在说理中援引某某"权威",关键是因为我们个人的视野和条件都很有限因而需要借助于其他一切可能的力量。专家"权威"提供了现成材料和数据,而我们主要做的是以这些材料和数据为一种可能的"支撑",在特定限度内达到说理之目的。我们尊重"专家"的劳动成果,但并不至于"盲从"它们。换言之,我们说理时引入了"权威",但由于只是将其作为"支撑"之一,而且没有预设其中信念集的绝对真实,我们并没有犯逻辑教材上所谓的"诉诸权威"谬误。[①]

3. 没什么"权威"是普遍适用的

对于专家"权威"的不盲从,一方面在于我们只是以它们所提供的一套"理论"作为"支撑"帮助我们说理,并不预先假定其中的数据或材料真实无疑;另一方面还在于虽然我们对于"权威"说法不做内容考察(即将其视作我们说理中的非衍生型信念)[②],但我们选择这一权威而非另一权威作为"支撑",常常是经过了形式考察的。之所以要选择,是因为我们周围所谓的"权威"太多了,而且没什么"权威"是普遍适用的。

原本意义上的"权威"总是限于特定领域和特定问题的。在你拿权威来为某一"道理"辩护时,一定要当心:你的情况是否属于专家所掌握的信息集合?譬如,当你要为有关"瑜伽健身是否适合我这样体质的人"的某一道理辩护时,你或许考虑援引某一体育明星的说法作为"支撑",但是,该体育明星是

[①]　逻辑书上通常所谓的"诉诸权威"谬误,有点像是把来自某某权威人物的一条道理直接用作毋庸置疑的"担保"。而我们这里所引入的"权威"属于"支撑",它所代表的不是某一条而是一整套的理论,而且并不预设这套理论是唯一可行的。

[②]　当然,在另一个说理情境下,如果我们是跟"权威"同属一个行业的内部人士,我们倒是可以对某权威的说法进行驳斥。

否在瑜伽或健身方面有所专长,这对于我们能否选择该权威作为"支撑"很关键。关于如何才能找对"权威",有学者指出:"谁是权威,谁不是权威,谁的话可以引用,谁的话不可以引用,这是识见问题。"①尽管我们的"选择"可能在后来被对话者批评为不恰当,但在一开始选择"权威"时,我们还是可以提前做些形式审查的,譬如,该"权威"的身份信息是否完整确切以保证其资历和专业符合所争论议题? 该"权威"在同行中是否确有威望? 历史记录(尤其是新近记录)显示该"权威"所提供的其他类似"道理"是否值得信赖? 该"权威"是否确有可能掌握有关当前议题的最新情况和资料? 每一个人在倚重专家"权威"时都要铭记在心:"在专家们有什么样专业技能的问题上,我是专家。"②

4. 当多个"权威"彼此对立时,我们依然可以尊重他们

在我们考虑选择某一"权威"作为说理"支撑"时,我们可能会遇到选择困境,即,科学家等各类专家有时会对同一件事或同一自然或社会现象给出相互竞争的"道理",而单从形式上考察,它们同样有资格作为这个话题上的"权威"。在这种情况下,我们对"权威"的信任感或许会下降。然而,假若记着我们选择某种"支撑"作为信念根源时并不指望它能为我们的"道理"提供终极保障,那么,很多时候我们将发现,所谓对立的"权威"各自在特定的限度内仍有其参考价值。

譬如,2019年3月20日,联合国可持续发展网络(SDSN)发布《全球幸福报告》(World Happiness Report 2019),芬兰为全球最幸福国家,北欧其他国家丹麦、挪威、冰岛、荷兰、瑞士、瑞典则紧随其后。其用来衡量幸福的方法是所谓的"坎特利尔梯度法"(Cantril Ladder),即,受访者被要求设想一个梯度,把他认为最幸福的生活状态设定值为10,把他认为最不幸福的生活状态设定值为0,然后用0到10之间的数字评价他们自己(作为某一国家的普通民众)当

---

① 王鼎钧:《讲理》,北京三联书店2014年版,第123页。
② Richard E. Nisbett, *Mindware! Tools for Smart Thinking*, Farrar, Straus and Giroux, 2015, p.282.

前的生活幸福程度。一个人可以这样的测量方法以及大量的数据作为"支撑"去支持"北欧人生活相对来说最为幸福"之类的道理。但是,让我们设想,有来自其他组织机构的统计调查,由于采用其他衡量幸福的方法,譬如,"主观幸福衡量法"(The Subjective Happiness Scale)、"正负影响测量表"(The Positive and Negative Affect Schedule)、"生活满意度衡量法"(The Satisfaction with Life Scale)等等,他们得出的结果指向了另一种道理,譬如,"北欧人生活算不上最幸福"。此时,由于出现了彼此对立的"权威",我们为了表明某一道理的可靠性,显然已经不能单凭某一方"权威"作为"支撑"了。我们需要同时考虑其他方面的"支撑",但不论怎样,即便"权威"有对立,相关专家们此前的劳动依然值得尊重,上述《全球幸福报告2019》至少让我们看到,就"坎特利尔阶梯法"作为方法论而言,"北欧人生活相对最为幸福"。

另外,抛开当前以"北欧人生活相对最为幸福"为"担保"的说理来看,尽管我们看到了有彼此冲突的"权威"理论存在,但是,此种"分歧"往往是我们深化认识的新开始。或许,在这些"权威"工作的基础上,今后其他人可以发展出更为周全的理论。而若没有这些目前看似存在不一致的"专家"工作,我们很难获致更为完善的"权威"理论。

要点整理

■ 与"担保"相比,"支撑"对于"说理"的推进作用主要在于:它让"道理"跟"事实"一样回到了可以让说理各方查验和衡量的"基石"之上,即,人类获知信念的共同源头。在一定程度上可以说,"支撑"是"担保"的"语境铺展"或曰"体系化",是让其"落实"到人人可共享的那些"信念根源"。

■ "支撑"是位于"担保"背后的某一组相对稳固的非衍生信念集。它尽管可以在隐喻的意义上叫做"基石",但并非基础主义者眼中的那种

"基础信念"。"支撑"重在给出"实实在在的支持",其本身并非一定"坚不可摧"。尽管说理人对于"支撑"的交代可以显示出他在特定领域的理论功底,但该"支撑"对于相关"道理"往往不承诺"最终的保障"。

■ 当出现多种"支撑"存在竞争或冲突时,一个简单易用的调节原则是:因地制宜,"在什么山上唱什么歌"。倘若各方所提供的不同"支撑"都适于该情境,彼此之间却存在明显冲突,我们的说理也只好暂时到此为止,因为"支撑"至少在当前语境下是"非衍生型信念集"。这时的说理尽管没能帮我们分出高下,最起码把原先的分歧深挖了一层,即,让我们看到"主张"的分歧源自"道理",而"道理"的分歧又源于"支撑"。

■ 相对于个体"感知"或共同体"常识"而言,包括科学理论内在的各种第三方"权威"并不总是奏效。而且,通常来说,专家权威不会直接否定那种"共有感知"意义上的"常识",毋宁说是帮助我们更好地把握"常识"而不至于越界。

■ 在分工合作以及尊重前人劳动的意义上,我们在说理时需要参考专家的理论。但是,这并不意味着我们不必关注其他渠道的"支撑"了,更不意味着只要援引专家理论我们的说理就自然是好的了。

■ 针对"支撑"这一说理要素,我们可以提出的批判性问题包括但不限于:你的"道理"到底从何而来?你所谓的"常识"可能有哪些人不接受?你自己如何看待此种信念源的牢靠度?你选择信念源时如何做到"在什么山上唱什么歌"?你所援引的"权威"到底有多大的发言权?所谓的"科学调查",详细可查的档案在哪里?

延伸阅读

■ [英]斯泰宾:《有效思维》,吕叔湘等译,商务印书馆 2008 年版,第十四章"检验我们的信念"。书中对于我们应该如何正确对待从各个渠道获得的信念,做了一种通俗易懂且富有启发性的讨论。

■ 陈嘉映:《说理》,华夏出版社 2011 年版,第六章"亲自与观念"。书中对于我们诸多经验判断之地位的讨论,紧贴我们的自然语言和日常生活感受,耐人寻味。

■ 本讲注释中所提供的其他你认为有必要跟踪阅读的文献。

拓展练习

[1]根据本讲"信念根源"的有关知识点,任选一个特定话题,从两个同时宣称为"权威"的不同说法出发,选择你认为更值得信赖的"支撑"。

(答题提示:a.为了选择更合适的"权威"作为你说理的"支撑",你需要把你所立足的话题情境交代清楚,并解释一下:为何在该情境之下另一种"权威"不值得参考? b.你所选择的两个用作说理"支撑"的"权威"可以是针对同一个"道理"的,也可以是针对不同"道理"的。如果是前者,这两个"权威"可能有竞争,也可能是相互补充的。)

[2]近些年,电影、美食、酒店等各类点评类网站正在受到越来越多的重视。你认为,源自它们的报告能在多大程度上代表"民意"? 如果将这些报告作为说理"支撑",应该注意些什么?

[3]在"高德地图"(amap.com)联合有关机构发布的《2016 年中国主要城市交通分析报告》中,曾提到:奔驰车主出行频次较高的目的地主要是别墅、机场、高端酒店等;宝马车主更多去步行街、购物中心、产业园区;奥迪车主的目的地更多集中于高等院校、国家级景点、政府机关等;凯迪拉克车主出行频次较高的目的地是休闲养生场所。① 对于此类"平台类"企业发布类似的"报

---

① 获取该报告全文,可访问 https://report.amap.com/share.do? id = 8a38bb865986fdfd0159870377260001。

告"，你怎么看？倘若有人将其用作说理的"支撑"，我们该如何评价？

[4]近些年来，国内大学、学术杂志社等机构在审查毕业论文或待发表论文时，往往要通过"中国知网"检测重复率，以确定该文是否存在抄袭等学术不规范现象。请结合"中国知网"数据库及其查重方法，谈谈：一篇论文经过此种"查重"后不存在大比例的重复率，是否意味着该文就不存在抄袭的可能性了？

如果你觉得"中国知网"的数据库不够全面和庞大，那么，设想一下：我们将来有没有可能建立一套全球统一的"知识之网"，以精准确定一篇论文是否存在"抄袭"现象？

[5]请结合你身边的有关议题，举例说明：为何在有些场合下单靠"科学理论"是无法找到令人信服的"支撑"的？如果在这些议题上当前还不存在"科学理论"，你觉得将来人类有可能发展出这方面的"科学理论"吗？

第七讲　铭记必然或然之分

我们从前一讲中得知,"支撑"用来为"担保"的可靠性提供辩护,然而由于人们拥有多个而且彼此之间潜在竞争的"非衍生型信念集",当一个人在说理中选择某一套来自他个人、周围共同体或是第三方权威的"理论"作为"支撑"时,他所能做到的主要是给出可以让更多人共享和查验的"实实在在的支持",并没有也无法保障该理论本身一定"牢不可破"。对于这种情况,有读者或许不无遗憾地表示,尽管我们已经为某一"主张"提供了"根据""担保"和"支撑",可还是无法确保提供压倒一切的论证力。是的,的确如此!在我们正面提出了三个层次的理由之后,依旧有很多疑问有待回应。从本讲开始,读者将看到,图尔敏模型不仅不承诺提供绝对无疑的理由,而且会回过头去主动检讨前面理由的可接受程度,主动增加"必然""有可能"等一切表示断定强度的表达法,此即说理要素"模态词"(Q)。除了极少数局限于形式系统的说理,我们很少会下完全必然的结论。这并不意味着我们不追求严格性。从说理的开放性来看,在特定的阶段上我们主动"限定自己的主张",很多时候正是"认识深刻"与"思维严密"的一种体现。

案例热身

"我相信是必然的论断,想不到其他人竟严肃而坚决地反对!"

以下 20 个论断改编自哲学畅销书《你以为你以为的就是你以为的吗》中

的"哲学健康检查"。① 这里,让我们拿它们来做另一种"思想实验"。请读者先看第一组中的每句话(即1-1至1-10),然后思考一下:你自己是否相信其中每一句话或大多数的话? 如果是的,请接着看相对应的第二组(即2-1至2-10)。你同时也相信它们吗? 即便你自己不确定,你觉得自己身边其他人会相信第二组中的每一句或大多数的话吗?

1-1 客观的道德标准并不存在:道德判断只不过是特定文化的价值取向而已。

1-2 生存权是人的根本权利,任何挽救生命的努力都不应该考虑金钱。

1-3 任何事情都不存在客观真相,"真相"总是与特定的文化和个体相关。

1-4 人类不应该为了追求自己的目标对环境造成不必要的破坏。

1-5 只要不伤害他人,每个人都有权自由追求自己的目标。

1-6 个人对自己的身体拥有绝对的权利。

1-7 剥夺他人的生命,是绝对错误的行为。

1-8 一个人做出选择之后,当初一定有做出其他选择的可能。

1-9 我们应该仅仅按照劳动量和工作能力来分配收入。

1-10 判断艺术作品的优劣,纯粹是个人审美的问题。

2-1 种族灭绝行为是人类有能力犯下滔天恶行的确切证据。

2-2 政府不应该为了挽救发展中国家人民的生命而大幅度增加税赋。

2-3 犹太人大屠杀是历史真相,发生过程与史书上的记载大致相符。

2-4 有些时候,即便能选择走路、骑自行车或乘轨道交通,开车出行也可以的。

---

① 它们原本所构成的"哲学健康检查",可参见[英]朱利安·巴吉尼、杰里米·斯唐鲁姆:《你以为你以为的就是你以为的吗》,中国人民大学出版社2012年版,第3—22页。

2-5 为了个人吸食而持有大麻,应该合法化。

2-6 自愿安乐死不应该合法化。

2-7 第二次世界大战是一场正义的战争。

2-8 有些时候我们选择怎样做,是因为没有其他可以选择的。

2-9 在特定情况下,为弥补某人在过去所受到的伤害,可明确给予他一些好处。

2-10 米开朗基罗是历史上首屈一指的艺术家。

读者们的回答很可能是多样的。不过,可以估测,在看第二组论断之前,很多人应该是毫无疑问地相信第一组中每一句或至少一部分的话;而当接着看完第二组论断之后,不少人应该会回过头限定或至少是反思自己此前所相信的某些话。也就是说,不少人会意识到,"我相信是必然的论断,想不到其他人竟严肃而坚决地反对,而且这些反对并非全无道理!"在这种情况下,跟我们说理相关的一件事是:既然上述第一组的每一句话(道理)并不都是必然的或至少不能让其他人跟我们一样视作必然性论断,我们还能将它们用作说理的"担保"吗? 当然,为了表明这些"担保"的可靠性,我们可以引入某种理论支撑。但是,正如在前一讲中所看到的那样,我们的"支撑"大多也无法提供"最终的保障"。所以,我们说理最后所达到的结论很可能并非必然性的。

对此,需要指出,在图尔敏模型所刻画的说理结构中,我们不仅要考虑说理之人在正面陈举理由时的形式完整性,即,"自圆其说",还要高度重视说理的外部相关性,即,参与对话的其他人是否以及能在多大程度上认同其中各层次的理由(譬如用作说理"担保"的上述 1-1 到 1-10 中的句子)。如果不借助于图尔敏模型,我们或许很少会看到这些"外部相关性"。之所以如此,其中原因之一是:一个人在实际"说理"时,总是把用以标明"理由对于主张之支持强度"的"模态词"省去,从而给人留下一种印象,即,他的任何结论都同样地"绝对可信"或"绝对不可信"。但实际上,一个人在说理时往往并不声称其"主张"绝对可信,而我们在评价一个人的说理是否可靠时,往往也不会仅凭一个"反例"或"意外现象"而认为其"主张"绝对不可信。

一、说理的效力与强度

在评判一个说理的好坏时,除了要求说理之人提供三个层次的理由(即"根据""担保"和"支撑"),我们还会特别考察这些理由对于其"主张"的支持强度:如果他把原本比较弱的支持关系讲得过强了,就会出现"谬误",而如果他把原本比较强的支持关系讲得过弱了,就会丧失本应有的说服力。前者属于"形式效力"上的考察,后者可归为"断定强度"上的考察。

1. 形式效力

说理的好坏,首先在于其形式上的效力,即能否为"主张"提供合法的"根据""担保"和"支撑"。这种形式有效性主要体现在说理人的"自圆其说",即至少在某人自己对于"根据""担保"和"支撑"的理解之下,其"主张"能够由此合乎逻辑地得出。[①] 当然,在此意义上,说谎话的人也能自圆其说,尽管他们说的可能是"歪理"。譬如:"我做到了'君子'。因为我只喜欢吃饭不喜欢干活。老话说君子动口不动手嘛,凡是动口不动手的都是君子。"

不过,"自圆其说"也并非总是像看上去那么容易,尤其是对于表达不严谨之人。正如前文所讲,一个人不能随便用一句话作为"根据",它得是对于客观世界中具体事情/事态/事件的一种有望被认可而且具有一定相关性的判断;一个人也不能告诉我们有理论支撑,却说不出该理论到底来自什么渠道从而让人无法查验,或者在表述理论时前后不融贯。除此之外,最常见的"形式无效"还是:所谓的"担保",并不能保证我们能从"根据"推出

---

① 这里所谓的"形式效力"不同于形式逻辑教科书中那种"重言式"或"普遍有效式",更多意味着一种形式要件的完备和程序上的恰当。

"主张"。当这种情况出现时,我们不必质疑某人所提供的任何一种理由的真实性,却可以径直从"逻辑形式"上宣判其为无效,从而达到"颠覆"(undercutting)而非只是"削弱"(rebutting)的驳斥效果。① 譬如,一个人说:

> 刚刚肯定下过雨了。[C]
>
> 因为地面都是湿的。[G]
>
> 如果下雨,地面肯定是湿的。[W]
>
> 这是自然科学总结出来的规律。[B]

其中的 W("如果下雨,地面肯定是湿的")并不能保证我们从 G("地面都是湿的")一定推得出 C("刚刚肯定下过雨了")。若要能推得出,必须把 W 调整为"地面湿是因为下雨"之类的。

类似的例子还有:

> [半夜里电话铃响,]是我的一位朋友来电。[G]
>
> 她一定是又失恋了。[C]
>
> 根据我的经验总结,[B]
>
> 她每次失恋时都会半夜打电话给我。[W]

只有把其中的 W 替换为"她每次半夜打电话给我总是会讲他失恋了"之类的道理,才能算作一种形式有效的说理。

2. 断定强度

在形式有效性的基础上,"好的说理"继而追求"外部相关性",即,各种理由的真实可信。如果你的说理,不仅是形式有效的,而且所提出之"理由"能在一定程度上被参与对话的其他人广为接受,它就有可能成就一种"好的说理"。

不过,由于"理由"的被认可程度不同,"说理"之"主张"的可断定强度也

---

① 哲学论证中关于"颠覆型驳斥""削弱型驳斥"之间的严格区分,可参见 J.Pollock, *Contemporary Theories of Knowledge*, Lanham: Rowman & Littlefield Publishers.1986, pp.196–197。

有不同。如果一个人在提出形式有效的三层理由之后,还能够依照所提出之"理由"在对话各方中的实际可接受程度,去谨慎选择相应的断定强度,那么,他的说理就基本可以算得上一种稳健的说理。在图尔敏结构中,用来专门表示说理之强度的要素是"模态词"(有时也称作"限定词")。如果对于结论的断定是最强力度的,我们会选择"一定""必然""应当"等模态词。如果我们认为需要对结论的断言力度略加限制,我们会选择"应该是"①"或许""有可能"②等模态词。除此之外,其他用来标识说理强度的模态词还有:"当然""自然""完全可以说""对于所有……来说""正常情况下""一般而言""往往""就现有证据而言""基本上可以说""至少从表面上看""似乎可以说""暂且可以认为""我时而会想"等等。

关于诸种"模态词",逻辑学上历来有一种二分法,即,必然性与或然性。一种结论被断定时,不论是直言型的还是假言型的,如果不承认任何例外,我们就称之为必然的;而如果承认有某种例外,不管例外情形有多少,我们就称之为或然的。由此来看,上面提到的各个"模态词",除了"一定""必然""当然""自然""完全可以说""对于所有……来说"等,其他都是用来表达或然性的,只是强弱有所不同。另外,这些表示"必然"与表示"或然"的模态词之间,有时存在着可以相互转化的关系。譬如,当一个人说"……必然如此"时相当于说"……不可能不如此",当一个人说"……可能如此"时相当于说"并非……必然不如此"。当一个人说"对于所有……而言,……都是……"时相当于说"找不到……,……不是……",当一个人说"对于有的……而言,……是……"时相当于说"并非对于所有……而言,……都不是……"。当一个人说"应当……"时相当于说"不允许不……",当一个人说"可以……"时相当

---

① 不论是英文中的"must"或"should"还是汉语中的"应该",它们有时表达的是一种必然性,类似于"一定"或"应当",有时所表达的则是一种推测,类似于"有可能"。为显示此种区分,我们可以把前者称作"应当",后者称作"应该是"。

② 这里的"或许"或"有可能",在表达我们说理结论之强度时,大多是指"实践上的可能性"而非"纯粹的理论可能性"。参见本书第二讲中关于"merely possible"与"probably"之间的区分。

于说"并不禁止……"。等等。

🗂 | 小练习 |

请判断下列每一组断言中的两句话是否有相同的断定强度：

▧ 法律底线不容逾越。

　　任何人都不可以逾越法律底线。

▧ 我们不可能对所有人都好脸相迎。

　　我们可能无法对有的人好脸相迎。

▧ 对于有的人而言,所有等待的都不是爱情。

　　大多数情况下,凡是等待的都无法叫作爱情。

3. "模态词" VS "除外情况"

在谈到"模态词"之时,需要先提一下与之相关的另一说理要素"除外情况"（R）。因为虽然在说理结构中直接显示结论强度的是"模态词",但"除外情况"也在暗示说理的强度。根据本书对于二者之间关系的理解,"模态词"告诉我们断定力度到底是必然的还是或然的,如果是或然的,程度究竟有多强;而"除外情况"主要是在模态词为或然性时具体解释到底什么样的具体情况导致了我们不能断定为必然。也就是说,基于所选择的"模态词"不同,"除外情况"有时在我们的说理中可能并不需要。

譬如,假设在欧几里得几何课堂上,一位学生这样说理：

　　这个三角形必定是等边的。

　　因为我们已经知道它是等角的。

　　经典几何学中的公理和定理知识告诉我们,

　　任何等角三角形同时也都是等边的。

这时,由于在断定力度上选用了"必定"这一模态词,即,不存在任何例外情况,说理者也就没必要继续引入"除外情况"了。不过,这种情形大多只出现在形式系统内部的数学型说理,在经验世界中很少出现。

面对经验世界,尽管说理者在一开始选用"根据""担保"和"支撑"时已经尽量考虑到了可接受性,但是,此种可接受性往往是有限度的:或许是"根据"中所述"事实"并不够全面,或许所谓"担保"只是"通常情况下的规律",或许"支撑"对于"担保"的辩护不够有力甚至错位,从而使得我们无法选用必然性的模态词。而一旦选用了或然性模态词,我们就需要额外引入"除外情况",向对话者交代到底什么样的"例外"是在我们下结论时"有所保留的"。譬如,"张三的行为应该是[Q]属于犯罪[C]。因为他把人打成了重伤,也不存在过失伤害情节[G]。我国刑法规定[B],蓄意伤害造成重伤的属于犯罪[W]。当然,除非张三打人时还未满14周岁[R]。"

二、必然结论之罕见难得

在把模态词分为必然性的与或然性的之后,要马上指出:就大多数常见的日常和学术说理而言,我们在一个"好的说理"中所能达到的结论往往是或然性的。对此,之所以要特别申明,一是因为很多人认为"或然性"相比"必然性"是一种"有缺陷的认知";二是因为当前逻辑教科书中作为推理练习的很多题目都是必然性推理,由此给人一种印象,似乎我们这个世界上的必然性推理随处可见、俯拾皆是。这两种都是值得警惕的"偏见"。对于前一种情况,本讲第三节中将谈到。这里,我们先看后一种。

1. 世界上完全必然的命题本来就不多

从衍生型信念与非衍生型信念的区分来看,通常所谓的"必然命题"可能属于非衍生型的,也可能是衍生型的。前者或许比较多,包括个人的感知或情感、某种坚定的"常识"以及形式系统的"约定型定义"。譬如,"我感到疼""太阳会发光""人有生老病死",经典几何学中的"平行线无法相交",小学算术中的"1+1=2",中国象棋中的"马走日象走田",等等。但是,我们在说理中作为必然性结论的命题并不属于这些,而是特指那些

"衍生型信念"。①

作为衍生型信念的必然命题,仅限于形式系统内或私人情绪上的推导结论。譬如,第一节中提到的"等角三角形同时也都是等边的",以及某人从自己当时对于某类东西(如"麻辣火锅")的害怕推断出自己觉得不能吃眼前这次的麻辣火锅。前者之所以必然是因为其推导所用的"理由"都是内在地约定为真的;后者之所以必然则是因为其推导所用的"理由"都是可以由个人知觉或情感保证为真的。除了这些之外,即便是自然科学或社会科学上的一些重要结论,往往也都是有例外的"或然性命题"。譬如,一个人依据物理学知识推断的某一异常现象的原因,依据气象学等推断的某地第二天天气状况,依据经济学理论推断的某一国家经济发展趋势。至于说社会生活中关于法律和道德的一些推断,譬如"你这样做是有罪的"或"他不应撒谎",更是罕见有必然性的。

2. 不少所谓的必然结论,只是"滑坡论证"所致

滑坡论证(slippery slope),是指一个结论的得出原本是由连续多个推理步骤组成的,这些步骤并非每一个是必然性的,而论证者却基于它们最终得出一个必然性结论。这种前后连锁的论证模式,"一推到底",给人留下一种比较强烈的印象,似乎如此连贯起来的步骤越多就越能产生有说服力的结论。但是,由于它们是链条状的,其中任何一环若不能确保为必然,整个结论就无法成为必然性的。

为了解"滑坡论证"何以通过连锁推理却只能产生(往往强度很弱的)或然性结论,我们先看这样一个寓言故事:"如果我不把这篮子鸡蛋卖掉,而是用它们孵小鸡,我就可以把鸡养大,然后办一座养鸡场。有了钱以后,我再去买一对小猪,养大后让它们交配生小猪崽,……最后,我就可以买一个农场了。

---

① 从关于"必然性命题"一语在用法上的这种区分,我们可以得知,有些话被称作必然的只是因为它们在大多时候不被人质疑(但并不意味着不会被任何人质疑),这并非演绎逻辑上那种排除所有其他可能性的"逻辑必然性"。

边走边想时突然跌了一跤,鸡蛋全被摔碎了。"这里面,"我"由"用这篮子鸡蛋孵小鸡"推出"把它们养大",推出"办一座养鸡场",推出"有了钱",推出"再买一堆小猪",推出"养大小猪",推出"交配生小猪",如此无穷,以至于最终得出了结论"买个农场"。每一步似乎都是很有可能的,但从现实生活来看,每一步也都充满了偶然性,其偶然性正如故事后面一句话所揭示的那样:即便是一个人平常走路,也可能出现跌跤等"意外"情况,从而让我们的推理链条中断甚或无从开始。

在日常或学术说理中,当然很少有类似上述寓言那样的情况。不过,当我们涉及长程的复杂论证时,尤其是在由形式系统或理想模型走向现实生活之后,的确发现,有很多所谓的必然性结论不过是"滑"出来的。譬如,一位经济学家或许信心满满地断言"某市下半年房价必将大涨",为之还拿出了一系列的观察、数据和理论。不容否认,他之所以得出结论,涉及非常复杂的推理过程,而且其中某些(尤其是在模型内部的数理统计和形式推演部分)属于必然性的,但是,一旦将基于数理模型之上的"中间结论"应用至现实经济活动中继续往下推时,或然性因素往往已经悄然引入,从而使得最终结论将不再是必然的了。

2008 年金融危机、2011 年日本福岛核电站泄漏等重大事故的发生,也常常提醒我们:有些人自诩的"必然性结论"终究不过是"滑坡论证"所导致,尽管这常常为某些专业术语或尖端科技所掩盖。从说理上考察,这些事故的认识论根源在于:误把或然性结论当作必然性结论。这倒不是说,如果我们不把"金融危机的不发生"[①]或"核电站的安全"视作必然性结论就不会发生那些事故,而是说:如果坦率承认我们所推断的结论尽管很有可能(highly probable),但终究不过是或然性的,即,其反面情况并非不可能(impossible)而只是很少有可能(highly improbably),那么,我们就会为另一种可能性提前准

---

① 根据美国法学家波斯纳(Richard A.Posner)的理解,在部分人那里,这里"滑坡论证"的总结论或许是"资本主义不会失败"。参见[美]理查德·波斯纳:《资本主义的失败》,沈明译,北京大学出版社 2009 年版。

备好"预案"（Plan B）。相比之下，那些满足于"滑坡论证"的人，因为把结论视作必然性的，往往不愿或只是草率地提供一种摆设式的"预案"。

3. 非必然性推理，倒是处处可见

从逻辑上的推理类型来看，只有演绎推理和完全归纳法是必然性推理，其余的全是或然性推理。为此，有人或许想到，我们可以只选用必然性推理方式。但是，鉴于现实问题本身的复杂性或者实际的可操作性，我们生活或工作中更多所能用到的只是或然性推理。譬如，在（黑天鹅被发现以前）断定是否"所有天鹅都是白色"时，我们能把天下所有的天鹅都找到，然后亲眼查看其是否为白色吗？我们有没有能力找遍全世界每个角落呢？即便我们花费很长时间找遍了每个角落，但时间过去这么久，此前的搜寻领地是否现在已经迁徙或产出了其他天鹅呢？类似的例子还有一个国家的人口统计数字。我们即便可以在计算上不出差错，但是，我们如何能在同一时间找齐国内所有人口然后点数人头呢？每天每个时刻都有人出生或死亡，还有些人或许在隐居之后难觅踪迹。在这些情况下，我们只能基于某种不完全归纳法（不论其样本多大）得出一种或然性结论，譬如，"2018 年中国大陆总人口约 13.9 亿"[1]，"很可能天鹅都是白色的"[2]。

我们不得不大量运用或然性推理形式，这并不意味着我们就不追求确定性，因为尽管必然性结论难以获致，我们还是可以追求一种更强的或然性结

---

[1]　关于美国人口普查数据不确定性（尤其是政治因素的影响）的分析，可参见［美］亨利·N.波拉克：《不确定的科学与不确定的世界》，李萍萍译，上海世纪出版集团 2005 年版，第 78—80、97—99 页。

[2]　这并非意味着"很可能天鹅都是白色的"因为或然性而变得没用。恰恰相反，它让我们意识到了"黑天鹅事件"可能存在。譬如，"尽管这新一轮经济发展持续繁荣，但金融危机或在某一天爆发"；"尽管专家团队做了多方位论证和检测，但核事故或因为某一件事而发生"。关于这方面的理论，可参看 Nassim Nicholas Taleb, *The Black Swan: The Impact of the Highly Improbable*, 2nd ed., London: Penguin, 2010。

论。比如,我们可以采用一种不同于链条式(chain)的缆绳(cable)模式①,或是不同于垂线型(vertical)的收敛(horizontal)模式②,从多个角度提供理由,从而达到强化一种或然性结论的目的。然而,需要注意,很多时候,不论我们用多少套"说理结构"联合发力,倘若其中每一套结构都只是或然性的,那么,它们累加起来之后依然只是或然性(尽管有所增强)。譬如,在调查一起杀人案件时,我们可以基于某人有明确杀人动机之类的理由,推断他可能会是杀人犯;也可以基于犯罪现场有他的指纹之类的理由,推断他可能会是杀人犯;还可以基于两位证人指证是他杀人之类的理由,推断他可能会是杀人犯。但是,这三个或然性结论累加之后,仍旧无法保证他必然就是杀人犯。

此外,还有一种情况需要我们当心。那就是,当我们已知某一种观点为假或很不可能时,并不总是意味着与之对立的另一种观点就必然为真。这中间的原因主要有两点。第一,并非所有看似对立的"观点"都是矛盾关系。③ 当我们说一方结论不妥时并不一定意味着另一方结论就妥当,因为在我们说理时争论各方的观点并非总是矛盾型对立。譬如,一方说"房价过高是生育力下降的第一原因",另一方说"公寓比例偏高是生育力下降的第一原因"。④二者在"不能同时为真"的意义上是对立竞争的,但是,它们有可能同时为假,所以,当我们确信已经表明某一方观点错误时,并不意味着另一方必然就是正确的。第二,并非一种观点很不可能,便意味着另一种与之具有矛盾关系的观

---

① 作为隐喻,"链条"意味着其中任何一环的脆弱将导致整个链条的脆弱,而"缆绳"则意味着众多原本只是细弱的纤维扭在一起之后却能产生强大的韧力。

② 从有关论证理论来看,所谓"垂线模式"是指形如"A 支持 B,而后 B 支持 C,C 又支持 D"那样的关系,而所谓"收敛模式"则是形如"A 支持 Z,B 也支持 Z,C 也支持 Z"那样的关系。

③ 关于"矛盾关系"以及"反对关系",还可以参看第三讲。需要指出的是,本书中所论述的"矛盾关系"或"反对关系"主要是指具有真假的命题或观点之间的关系。不过,在一些逻辑教科书中,所谓的"矛盾"或"反对"同时还可以是指概念外延之间的关系,譬如,"黑色"与"非黑色"之间是矛盾关系,而在五彩世界上的"黑色"与"白色"之间则是反对关系。

④ 若有读者觉得"生育力下降"与"公寓楼比例"没有丝毫相关性,可参见相关报道,譬如邢海洋:《是楼房降低了生育率?》,刊于《三联生活周刊》2019 年第 11 期。

点就是很可能的或必然为真的。譬如,在有关上帝是否存在的争论中,在考察完对于"上帝存在"的所有论证之后,我们可能认为它们的结论非常之弱,即,"很不可能";但是,由此,我们并不能直接得出:与之具有矛盾关系的说法"上帝不存在"是很有可能或必然为真的结论。因为,实际情况往往是,当我们直接考察对于"上帝不存在"的所有论证之后,或许同样发现它们的结论属于很弱的或然性。

▌ | 小练习 |

■ 举例你所发现的一些"黑天鹅事件",并分析它们何以使得一种原本被认为必然性的结论变成了或然性的。

■ 结合你所举出的"黑天鹅事件",谈谈:一种结论之所以是或然性的,其"说理"上的根源何在? 在"黑天鹅事件"发生以前,有些人或将之作为必然性结论,你认为他们在论证上可能遗漏或忽视了什么?

三、或然性是带有条件的"可推定"

在日常语言中,或许听到过这样一些措辞:"所以,我有时在想(会认为)……""所以,在我看来,似乎是……"对此,或有人认为,这样说,表明说话人根本不是在推理,甚至只是在表达感觉而已。而笔者要说的是,这些措辞作为或然性模态词,本身并不代表"说理的不好"或者其他"有缺陷的认知"。因为,说理能得出什么强度的结论,一方面取决于说理者对于材料的搜集梳理以及对于理论的阐发应用;另一方面也取决于一些外部因素,譬如,人类整体的研究能力,问题本身的难度,研究的目的,等等。通常而言,只要是按照既有材料和流程去谨慎说理,即便或然性结论也可以是严格推理而来的,只是此种"可推出"是带有特定明令条件的。就此而言,所谓或然性其实是指"presumptive"(可推定的)。其基本要义在于:在追求"有观点""有主见"的同时,保持必要的克制。

1. 或然性，不同于"不知道"

或许，有些人对于"或然性结论"的担忧在于它最终让我们"知道得太少"。但是，最终让我们"知道得少"，有一种情况是因为说理所要处理的问题本身非常复杂而我们目前有能力所掌握的（available）材料有限，还有一种情况是因为所议问题本身太大而限于篇幅或时间我们只能暂且谈及某些部分，这些时候，至少就当前说理的论证性或可支持度而言，我们往往只能先给出弱化的结论。对于结论的这种"弱化处理"，首先必须清楚，它从说理上来看并不必然意味着"不足"。作为一种坦率和诚实的结论，所谓的"应该是……"或"很有可能……"等说法往往是当前情境下我们有资格达到的"足够强"的结论了。而且，尽管这里只达到了如此程度的或然性结论，但这并非"认识的终结"，我们期望将来在其他场合或是由他人或许可以弄清楚我们目前未作深入考察的那些可能情况。因此，它也非常切合批判性思维所倡导的开放性。

其次，我们需要明白，或然性模态词的使用并不意味着你知道得"太少"，反倒意味着"你知道得更加清楚"，懂得结论的界限之所在。相比之下，很多自诩的"必然性结论"，往往正是因为"不知道另外一些情况"才把原本或然性的结论当作必然性的了。譬如，一个关于我国老年人生活习惯的调查结论，倘若所调查范围不包括西藏，其结论往往是或然性的；但是，作为一种初步研究，我们如此已经知道了很多，而且知道我们的结论之所以非必然是因为什么，从而可以为下一步知道更多做准备。不要忘记，说理的严格性或"滴水不漏"主要在于"有一说一"，这其中一种情形就包括必要时承认另一种可能性。"或然性"不过是带有（除了所举理由）额外条件的"可推定"。作为一种断言，它虽然不是"满的"，但却指出了其"理由"何以"滴水不漏"（hold water）。在此意义上，"满溢"的说法才是那种不严格的判断。

2. 有些时候,提前主动加上或然性模态词可以避开"异议"

有鉴于考察范围或研究深度的限制,倘若我们在得出结论时提前把"必然"改为"应该是",由"一定"改为"很有可能",由"很有可能"改为"或许有可能",或是在"主张"之前加上"就特定的范围而言""就当前进展来说"等或然性模态词,这等于是对自己的结论预先做了"保留",因而可以提前避开一些可能的"异议"。① 我们这里讲要"避开异议",当然不是说为减少可能引起的异议而特意降低强度,表达一些无关痛痒的"或然性断言"(譬如,当大家争论谁最有可能赢得这场比赛时,你却说"任何选手都有赢的理论可能性"),当然也不是说"异议可以完全避免"或"异议就意味着坏东西",其关键点在于:如果提前避开可以预见的异议,我们的说理将能集中力量探讨那些真正未知或存有真实分歧的领域。

以下是一些简单的说理结构,请留意其中带有下划线的部分,即模态词。试想:倘若删去这些词语,将会立即招致哪些可以预见的驳斥?那些"驳斥",有多少是你觉得原本可以提前避免的?

在案发前一天,被告买了一张去美国的单程机票;而当警察将他拦下时,他又试图逃跑。询问案发时他在做什么时,他的说法又无法证实。<u>种种迹象显示</u>,被告就是杀人犯。根据过去的办案经验得知,杀人犯大都会畏罪潜逃。

你们班有 30 个人。你们班男生<u>估计应该</u>不到 15 人。来自教育部2012 年的一次统计显示,我国大学生中女生占比 51.35%。

<u>依我个人经历看</u>,墨西哥菜不好吃。我在 4 家餐馆吃过 4 次墨西哥菜,味道都不怎么样。基于过去多次的典型经验,我可以合法推断一种食物的味道。

<u>从某种意义上看</u>,今天的反腐形势应该继续加强。今天虽然办了反

---

① 就此而言,当一种断言"被限定"(qualified)时,同时意味着它"得到守卫"(guarded)。

腐大案,但是,跟毛泽东时代相比,仍有很多"腐败分子"漏网。在反腐败问题上,今天应该像毛泽东时代那样开展。

我的一位朋友来电。<u>很可能她又失恋了</u>。根据我的经验总结,她半夜打电话给我总是因为失恋。

存在一些让人难以理解的现象,如恋父情结、恋母情结、艺术升华等。<u>有可能力比多(Libido)是人最深层的行为驱动力</u>。根据弗洛伊德的观察总结,力比多是恋父情结、恋母情结、艺术升华等一系列现象背后的原因。

咳嗽,喘,低烧,退后又反复发热。<u>初步诊断是得了肺炎</u>。过去的医疗记录显示,肺炎是导致咳嗽、喘、反复低烧等症状的原因。

3. 在很多情境下,"达到特定目的"远比"得出绝对的确定性"重要

当承认由于问题本身的棘手而不得不引入或然性模态词时,有人或许执意说:面对复杂的现象,我们不妨多像数学家和科学家那样通过抽象法,排除一些干扰因素,简化问题,从而可以在特定的形式系统内或就特定的数学模型而言得出像代数演算或几何证明那样的必然性结论。对此,要指出:尽管这的确是许多数学家和有些科学家的主要工作方式,但是,此种必然性结论在很多情境下并无法适用于我们真正关注的现实问题。除非我们不打算走出数学,否则总是有来自经验世界的一些情况使得我们的结论不再具有"绝对的确定性"。

当关注点从纯净的数学空间或形式模型转向经验世界中的自然、社会和人文现象时,我们常常被迫弱化自己的研究结论。这并没有什么好遗憾的。因为,毕竟,不仅是普通人,即便是对于大多数的科学家来说,科研的动因和目的主要在于回答自然世界与人类生活中的难题。虽然任何科学研究的目的都是探求真相,但并非任何科研结论都要达到"绝对的确定性"才具有科学价值。在自然科学、法学、哲学、语言学等非数理性科学或其他说理活动中,"达

到特定目的”远比“得出几何学那样的绝对确定性”重要。所谓特定目的,可能是“解释某一现象中的绝大多数情况”,也可能是“暂时消除某种难题”,还可能是“提出让相关群体中多数人认可的方案”。

|小练习|

■ 当身边一个人对你说,“全球气候变暖的趋势一定会继续下去”;而另一个对你说,“全球气候变暖的趋势有可能会继续下去”时,你认为,这两个人谁知道得更多? 倘若这两句话是他们各自说理的结论,你所认为知道得更多的那个人可能额外知道了什么具体情况?

■ 本书“绪论”第三节曾提到有关“猛犸象能否复活”的争论。请在查阅有关资料后,谨慎提出你自己的一种“主张”,并特别增加“模态词”。如果你选用了某一模态词,请简短说明你是基于何种考虑而放弃了其他模态词。

■ 下列每一组中的两种断定似乎具有相同的强度。当它们用作你说理的结论时,你觉得它们一样恰当吗? 如果哪一种断定不恰当,可以考虑增加什么样的模态词?

A:“吸烟有害健康”VS“饮酒有害健康”

B:“禁止在公共场所吸烟”VS“禁止在公共场所自杀”

四、防止绝对主义谬误

如前文所述,必然结论难见,而且或然性并非意味着“无知”。不过,在当代社会,时而会听到说“严格思维就是不容例外”“即便有暂时的不确定,随着科技进步,也可以慢慢消除”。这一方面反映了很多人对于“不确定性”的忧虑,另一方面反映了他们对于科学的崇拜。二者的结合,使得我们此前多次批判的一种观念对于有些人依旧充满诱惑。那就是,“绝对主义谬误”,即,作为一种有限存在,人在追求“无限的东西”时倾向于把“有限的成果”直接当成

"无限"。这里,让我们从科学方法和程序出发,帮助读者从源头上清除此种谬误。

1. 自然科学实验结论与"反例"

首先,从正面来看,作为最典型和正统的科学类型,自然科学本身从来都不回避甚至也不厌恶"反例"。自然科学提出一套理论,都是旨在解释种种自然现象,并尝试做出预言。但是,现存的任何科学理论,都无法解释所有的东西,而是有反例的:它们承认自然界依旧存在着无法解释的"异常现象",譬如,牛顿力学之对于"测不准"现象。往往正是由于科学家们承认并关注这些"异常现象",才催生了一套新的科学理论,譬如,量子力学。这种承认"反例"然后"知错就改"的科学精神,相比"确定不变的结论",更能显示自然科学一直以来都是一项伟大的理性事业。正如图尔敏等人所言,

> 自然科学之所以"合理"并不是因为科学家们在某一特定时刻所接受的那些立场真实无误或是牢不可破的。恰恰相反,那是因为科学的程序和原则在面对新的经验和概念时具有"应变能力"。……正是科学家对于论证的开放性——他们随时准备修正即便是那些最为根本的论证程序——使得他们的活动可以真正称得上一项理性事业。①

遗憾的是,在今天这个被誉为"科学时代"的社会里,科学内在具有的"理性"和"开放性"精神时常被忽视或遗忘,"科学"反倒是被有些人有意或无意地发展成为一种"拜物教",即,不是把科学作为一种动态的探究活动,而是从意识形态(ideology)上理解为一种"神圣"因而"不容出错"的东西。根据此种"意识形态",科学代表着人类的唯一希望;即便科学结论出错,那也总是"暂时的",等到将来就不会出现"反例"了。也就是说,每当别人指出"科学结论"的"反例"时,他们首先想到的不是回到现象本身进行再次考察,更

---

① Stephen Toulmin, Richard Rieke, and Allan Janik, *An Introduction to Reasoning*, New York and London:Macmillan,1984,pp.264-265.

不是"修改原有的结论",而是拿"未来有望实现的科学新发展"为之辩护。对此,笔者想要说的是,这不符合大多数科学工作者的实际做法,甚至是"反科学的"。

2. 科学理论中的抽象规则与现实世界中的残酷无序

2008年金融危机爆发时,此前各路经济学家、金融学家的预测纷纷被宣告失效,甚至有人悲观地认为这标志着"资本主义的失败",资本主义世界从此变得不确定了。然而,我们现实所生活的世界,何时有过"科学理论"中所描述过的那些绝对的"确定性"或"可预期"呢? 即使我们看到有些科学家在理论上所做的预言被验证了,但是,这并不意味着我们所生活的世界就完全如科学理论所刻画的那样,很多时候那只是因为我们(尤其是信奉此种理论的人)过分关注那些证实科学理论的现象,而不太关心那些对科学理论构成"反例"的现象。① 有些所谓的"成功验证",或许只是一种"自动实现的预言"而已。

我们当然不是说,科学理论无法在任何意义上得到验证。这里所要强调的关键点在于:科学家是在特定条件下基于特定的材料作出有关现实世界的结论的,尽管科学理论的抽象规则可以被我们很好地理解,但抽象规则并无法完全消除来自现实世界的残酷无序。也正是缘于此,我们常常看到,即便在科学家共同体中,在某些阶段也存在一些相互竞争的科学理论,因为来自不同理论的抽象规则,有的可以"集中"解释现实世界上的一部分现象,有的则可以"集中"解释另外一部分现象,但几乎没有某一套理论可以解释某一领域中所有现象。从某种意义上说,每一套科学理论都把我们的现实世界设定或想象为一种人为简化的"戏局"(game)。我们见识过各式各样的戏局,也曾用它们帮助我们理解生活世界,就像有人所说的那样,"人生如戏"。但是,如若把基

---

① 当然,要发现某些现象能够构成对科学理论的"反例",并不是一件轻松的事情,往往需要非常熟悉此种理论的科学家或相关专家付出更多的研究。

于特定戏局的简单模型①所得出的结论当作是针对我们复杂现实世界所做的绝对无疑的"判断"或"预测",就走向了一种"绝对主义谬误"。这种谬误,思想家纳西姆·塔勒布在《黑天鹅》这本书里用"戏局谬误"(ludic fallacy)来指代。②

3. 社会调查的"结论"与"数据"

正如不是所有东西都可以搬到实验室直接凭借仪器测量或观测一样,社会大众的行为或心理,也无法一对一访谈。相比于自然科学中的实验分析,很多社会科学家经常运用各式抽样调查。在抽样时,他们相信所抽取的样本是典型的样本;而当他们这样做时,等于假设了某一群体的社会大众是"均质的",即,其中部分人的行为特点足以代表整个群体。不过,人们在什么程度或什么意义上是"均质的"呢? 即便是对社会科学家来说,这也不是一件不会出错的"事实"。或许,我们常听到有人说,社会科学家是在拿数据说话,甚至有人说,"是数据本身在说话"。可是,数据只是显示自己如何是数据,或者说,只告诉我们最终数据是如何从其他数据计算出来的,它们并没有告诉我们这些数据意味着"数据之外的"什么事情。而社会科学家的结论却不只是数据,他们希望从"数据"推算出某种与社会大众更具相关性的"结论"。③ 当他们这样做时,错误的风险就开始发生或增加。

第四讲中已经谈到很多关于统计数据所应注意的事项,这里将再通过一个例子来看从社会调查"数据"何以只能得出"或然性结论"。1936 年,美国

---

① 从数学计算来看,简单的东西不只是美的,而且是便利的。不过,正如图尔敏提醒我们的那样,"然而,简单有其危险性"。(Stephen Toulmin, *The Uses of Argument*, Cambridge, England: Cambridge University Press, 2003, p.133)

② 汉语文献中,也有将"ludic fallacy"译为"游戏谬误"的。按照塔勒布本人的解释,"ludic"源于拉丁语"ludus",译为"game"(游戏,棋局)。Cf. Nassim Nicholas Taleb, *The Black Swan: The Impact of the Highly Improbable*, New York: Random House, 2007, pp.122-133。

③ 行为经济学家艾瑞里(Dan Ariely)曾多次强调这一点。他指出:社会科学家以及广大读者在从实验结果得出自己的结论时,不必局限于实验本身所在的特定环境,而应把相关实验发现视作一种"对于更一般道理的例示",从特定的实验环境"外推"到更多的生活场景。(Cf. Dan Ariely, *Predictably Irrational*, Revised and expanded edition, Harper, 2009, pp.xix-xx 以及 Dan Ariely, *The Upside of Irrationality*, Harper, 2010, p.11)

《读者文摘》做过一次民意调查。当时，罗斯福与兰登竞选美国总统。调查方根据全国各地的电话簿，寄出了 1000 万份样品选票，对其中收回的 200 万份选票进行统计，其结果表明：兰登占有明显优势。他们由此预测兰登将当选。由支持兰登的选票"数据"推断兰登将当选的"结论"，这可谓通行的社会科学统计的做法。但是，其所直接调查的毕竟只是样本，而样本的"典型性"何以保证呢？据说，美国当时家庭安装电话的都是较为富裕的家庭，而占选民多数的、较为贫困的家庭都没有电话。所以，一个很重要的问题是：那些富裕家庭与贫困家庭属于"均质"的群体吗？这是显而易见的"风险"：如果当时贫困家庭大都支持罗斯福，其统计"结论"的可断定程度将大大削弱。或许，这种低级"风险"，现在已被大多数统计调查机构所避免。但是，笔者想要接着说的是，任何社会科学统计，不论基于什么样的"抽样"，倘若事先无法确保从中抽取样本的每一群体完全"均质"，那么，它基于"数据"而得出的"结论"只会是"或然性的"。① 如此挑剔，并不是说我们作为评判者有更好的调查方式，而是希望读者意识到：很多社会科学家或统计机构的做法，之所以那样抽样和统计，往往只是出于没有更好的选择，它们是"不得已的估测"，也正因为此，说话严谨的研究者在下结论时往往选用"显示"（it indicates/shows that）或"表明"（it suggests that）而非"证明"（it proves that）一词。

我们相信，各类调查数据过去一直在而且将来也会追求越来越高的精确性，但不论怎样，说理之人需要铭记：

奠基于对有限观测结果的定量分析之上的科学以及所有其他工作，总得来说是无法达到确定性（certainty）②的。大量成套的观测结果通常

---

① 据说，当时初出茅庐的盖洛普公司仅仅做了 5 万人的调查却做出了被验证为真的预测，此事奠定了盖洛普在民意测验领域的声望。但是，它的成功并不意味着盖洛普的统计"结论"是必然性得来的。因为毕竟，从热门的两个候选人中预测其中一个将当选，成功的机率本身就不算低。

② 这里所谓"无法达到确定性"，并不意味着我们无法"确信"（sure）什么。如果通常所说"确定性"是一种理论上的绝对性的话，"确信"（sureness）更多代表一种实践上的谨严，也是本书前面所提到的我们说理中可以追求的那种"并非绝对的"确定性。——引者注

可以为我们圈定一个解释范围,由此可以估测真相有多大概率落在这个范围内。可能性的范围越是大,也可以说目标越是大,真相落在其中的概率越是大,但这可能因为不够具体明确(lack of specificity)而几乎没什么用处。我们也可以描绘出一个比较小的解释范围,但真相落在其中的概率相应也就变低了。①

这样说,当然并未贬低当前流行的科学工作方式的应有价值。我们要说的关键点是:不论是自然科学中的实验测量还是社会科学中的调查统计,科学家很多时候都是在通过建立各种类型的模型帮助我们对这个不确定的世界进行刻画或预测。而这些模型,与其说全都是正确的,不如说它们大都有某些用处。正如有当代学者所言:"实质上所有模型都是错误的,但有些模型是有用的。"②

4. 科学研究中的系统误差

除了现实世界本身的偶然性或陌生性对于科学理论所带来的那种不可预期的随机误差,很多科学实验或测量还具有那些可预期、会重复却无法彻底避免的系统性误差,后者往往使得在实际科学工作中"绝对精确的测量"不可能。这主要体现在以下几个方面:(1)仪器误差。有时,测量仪器本身存在被忽视的缺陷,从而影响测量"数据"。(2)方法误差,即,测量所依据的理论公式本身往往只是近似的,或当时的实验条件不能达到理论公式所规定的"理想"要求。(3)操作误差。从事观测的人,由于感官和运动器官的反应或习惯不同,也会造成结果不同。只需想想医院中老练的 B 超检验师与刚会使用 B 超仪器的新手之间的差别,就可以明白,科学仪器在不同的操作人那里会产生不同的效果。(4)试剂误差,即,所用试剂可能是不够纯的或有杂质的,从而

---

① Henry N.Pollack, *Uncertain Science…Uncertain World*, Cambridge University Press, 2003, pp. 102–103.

② George E. P. Box and Norman R. Drafter, *Response Surfaces*, *Mixtures*, *and Ridge Analyses*, Second Edition, Wiley, 2007, p.414.

影响到实验结果。①

不仅是自然科学的实验或测量,在社会科学的调查统计中,也存在着一些可以预见但却无法彻底避免的"系统性误差"。譬如,有些被访者只是为了应付或拿到酬劳而不愿讲出实话,更有可能的则是由于测试调查题目本身的歧义或者由于被访谈人文化背景不同而导致的"误解问卷"情况。譬如,这里有一个来自英语世界的例子:来自贫困社区的孩子在包含"A hand is to an arm as a foot is to a＿＿＿"之类的智力测试题中表现很差;但是,当把"is to"替换为这些孩子更为熟悉的概念"go with"时,他们的智力成绩便立即提高了。② 经常发生的类似情况还有:有人会把题目中用"只有"所表述的必要条件关系(譬如,"只有奋斗才有希望")误解为通常用"只要"所代表的那种充分条件关系(即"只要奋斗就有希望"),题目设计者原本想要表示一种"不相容关系"(譬如,"地上有一张百元美钞,有一张百元人民币。你会捡哪一张?")而答题者或许直接将其理解为"相容关系"(如答道:"两张都捡!"),问卷中说"假设有第三次世界大战,世界会毁灭吗?"而答卷者却可能将其理解为"事实陈述"(如他或许反问,"第三次世界大战要爆发了吗?"),采访人本想问:好人实际上是否有好报? 而被采访人可能误以为是在问,"好人应该有好报吗?"如此等等。

🎼 | 敬告读者 |

前文谈到了对于科学的崇拜态度容易滋生"绝对主义",并批评这种做法为"谬误"。但是,说理之人要明白,当本书指出某种谬误时,并不是意味着我们自己或有谁能完全避免谬误。正如一位学者所言:"最糟糕的谬误莫过于

---

① 当代科学家们非常看重科研工作当中经常出现的此种"不可避免的偶有出错"现象,并因而建议:我们在基于实验数据而提出理论解释时,要避免"过度拟合"(overfitting)的做法,即,与其为了"严丝合缝"解释某个偶发的异常数据而引入过度复杂的理论公式,不如直接把该异常数据理解为操作失误所致从而满足于较为简单的理论公式。Cf.Timothy Williamson,*Doing Philosophy:From Common Curiosity to Logical Reasoning*,Oxford University Press,2018,pp.80-81。

② Cf.Lionel Ruby,*Logic:An Introduction*,Chicago:J.B.Lippincott Company,1960,p.17.

有人极力想要挖除别人的谬误却忽视甚至助长了自己的谬误！通过引入谬误所要达到的训练,其首要目的在于搜寻出然后消除我们自己的谬误,其首要的回报在于帮助我们更为自由地处理现实问题。"①

五、基于或然性结论的理性决策

说理,在有些场合下,意味着接下去准备做事,因为之所以要通过说理确定信念,有时就是为了更好地行动。正如做事谨慎一样,说理要严格。所以,我们可以追求尽可能充足的理由以期达到足够强或可靠的结论。但这并非意味着"我们永远不做事直至获得了必然性或足够强的结论"。单从概念的使用来看,很多事情之所以称作"决策",正是因为其结果不具有必然性。本讲最后想要强调,尽管我们很多时候只能获得或然性结论,但基于这些或然性结论,依然可以做出建立在理性基础或曰"好的说理"之上的"决策"。只有那些惧怕风险的人,才会一直等待"充足理由",直至错过决策时机。毕竟,我们要做一个理性的人,并不意味着我们自己就不会且不被允许犯错。

1. 没有无风险的"决定/决策"

毫无疑问,在很多时候,"三思而后行"是一种美德。但是,你得明白,"三思"之目的不是要保证"无风险",因为倘若是追求"无风险","三思"甚至更多遍"思"都可能不够。如果我们所要做的一件事果真能够减少不确定性,这当然是令人感到舒适安全的,但是,把绝对的确定性当作"思考之目标",往往是幼稚可笑的"完美主义谬误"(fallacy of perfectionism)。完美主义谬误,有时又称作"涅槃谬误"(Nirvana fallacy),它认为:一种方案只要是不完美的,宁可不接受。譬如,有人或许提出:现有关于禁止酒驾的法律是无意义的,因为我

————

① Hugh G. Gauch, Jr., *Scientific Method in Practice*, Cambridge University Press, 2003, pp. 186—187.

们无法保证这类法律能完全消除酒驾现象,既然不能阻止所有的酒驾行为,干脆就不要制定这样的法律!

处在这个不确定的世界上,有多少事情是绝对确定的呢? 即便从科学研究的角度来看,我们也应意识到:

> 甚至更多的研究也不一定意味着不确定性会减少——当我们对某一系统了解增多时,结果可能发现它远比我们想象的复杂,比我们当初以为的更为不确定。不论喜欢与否,我们必须基于现有可得的信息及时做出决策。虽然有时候的确欲速则不达,不过,同样属实的是,什么都不做往往会更糟。只是追求未来要有确定性,而不采取任何措施去处理今天的问题,这是一种很坏的办法。倘若我们今天采取的措施后来被表明具有缺陷,我们还是可以进行路线修正的。①

有一种比较悲观的说法认为,对每一个生命而言,最大的确定性就是“人终究有一死”。可惜,死亡作为一种“归宿”,并不属于我们的“行动”。② 但凡需要决策的事情,都不可能是无风险的,否则也就无所谓“决策”而是“计算”或“命定”罢了。“好的决策”,只是意味着削减不必要的风险。因此,所谓谨慎行事,不是要我们问“这样做有风险吗?”而只需要问“都有哪些风险是可以接受的?”很多时候,一种谨慎的决策未带来绝对的确定性,不仅不意味着“没用”或“无价值”,而且暗示我们可能本就无法达到绝对的确定性。

需要对于那些偏爱思考的人(可能包括不少本书读者)特别提醒,当我们就一件关于行动方案或公共决策的话题进行说理时,如果不明白“决策有风险”之道理,很容易陷入“以说理替代行动”的思维怪圈。这种怪圈常常出现在被认为只需要专注“纯粹思想”的学者或“读书人”那里。为此,斯泰宾曾特别指出:

> 我们必得避免两种对立的危险。一方面有不假思索立即行动的危

---

① Henry N. Pollack, *Uncertain Science... Uncertain World*, Cambridge University Press, 2003, p.214.

② 自杀是人的行动,但是,自杀能否成功,也不是万无一失的。

险……另一方面,有学院式的放任自己置身事外的危险。这第二种危险对于那些习惯于看到一个问题的正反两面,并且爱好为辩论而辩论的人尤其有诱惑力。①

2. 决策是一种无法事前得知对错的利弊权衡

在现实生活中,最典型的"决策"行为之一是商业市场里的投资行为。在每一位投资者那里,最重要的就是风险意识,但他们并不惧怕风险,而是要评估风险,尤其是衡量风险大小以及回报收益的大小。即便是这种大小比较,显然也不等于(尽管可能包含有)数学计算,而是意味着"权衡"(balance)自己到底能够承担多大的风险以及自己是否值得为之冒险。事先搜集信息时借助于一些计算工具,或许可以减少一些风险,但更多只是帮助我们认识到风险有多大。不论如何,风险总是存在的。更何况,很多时候,你根本来不及搜集资料和计算,只能凭借自身经验或直觉,快速及时地做出决策。投资家们最清楚,没有更多的风险,就不会有更多的回报;而且,最无意义的决策莫过于迟到的决策。股市话语里,有一个词是"概念股",特指人们更看重其发展前景而非当前绩效的上市公司股票。这些"概念股",由于在当前并无突出的业绩,毫无疑问是有更大的投资风险;但是,如若等到将来其股价上涨了,那便错过了投资机会。

不只是投资行为,我们生活中很多能够称得上决策的事情都是类似"走钢丝"一样的冒险行为。② 我们无法避开风险,只能试着做些利弊权衡。而且,我们的"权衡"到底是对是错,可能在"行动"之前永远无法知道。被誉为"好的投资"的决策行为,都是事后才知道的! 从哲学上来讲,关于实践推理的"必然性"(如"他应该选择做手术")本来就不同于那种理论推理(如"手术

---

① [英]斯泰宾:《有效思维》,吕叔湘等译,商务印书馆 2008 年版,第 11 页。

② 当代有哲学家已经坦率指出:人之作为理性动物的生活,一直"行走在理性的钢丝绳上"。Cf. Robert Fogelin, *Walking the Tightrope of Reason: The Precarious Life of a Rational Animal*, Oxford University Press, 2003。

治疗是一种常见的癌症治疗方式"）：不同于后者置身事外的"描述"，前者涉及了自身行动，而这种行动到底有多大的利弊，尽管我们事前可以做些评估，终究只能通过事后才可评判为一种"必然性"。哲学家冯赖特将之称作"事实出现之后所认识到的必然性"（a necessity conceived *ex post actu*）。①

3. 科学"决策"中的思维经济原则

理性的决策，要求我们在特定的时间及时拿出方案，否则就会错失机会。这并不是"实务工作者"所独有的。即便是从科学研究本身来看，如果你翻阅有关自然科学的历史研究和元理论文献，很快会发现，科学家群体一直在遵循一种"经济原则"（principle of economy）。这条原则，在不同学者那里，有时也被叫做"简约原则"（the principle of parsimony）"奥卡姆剃刀"（Ockham's razor）或"研究的经济性"（economy of research）。必须承认，"经济原则"在科学研究中的地位，往往被外行所低估。但是，正如一位学者所言：

> 作为有关科学方法的一条重要原则……第一点，也是最为根本的一点，简约之所以重要是因为倘若不借助于简约原则的话，整个科学事业就不曾有也将永远不会提出任何一条结论。简约性是绝对必要的，而且无所不在。②

每一位从事科学探究的人都能深切体会到，搜集材料、产生数据、寻找证据、实验检验等等都是耗费成本的，这些成本不仅包括金钱、物资资源，还包括科研人员的时间、精力等等。更为关键的是，科学家们之所以选择某一个而非其他的假说或模型时，经济考虑往往上升到第一位：

> 我们所提出的假说会如洪水般泛滥，然而它们每一个在被严肃考虑

---

① G. H. von Wright, *Explanation and Understanding*, Ithaca and London: Cornell University Press, 1971, p.117. 不仅是人的行动，即便是人们对于自然事件的预测，在事件实际发生之前，也顶多只有好坏之分，而没有绝对的真假可言。在此意义上，科学预言尽管指出某种方向，却无法提前排定自然事件的具体进程，因为自然事件的实际发生过程存在着种种"意外风险"。更多可参见张留华：《推理与做事》，刊于《思想与文化》第 20 辑，华东师范大学出版社 2017 年版。

② Hugh G. Gauch, Jr., *Scientific Method in Practice*, Cambridge University Press, 2003, p.269.

甚或可能视为知识之前,所必须经受的验证过程却是相当花费时间、精力和金钱的,因而经济因素将绝对地成为最为重要的考虑,即使还要考虑其他因素的话。事实上,也没有任何别的了。①

以上来自科学界的"经济原则"再次告诉我们:我们理性决策并不是也不必要追求绝对的无风险,有时候,最有说服力的行事理由或许是:"来不及!"或"耗不起!"

4. 本着可错论态度开展说理

需要澄清,尽管很多决策是基于说理的结论,说理并不同于决策本身,也不是所有的决策都必定会涉及说理。但是,我们关于"理性决策"之实质的讨论的确可以帮助我们重新认识说理者所应秉持的可错论态度。因为,既然理性决策不要求"无风险",我们说理为何一定要获致"不可错的结论"才能成为"好的说理"呢?

关于"何谓好的说理",从决策者的视角来看,以下几点值得重申:

(1)是不是好的说理,并不取决于你的结论是否不会出错,也不是只有等到获得所有事实或理论之后方能成就好的说理。正如任何决策者都不是无所不知那样,说理之人所能追求的一种境界只是:基于现有时间、精力以及当前所能获取的稀缺信息资源,抽丝剥茧,开拓思路,做出一种有望被更多明智之人(而不太可能被所有人)接受的结论。从某种意义上说,他有多少资源,将在很大程度上决定了他能做多少断言。如此下结论,当然可能使得结论在将来被表明为错,但这在很多时候是无法回避、不得不承担的"风险"。更何况,由于我们是基于已表明具体出处的"事实"和"理论"下结论的,所援引的"参考文献"可以为我们分摊"责任"。我们不是一个人在"说理"!

① Charles Sanders Peirce, *Collected Papers of C. S. Peirce*, Vol. 5, Charles Hartshorne and Paul Weiss, Cambridge: Harvard University Press, 1934, para.602. 关于这方面的例子,读者可以设想:至少当前来说,科学家为何不选择"外星人存在"作为一种科学假说? 是因为它已经被证伪了,还是因为它的检验需要付出太多无法承受的"成本"?

（2）不同于数理性演算，当我们立足生活世界开展说理时，其所谓"结论"大多只能是一种"处理"或"处断"①，即以"快刀斩乱麻"的方式"解决问题"。尽管此种"解决方案"（solution）并非最终的或完美的，但鉴于某种紧迫性，我们不得不"冒险"，否则就等于患上了所谓的"分析麻痹症"（paralysis by analysis）。② 身处原本不够确定的"生活世界"，不敢冒险反倒是最不明智的。对此，本讲反反复复已经谈到很多，让我们借助图尔敏等人的话再次告诫自己：

> 唯有在纯数学的抽象论证中，我们的诸多说法才可以通过"绝对必然性"联结起来：在各种实践领域，我们所要处理的联系都是多少有限制的，而且多少带有条件。为了行事时带有足够的信心，倘若我们一直等待，直到可以建构起绝对严格的论证，那么，我们可能因为遭遇种种事件，早已错过行动时机。因此，实际来看，把我们的结论建基于某种并非绝对完美的证据之上，这常常是合情合理的。我们由此所提出的主张，在形式上并非无可驳斥，但在实际上或是足够强或可信赖的。③

（3）既然早知道通过说理达到的结论大多是"试探性回答"（working answers）或曰"合理化建议"（reasonable proposals）④，我们就会在后来主动调整，继续向前探究。如斯泰宾所言：

> 一面小心得出结论，随时准备在新的证据面前加以修改，一面只要是没有理由接受相反的结论，就坚决根据原来的结论行动，二者之间并无矛盾。⑤

---

① 在汉语中，"处"原意为"止也"。

② 关于"分析麻痹症"之原因，有一种说法是认为"思考得过多"或"分析得过多"。笔者倒认为，不是"分析"或"思考"过多的问题，而是它们偏离了探究或说理的方向。

③ Stephen Toulmin, Richard Rieke, and Allan Janik, *An Introduction to Reasoning*, New York and London: Macmillan, 1984, p.81.

④ 当然，这里的"建议"并非脱口而出的简单一句话，而是附带诸多正方理由的一种说理结论。不同于日常对话中一个人对另一个说"我建议你……"，说理者所呈现的"建议"是结构化的，更像是一套"标书"。

⑤ ［英］斯泰宾：《有效思维》，吕叔湘等译，商务印书馆 2008 年版，第 95 页。

来自"实务部门"的以下敬告，即便是对于那些只打算作为旁观者或建言者而不亲自"行事"的说理之人，也是很有帮助的：

> 如果你正遭遇"分析麻痹症"的折磨，持续不断地研究计划而没有任何行动，那么迈出第一步才是比较理智的做法。然后你可以在需要的时候再搜集其他更多的信息，而不是在开始行动前就想着把所有的事情都考虑好。①

我们可以把这种敬告视作对英语世界一句谚语的诠释。那句谚语就是："Fake it 'til you make it"（暂时先做着，直到最后做成）。当一个人因为追求绝对确定性和完美性而陷入"焦虑症"（anxiety disorder）时，这句谚语或可起到一定的治疗作用。

要点整理

■ 一个人在说理时为自己的"主张"交代了合法的"根据""担保"和"支撑"，从而做到"自圆其说"，这意味着其说理已经具有形式上的效力。但是，在追求"好的说理"时，我们还要特别关注说理的外部相关性，即，参与对话的其他人是否以及能在多大程度上接受其中各层次的理由。

■ 尽管一个人在说理时往往并不声称其"主张"绝对可信，但在他实际表述其说理"主张"时，总是把用以标明"理由对于主张之支持强度"的"模态词"省去，从而给人留下一种印象，即，他的任何结论都同样地"绝对可信"或"绝对不可信"。

■ 把或然性结论说成或暗示为必然性结论，由此留下的漏洞是很低级的，即，任何人只要找到一个"反例"或"意外现象"便可认定其"主张"不可信。相比之下，对于或然性结论的批判，并非随便找一个"反

---

① ［英］于尔根·沃尔夫：《专注力》，朱曼 译，机械工业出版社 2013 年版，第 40 页。

例"就能驳斥的。

▨ 说理能得出什么强度的结论,一方面取决于说理者对于材料的搜集梳理以及对于理论的阐发应用,另一方面也取决于一些外部因素,譬如,人类整体的研究能力,问题本身的难度,研究的目的,等等。除开形式系统内部的说理,大多数说理只能追求某种或然性结论。某些貌似或声称必然性结论的,往往只是"滑坡论证"所致。

▨ 或然性结论,并非意味着无知,反倒意味着"你知道得更加清楚",懂得结论的界限。正所谓"有一说一",此种思想上的"节制"本身就是说理之严格性的体现。

▨ 对于科学的信任,并不意味着科学家本人或普通人凭借科学权威就可以得出绝对确定的结论。不论是自然科学还是社会科学,其本身从来都不回避甚至也不厌恶"反例",倒是凭借"知错"和"纠错"机制,总能从"反例"中获得前进和创新的动力。

▨ "决策"这一概念,内在地预设了"风险"。所谓理性决策,本质上是一种无法事前得知对错的利弊权衡。科学研究实践中本着"经济原则"提出假说或选定模型,这本身具有"决策"的色彩。这一切启发我们,当以可错论的态度开展说理时,或然性结论并不妨碍我们成就"好的说理",反而能鼓励我们在现有试探性结论之后继续探索。

▨ 针对"模态"这一说理要素,我们可以提出的批判性问题包括但不限于:此前的主张有什么地方过于绝对? 你下结论时选择了什么样的模态词? 你的结论声称强度和实际应有强度分别如何? 你是如何防止"匆忙下结论"的? 你是怎么确认"根据"和"担保"无误的?

延伸阅读

▨ [美]罗伯特·福格林:《行走于理性的钢丝上》,陈蓉霞译,新星出版社 2007 年版。正如标题所示,本书将为我们讲解人类尽管一直追求某种纯理性但仍只能处在某种不确定之中。

■ [美]约翰·杜威:《确定性的寻求》,傅统先译,童世骏校,华东师范大学出版社 2019 年版。这是哲学家杜威的一本著作,若能耐着性子慢慢读进去,你或可以从更深层次理解"绝对的确定性"何以是一种迷人的幻象而已。

■ 本讲注释中所提供的其他你认为有必要跟踪阅读的文献。

拓展练习

[1]有人从"a 为 1"推出"a+a=2"。请试着将其补充完整,构造一个形式有效的说理结构。同时思考:在不交代情境的情况下,你觉得其中的模态词是必然性的还是或然性的?

[2]从报刊或网络上寻找一个自称为必然性结论而你却认为应该是或然性结论的说理片段,并提供相关文献资料证明其结论的非必然性,最后,试着修改原有的结论/主张。

(提示:文献引用,需标明原始出处。)

[3]就大众媒体上发布的情况来看,有不少来自科学家的研究结论往往把"模态词"省略。请结合你自己所熟悉的专业领域,举例分析其中的某些结论尽管在外行人看来是必然性的,但内行人都知道是或然性的。

[4]"美国新闻与世界报道"杂志发布的 2019 年全球大学排名榜中,普林斯顿大学被排在第一位。① 作为一种研究结论,你觉得,它是必然性的还是或然性的? 假若是或然性的,请对照目前国际上其他几个主要的大学排名榜,尤其是它们的评价指标及权重差异,分析:该结论或然性之源头或许在哪里?

---

① 相关细节,可访问 https://www.usnews.com/best-colleges。

[5]曾经有一份关于"玻璃天花板"(glass ceiling 或 glass cliff)的调查报告。① 其中指出:在女性突破玻璃天花板,登上领导者位置的案例中,很多这样的职位都是高风险的"替罪羊"(fall guy),即,该机构本身正处在危机之中,而且这个职位未被提供必需的资源和支持。由此,我们能否得出结论说:大多数任用女性为 CEO 的公司都是有衰退倾向的? 请展开论述。

[6]关于全球气候变暖,或许有人将其视作某种必然性结论,有人将其视作一种或然性结论。结合有关这方面的争论,谈谈:如何驳斥一种"必然性"结论? 如何驳斥一种"或然性"结论? 两种情况下的"驳斥",有何差异?

(提示:不要忘记,当你驳斥某一结论时,并非意味着你反对说话人用以支持该结论的所有话;另外,当你提出你所认为的"反例"时,要同时考虑该"反例"能在多大程度上对原结论带来挑战。)

---

① 相关报道,可访问 http://news.bbc.co.uk/2/hi/uk_news/magazine/3755031.stm。相关论文,可参看 doi:10.1111/j.1467-8551.2005.00433.x。

第八讲　莫忘另种可能性

前一讲中谈到,说理最终没能达到必然性结论,这本身并非意味着说理不够好,因为从根本上看,之所以得出或然性结论,往往是因为我们立足当前所提供的理由,坚持"有一说一",而后者正是"好的说理"所追求的严格性。实际上,不同于标准的形式逻辑分析,图尔敏模型要求我们不是简单地断言"凡非必然性的就是或然性的",而是进一步追问"不确定性"之具体根源。为了显示真的在"有一说一",在用或然性模态词限定自己的"主张"之后,依照图尔敏模型,我们紧接着还会直接交代到底是考虑到了什么样的"除外情况"才使得我们只能达到或然性结论。

从博弈或论辩的角度来看,说理之人交代"除外情况",等于是坦率承认"另一种可能性"尚待查证是否属实。倘若或然性模态词是对我们说理所能达到的断言强度有所保留,那么,"除外情况"则是提醒自己要做好"预案",提前预知或坦率接受来自反对者基于"另种可能性"所提出的"异议"①,以备在将来或另外的场合下予以查证后回应。对于"另种可能性"的这种敏感,不仅是"说者"单方所应具备的;作为"听者",我们也要善于考察他人说理中明示结论之外的另种可能性。本讲中引入的"维特根斯坦劝诚",可以帮助读者明白:针对他人话语中未明示的部分提出批判性问题,这不是为了"抬杠",而是引领对话各方发现彼此更多的共识和分歧,由此

---

① "除外情况"所对应的英文单词"Rebuttal"本来的意思就是:对于别人的批评,做出驳斥或回应。

促成一种"更好的说理"。

"我不追问的话,你会提前交代'特例'吗?"

相对于一个人的"报告",两人或更多人参与的"对话"更容易为参与者带来新"发现"。就如下面的例子那样,听话人的积极参与可以帮助说话人认清他自己原来没有考虑过的情况。

A:张三的行为应该是属于犯罪。因为他把人打成了重伤,也不存在过失伤害情节。我国刑法规定,蓄意伤害造成重伤的属于犯罪。

B:你确定是这样吗?你有没有想过,张三可能还未满 14 周岁,那或许只是校园欺凌的一种严重情形。

A:哦!那是特例,我现在不考虑那种情况。

B:我不追问的话,你会提前交代"特例"吗?

A:应该不会吧!?

可以看到,就一开始的陈述而言,角色 A 的说理具备"主张""根据""担保""支撑"和"模态词"等要素。而且出于某种原因,他选用的模态词是或然性的"应该是"。然而,他似乎想不到有什么"例外情况"可以交代,直到角色 B 提醒他至少有一种"特例"要考虑到。

这种情况,在我们说理中时有发生。之所以如此,主要是因为比起其他常被略去的说理要素,"除外情况"尤为容易忽视。一方面,有人或许考虑到,并非所有的说理都有"除外情况",譬如,某些限于几何形式系统内部的说理就不需要。当他们自认为当前所得出的结论也属于必然性的时,当然就不会交代"特例"了。另一方面,正如上例所显示的那样,或许有人能隐隐觉得自己的说理"仅就通常情况而言"因而无法得到一个必然性结论,却不能确定到底是什么情况导致他的结论只能是或然性的,于是只好不谈

"除外情况"。也正是因为如此,当被角色 B 问起"我不追问,你会提前交代特例吗?"时,角色 A 连自己都只好承认"应该不会吧",尽管他可能已经意识到这样做有点不妥。

虽时常被省去,然而有必要强调:"除外情况"是数理型说理之外大多数日常和学术说理都内在地包含的一个要素,也就是说,随着对话的开展,一定可以把省去的"除外情况"还原出来。更重要的是,发现并交代"除外情况",代表着我们对于严格思维的追求。从听者的角度看,如果说话人使用了或然性模态词,却没交代原因,我们有权追问到底在什么意义上或就什么而言是或然的。从说者的角度看,我们在陈述理由的同时,必须心中装有听众/读者,考虑来自他们的异议有哪些是合理的。必须承认,不论是从听者还是从说者来看,这件事并不总是容易的,要求我们保持警惕和克制。但是,它对于我们追求一种"好的说理"而言,是一种值得的"努力"。让我们先从说理的评价上看"除外情况"何以必要。

一、交代"除外情况",是严格思维的表现

当说理之人为自己的"主张"提供"根据""担保"和"支撑"之后,他的"理由"在形式上已经基本完整;不过,当别人评价其说理的好坏时,还需要看这些"理由"对于其"主张"的支持力度,即,其能所做出的断言强弱程度。为了减少"反对声",或是礼貌性地表示谦逊,有人或许打算在下断言时一律表示"我只是说有可能"。[①] 然而,我们说理所要追求的并不是此种"纯粹的可能

---

① 这种情况在实际生活中大抵会弄出笑话。譬如,英国作家法吉恩(Eleanor Farjeon)在他的传记作品《九十年代的保育室》中曾描写这样一个人:"他很怕被人抓到说错话,结果在小的时候就养成一种习惯,在他说过的每一句话前加上'或许'。'是你吗,哈利?'妈妈在客厅里叫他。'是的,妈妈——或许。''你要到楼上吗?''是的,或许。''你看看我的包是否落在卧室了?''好的,妈妈,或许——或——许!'"(转引自 Stephen Toulmin, *The Uses of Argument*, Cambridge, England: Cambridge University Press, 2003, p.41)

性"，而是特定语境下的、有针对性的"实际可能性"。① 对于后者，我们不仅要通过正面的理由交代其何以很可能（"较高的概率"），还要具体交代其因为什么样的"反面理由"（即偶然会发生的"除外情况"）而并非必然。这不仅是礼貌性的谦逊姿态，更是说理者严格思维的表现。

1. 同一组"理由"或指向多种可能的"结论"

说理之人提出一组理由，希望由此得出一种结论，哪怕只是或然性结论。单从正面来看，这应该是很常见也不难得到理解的做法。然而，从说理之作为深度对话来看，我们需要同时考虑：你所提出的这些理由，在对方或其他人那里，即便他们也承认这些理由都是真实的，是否指向同一种"或然性结论"呢？换句话说："一组理由"之指向"或然性结论"，这种关系是单线的吗？它们在"我方论证"中与在"他方论证"中的地位一样吗？

让我们通过几个例子来阐明这一点。譬如，一个人说："现在张三把人打成了重伤，伤者已经住进重症病房。这件事也不存在什么过失伤害情节。而我国刑法规定，蓄意伤害造成重伤的属于犯罪。基于这些理由，我认为他的行为肯定构成犯罪。"他所提出的种种"理由"，在另一个人那里，或许能得到完全认同。但是，这"另一个"人从"这些理由"出发所得到的结论可能是"我推测张三的行为或许不构成犯罪。"若要问他为何得出与第一个人不同的结论，他可能解释说："据我了解，张三很可能未满 14 周岁。"

再如，一个人在向某银行申请信用卡时，对银行工作人员抱怨："我跟刚才那个人是一个公司的同事，查询显示我的信用记录良好，为什么他能申领信用卡我却不可以？"这里隐含的意思也是：这个人与银行工作人员考虑并认可

---

①　这种"实际可能性"，不排除其他可能性因而是"有保留的"，但更强调"当前更有可能"是什么或"最大的可能性"是什么，因而显示出足够的强度。从日常言语行为的"担责性"来看，即便我们在断定自己的观点时可以采用"或许"或"有可能"来"守护"自己的断言，但这并不意味着我们的"或然性陈述"就可以完全免责，否则的话，那作为一种"主张"实际上等于什么也没说。这方面来自日常语言的哲学分析，可参见 Stephen Toulmin, *The Uses of Argument*, Cambridge, England: Cambridge University Press, 2003, pp.44—49。

了同样一组理由，但是他们得出的"结论"却不同。当然，银行工作人员得出不一样的结论，也并不是无法得到辩护的。他们或许说："你与他相比有一个不同点，可能被你忽视了。那就是，你已经超过 60 岁了。"申请人年龄可能是信用卡办理资格审查的诸多"小因素"之一。①

还有，在某某中学的一次竞赛考试之后，学校官方通报显示：这次竞赛满分 100 分，而李四同学考了 59 分，未达到及格线。对于不了解李四本人的两个陌生人而言，当他们基于现在了解到的情况开展说理时似乎也拥有同样的"理由"：不仅是指他们拥有同样多的官方通报"事实"，而且包括他们承诺同样的"道理"（譬如，家长依据学生考试成绩的好坏批评或表扬学生）。然而，他们其中一人或许会基于假设"竞赛中大多数同学都及格"而得出"李四应该会受到父母的批评"；另外一人却基于假设"这次竞赛超级难，根本就没人考及格"而得出"李四或许会受到父母的表扬"。

对于上述所举同一组理由指向不同结论的例子，有读者或许指出：那些"理由"并非充分的，如果我们把其他"假设的情形"（what-ifs）也添加在"理由"内，所能得出的"结论"就是唯一的了。对此，需要提醒：这里所谈的原本就是或然性结论，即，正是明知理由可能不太充分才得出或然性结论的。另外，当我们说某个人的理由"不充分"时，要注意：往往是在看到其他人得出不一样的结论之后，我们才意识到其理由的"不充分性"的。在上述例子中，要先知先觉地、万无一失地穷尽所有可能的"理由"，对于说理之人似乎是不现实的。现实中经常遇到的情况是，我们确定了一些事实和道理，但还有诸多额外的信息（如"伤人者的年龄""同事之间的年龄差异""其他同学的考试成绩"）无法核实，这时要得出结论只能"通常而言"（normally）。正是在"通常而言"的意义上，我们看到了，不同的对话者，由同一组理由出发，却得出了不同的"或然性结论"。当然，我们这样讲，并不意味一个人不能得出"通常而

---

① 60 岁是国内大多数行业的法定退休年龄。某些银行考虑到退休之后的人将失去稳定而持久的收入来源，曾规定：凡是年满 60 岁的人，不论目前是否仍在工作，均不能为其办理信用卡。

言"的或然性结论,它所要表明的是:出于对严格思维的追求,当一个人基于通常情况得出某一或然性结论之后,有必要继续交代一些什么,譬如,可能遗漏掉了什么细节。有心理学研究表明,人们的"直觉"总是倾向于把自己所看到的某件事当作这件事所有的一切,即卡尼曼所谓的 WYSIATI("what you see is all there is"的首字母组合),而且越是基于比较少的事实和信息,我们就越是容易编出一套融贯的故事。① 说理之人,在讲完自己的理由之前,始终要警惕这一点:你所讲的故事,是否就是所有能讲出来的故事?

2. 理由的真实性本身或遭受异议

当我们在对话情境下回看自己所提出的一组理由时,他人除了基于"同一组理由"而得出与我们相反的结论外,还可能对于我们此前所提出的种种理由进行审视和检查,看它们是否真实或可接受。我们知道,说理者本人在一开始提供"根据""担保"和"支撑"时,已经预先考虑到了这些"理由"的可接受性,因而对于它们的选择可谓是谨慎的。但是,不论如何,我们终究无法提前知晓每一位参与对话之人的所有"背景",他们对于任何一条理由的"异议"都有可能迫使我们重新回到"前提",核查其真实性。这些"异议"的提出,虽然是说理之人无法预料的②,却常常是对方听到说理之人的理由之后所做出的自然反应。它们或许在削弱也或许未动摇我们的"基本主张",但只要它们不是纯粹理论上的或口头上的"空洞怀疑"而是涉及具体实践中可以查验的可能"反例"或"特例",说理之人就必须予以正视。

让我们考虑如下形式上有效的说理结构,看它可能会遭受什么样的"异议":

---

① Cf.Daniel Kahneman,*Thinking,Fast and Slow*,Penguin House,2011,pp.85–87.

② 说理之人之所以无法预料"异议",其中一个重要原因或许是:一开始时,他们往往把注意力聚焦(focus)于"提出或寻找用以支持自己的理由"这一工作,而看不到或忽略了其他声音。从心理学上看,这属于"隧道效应"(tunneling effect),即,当一个人开车进入隧道后,眼睛只顾盯着前方,而看不到隧道外两边的东西。Cf.Sendhil Mullainathan and Eldar Shafir,*Scarcity:The True Cost of Not Having Enough*,Penguin,2013,p.29.

他条件这么好而至今未婚,应该是有什么毛病。因为,结过婚的人大都会告诉我们,那些条件好而未婚的人一定都是有毛病的。

上述说理中的"理由"或是经过说话人慎重选择过的,他相信其中的"事实"是可以在参与对话者中间得到公认的,也相信其中的"道理"是有理论支撑的。然而,这些话说出去之后到底引起怎样的反响,他并不能完全预见。正是在这种情况下,有人听到后或许针对说理要素"支撑"而指出"权威不当":"在这个问题上,你不该只听信那些有过婚史的人的话。"也或有听众针对"担保"而指出很可能存有"反例":"我有一位条件很好的朋友,没有谁说他有什么毛病,是他主动选择单身的。"①还有听众可能针对"根据"而指出"内有隐情":"有一些情况你们不知道!他并非真正属于条件好的人,他有一种难言之痛。"或者,"他早就结婚了,只是长期分居而已。"作为一开始那位说理之人,你不一定全部接受这些"异议",但是你必须对它们做出回应,向更多人表明它们是否以及如何影响你的"基本主张"。对于"异议"的回应,是严格思维的表现,它们应该成为我们完整的动态说理的一部分。②

3. 自觉接受"好的异议"作为"除外情况"

本讲在论及说理的最后一个要素时提到"异议"(disagreement 或 objection),有读者或许感到困惑:"我们之所以说理,主要就是消除意见分歧的。如果我们在提供一系列理由之后,最终还是发现有异议,那么,这是否意味着我们说理已经失败了呢?"对此,可以从两个方面澄清一下。

第一,说理的动因之一确实是要消除某些分歧,但绝非要消除人们之间的所有分歧——那既是不可能实现的,对于人类社会也并非就是什么好事。即便是就说理所要解决的特定分歧而言,任何说理也不是一劳永逸的——它所

---

① 当然,这里是说"有可能成为反例",并非那种已成为对话各方"共识"或"既定事实"的"反例"。因为到底其所谓"朋友"是否确实没有任何毛病,仍有待查证和另行辩论。

② 置于对话情境来看,任何说理都是一个不断修正和完善的动态过程。一开始的"理由"或"主张"更像是试探性的假说(tentative hypothesis),免不了在对话后期时重新予以调整。

能做到的往往是减少或缓和分歧,即,消除某些人而非所有人之间在相关议题上的分歧。① 所以,我们在提供理由之后遭遇"异议",尽管有些出乎意料,也是在情理之中的。正如我们之前反复提到的,这时的"异议"所针对的只是某一特定理由,并不同于说理之初关于"主张"的分歧。当对话者之间的分歧由外显的"主张"转向背后的其他此前未曾关注的细节时,绝非意味着我们说理白忙一场,而是本身就代表一种成果和收获。

第二,"异议"的出现,向说理之人警示:我们的说理并不是也不应该随着单方面交代理由而结束,因而出于对严格思维的追求,需要继续往下分析。② 这正是图尔敏模型与形式逻辑分析法相比的一个优势之所在。而且,当说理者把所遭遇的"异议"纳入说理所要分析的"对象"时,我们将很快发现,"异议"并不总是"敌意"。③ 有些时候,它意味着我们此前对于有关概念的澄清或界定不够,还有些时候是因为我们此前的考虑不够周全或有所疏忽。所以,发现并正视"异议",是我们建构一个"好的说理"的最后机会:通过回应"反面理由",我们有机会夯实原来所提出的正面"理由",在更大程度上(或以更深刻的方式)实现"严格思维"。

有鉴于上述两点,说理者遭遇"异议"后所要做的不应是逃避,而是应积极面对,分别处理。对于那些跟合理怀疑无关的粗放"异议"(譬如,反复表达反对或不喜欢等情绪),我们只需提醒他们回到论证本身来评价。对于那些你认为由于误解或无知所导致的"异议",我们要做的是:或者增补相关信息,

① 当我们指出说理并无法一劳永逸地消除分歧时,并不准备承认有其他方法(如实验)能做到。在科学研究中,不论是现实实验还是思想实验,人们常常对某一实验结果是否以及如何已经驳斥了某一理论,产生分歧。Cf.Timothy Williamson, *Doing Philosophy*:*From Common Curiosity to Logical Reasoning*, Oxford University Press, 2018, p.72.

② 从头看到这里的本书读者应该意识到,从批判性思维者所追求的说理来看,我们对于问题的"分析"不应该停留于简单的"一分为二"或"下定义",而是要走向那种"想别人之未想到"的"深度分析"(deep analysis)或"仔细分析"(close analysis)。

③ 根据格雷姆(Paul Graham)的"异议层级",有些低级的"异议"是不友好的(譬如,辱骂或是人格攻击),有些表面"异议"是针对说话语气或声调的,也有些浅层"异议"只是发表不带理由的反对意见,但也有不少深层或高级"异议"都是本身带有理由且不怀有任何敌意的论证。Cf. Paul Graham, 'How to Disagree', 2008, http://paulgraham.com/disagree.html.

以排除某些方向的解读或引申;或者对于此前所提"主张"或"理由"中涉及的相关概念进行专门界定或进一步澄清。譬如,有人提出我们此前说某某"全体会议"召开并通过一项决议,但是,据他所知,这次会议有几个人缺席了,所以不能称为"全体会议";会议通过的决议也是无效的。这时,我们需要对于"全体会议"及其议事规则进行界定:所谓"全体会议"只需参加会议的应到人员达到法定比例即可,会议所通过的决议也只要求达到某一法定比例的参会人员表示赞同即可。而对于那些提出具体根由的"异议",尤其是当我们认可其提出的情况很有可能(但尚未坐实)构成"反例"时,我们只好承认其中那些情况是我们此前曾忽视的"另种可能性"(alternatives)。譬如,本讲热身案例中所提到的那种"张三未满 14 周岁"的可能性。这些"异议",对于我们完善自己的说理而言,可谓"好的异议"(good objections),我们或许不得不接受它们,尽管这意味着它们似乎在削弱我们此前所提供"理由"的说服力。当把它们纳入我们的说理结构时,可以发现,它们就是图尔敏模型中的"除外情况"。

需要强调的是,对于那些"好的异议"的接受以及它们对于此前"理由"的貌似削弱,我们作为说理者不应消极看待。首先,我们称之为"好的异议"并不是说它们直接驳倒了我们,或是构成了可以证伪我们观点的"反例",而是指:假若那些情况可以在将来或其他场合查证属实的话,就会成为用以驳斥我们的"反例"。其次,我们自觉接受它们作为说理的"除外情况",这不必只是一种被迫退让,也可以视为我们在获取新情况之后主动采取的一种"保留"措施。实际上,一项理由的支持力有多大,并不会因为我们自己是否发现或接受"异议"而改变。当我们在采用或然性模态词下断言时,已经暗示我们所呈现的理由对于某"主张"的辩护力是有限度的,而后来当我们接受某些"好的异议"并将之用作"除外情况"时,与其说是削弱了不如说是申明了其原本的说服力。如果说在遭遇"异议"之前,我们对于"除外情况"的考虑只能通过设想另种可能性的话,那么,在遭遇"异议"之后,我们则是实际看到了另种可能性如何被有些人所相信。毕竟,从图尔敏模型来看,"除外情况"原本就是我们完整说理结构的一部分。

4."除外情况"相当于以条件句的形式保留了原有"主张"

当我们接受某个"好的异议"并试图将其容纳到说理结构中时,经常会在言语表达上引入一个"除非句",附加在原有"主张句"之后。"除非句"中的"除非"一词与"主张句"中的模态词"想必是""应该会"(presumably)等呼应。① 譬如,"现在张三把人打成了重伤,伤者已经住进重症病房。这件事也不存在什么过失伤害情节。而我国刑法规定,蓄意伤害造成重伤的属于犯罪。他的行为想必已经构成犯罪,除非他还未满14周岁。"再如,"他没有大学学历。该公司规定,原则上不能招收没有大学学历的人。因此,他应该是不会被录用的,除非他被视作天才,可以成为公司的第一个例外情况。"另外,由于所谓"好的异议"有多个,这时或许需要引入多个"除外情况"②,譬如,"张三蓄意伤害他人并造成了重伤。我国刑法规定,蓄意伤害造成重伤的属于犯罪。他的行为应该已经构成犯罪,除非我国刑法不适用于他的情况,或者其规定与上位法有抵触。"再如,"堕胎,是把一个未出生的婴儿杀死。人类社会的良知告诉我们,要绝对禁止任何出于个人原因而杀死一个人的行为。因此,我可以肯定地说,堕胎是应该禁止的,除非有人不把未出生的婴儿算作人,或者你堕胎是迫于保全孕妇本人的生命。"当然,为表明说理要素"除外情况",我们不只是可以用"除非"句式,也可以灵活运用"只要不是……""这里的特殊情况是……可能……""这里暂且不论……这种可能性"或"需要排除在外的可能性是……"等措辞。

我们断言一种"主张"时附加"除外情况",相当于把原来的一个"直言命题"转变或修补为"条件命题"。因为"除非"(unless)具有"倘若不是"或"只

---

① 从言语用法上考虑,当我们用"除非"引入某种情况时,意味着它尚未查证的可能性,而非明确的"反例"。

② 我们说有时要引入多个"除外情况",并不是说我们企图穷尽一切理论上的可能性,而是指要尽量把那些在实践中经常会产生疑虑的地方都考虑进来。

要不是"(if not)之意。如果说某一"主张"是在"通常/正常情况下/一般来说"才成立的话,"除外情况"则是更具体地指明某一主张在什么样的"特殊场合""特殊对象""特殊时间"或"特殊目的"等等不成立。① 譬如,当一个人说"他的行为想必已经构成犯罪,除非他还未满 14 周岁"时,与其等值的条件句应该是:"假若他还未满 14 周岁,他的行为就不会构成犯罪。"

毋庸置疑,在下断言时采用"除非""只要不是"或"特殊情况是"等引导的句式,听起来并不是一种斩钉截铁的回答。② 对于争议话题,它似乎没有直接断言"是"或"不是",更像是一种有所限定的肯定或否定(a qualified"yes"or"no")。然而,如此限定了我们的断言,往往并不意味着我们"认知能力有缺陷"。一方面来看,有些时候,之所以削弱断言只是因为某些相关因素的状态暂时无法确定(譬如,在热身案例中,张三到底是否达到 14 岁,至少在当前话语情境下不得而知;尽管通常而言伤人者不会是 14 岁以下,但并无具体理由可以表明张三不大可能是 14 岁以下)。这时,我们给出一种限定性断言,倒是显示了一种"严谨态度",即:我们清醒意识到了,目前所取得的认识成果存在值得进一步探究的"特殊情况"。另一方面,这种断言又不至于像"不一定"(it depends)之类的回答那样流于套话,因为它讲得更加细致、富有信息量:进一步告诉了我们在什么情况下(即假若说话人所列的理由全部得到接受的话)要"肯定回答",什么情况下(即假若某些尚未查明的哪些例外情形属实的话)要"否定回答"。③ 这种典型的"批判性作答",可谓"条件句"的独特功用:

借助于"如果"从句,我们说出了一种我们正在假设的条件,它使得我们能够获得某一结论。需要注意的是,我们只是借用"如果"从句帮助

---

① 很多时候,即便我们在一开始已经采用了"假言型主张",但它作为由所提"理由"得出的结论也非必然性的。因此,"除外情况"仍有必要引入。

② 在有些日常言语活动中,"斩钉截铁"被认为是一种优点,譬如,当你想要表达你的愿望、决心或意志时。但这在其他场合下(尤其是在说理时)并不一定属于优点。

③ 这种断言可以让我们联想到一种场景:当一个人询问你上海气候是否好时,你往往不是直接回答好或不好,而是说:"空气湿润,不会让你的皮肤感到很干燥",就这一点而言是好的;但是,"冬天湿冷,黄梅雨时节又闷热难耐",就此而言也不算好。

我们获得结论,并未就某一争论话题声称知道超出我们实际所知的什么东西。经常地使用"如果"从句,符合批判性思维所看重的"谦卑"(humility)这一价值。①

|小练习|

设想:以下说法是某人基于特定理由所得出的结论,但你认为这样说或许不够严密。请具体指出:他可能在哪些方面哪些地方忽略掉了什么"特殊情况"或"另种可能性"?

■ 他杀人是要偿命的。

■ 他这样做是正当防卫。

二、凡一般而言的"道理",总有特例交代

从图尔敏基本模型来看,如果读者/听众发现理由对于"主张"的辩护是无力的,那么,原因一定是在"根据""担保"和"支撑"三者之中。然而,受众对于三者提出异议的机率是很不一样的。说理之人在提出"根据"时通常要做事实审查,为此他对于所提出的"事实"大都也会交代原始出处,或者有其他公开的查验渠道;同样,他在提出"支撑"时,由于是不做论证的"非衍生型信念",通常也会交代某一理论是来自他自己的生活经历、某一群体共识还是第三方名人或权威机构,以供受众自行对照查验,所以,至少在对话的当时情境中,"根据"和"支撑"比较容易得到暂时认可。② 相比之下,由于"担保"本身的可靠性(在说理结构中)完全依赖于说话人所交代的"支撑",而任何特定"支撑"对于"担保"的辩护力往往是有限度的,所以,受众在看到"支撑"之后,即便暂时认可它们在一定程度上为"担保"做出辩护,也可能会认为"担

---

① M.Neil Browne and Stuart M.Keeley, *Asking the Right Questions: A Guide to Critical Thinking*, 11th ed, Pearson, 2015, p.161.

② 当然,法庭上,"事实"审查可能持续很久,那等于是对其另行开展说理。在学术争论中,对于某一"理论"之形态或要义的正解是什么,或许有很大争议,那同样也需要专门的说理。

保"中所呈现的"道理"仍存在未得到解释的"例外"。① 于是,不足为奇,说理的"除外情况",往往是针对"担保"中的"一般道理"而提出的。

1. 我们的很多"道理",仅仅适用于"一般情况"

正如我们在第七讲所阐明的那样,世界上完全必然的命题本来就很少。当说理之人提出或隐含某种"道理"作为由"根据"推断"主张"的"担保"时,这里的"道理"大多仅仅适用于说理之人心中所设想的"一般情况"(generally),或是"正常情况"(normally)"大多数情况"(in most cases)"典型情况"(typically)等等。但是,说话人认为适用于"一般情况"的"道理",听众很可能并不买账,尤其是当说话人以所谓"常识"作为该道理的理论"支撑"时。譬如,一个人说:"我们不应该把消遣性毒品(entertainment drug)的吸食合法化。此类毒品吸食已造成太多的街头暴力和其他犯罪。因为相比于个人自由而言,公共安全具有第一位的重要性。这是当代社会人所共知的常识。"但是,作为听者的你可能觉得,其中的"道理"(即"相比于个人自由而言,公共安全具有第一位的重要性")只是他个人的假设或臆想。实际上,你或许会说:"只要个体能对自己的行为负起责任,就应该尽量给予他自由选择的权利。这才是当代社会应有的常识。"

不只是源于"常识"的道理大都适用于"一般情况",即便是来自第三方权威(包括当代各类科学研究成果)的"道理"也常常是仅就某种一般情况而言的,譬如,来自气象学的某条定律或规律,社会学领域中的某一人类行为规律,哲学家们总结或提出的道德律令,等等。我们在日常生活中引用这些"道理"时,出于谨慎,往往需要加上"原则上"或"理论上"等限定语,这已经是在暗示它们并非"绝对"或"必然适用"。正因为如此,尽管说理之人在引出某一"道理"时已经交代了其背后的源头"理论"(即"支撑"),甚至

---

① 再次提醒一下,任何"理论"(尤其是科学理论)的解释力都有限度的,不存在(尽管有人可能一直在追求)可以解释一切的理论。

该"理论"广为流传、众所周知,但是,此种"道理"的可靠性仍不免在受众那里受到某种质疑。

譬如,你第一次走到某位"大人物"的办公室,之后或许向第三人讲述:他的办公室里摆放着妻子和家人的照片,书架上的书籍分类排放、整齐有序,等等。根据心理学的有关研究,他把家人照片公开放在办公桌上,说明他关爱家庭;他的物品摆放有条有理,说明他是一位严格要求自己的人。通常来说,听者对于你所呈现的"事实"并不急于争议,对于你所提到的有关心理学理论,很多人也都熟悉,可是,对于那些"道理"是否能适用于此种情境,他们可能很快就提出异议:如,今天房间里的摆设是在前一天特意准备和布置的,因而并非常态;或者,这位"大人物"本身有秘书给他操办这一切,而他本人对于房间里摆设什么并不怎么在意,等等。

2. 最常见的"除外情况"就是对于"一般而言的道理"交代"特例"

大多数用作"担保"的道理都不是放之四海而皆准的。这并不意味着它们没有资格称作"道理"或"知识",更不是说我们在说理中最好弃之不用。因为除了在纯(数学)形式的证明系统中,很少有什么"道理"完全是必然性的。为了思维严格,我们不必去刻意追求那些"放之四海而皆准"的必然性道理,只需要在引用这些"仅仅适用于一般情况"的道理时多想想:当前情况是否存在可能的"特例"? 如果有,不论是自己提前预见到的,还是从对话者那里听到的,我们就需要把可能构成特例的情况作为说理之"除外情况"。

在交代"除外情况"之前,我们提供理由竭力为"主张"提供立体化辩护。这种辩护,或许是说理者本人感到满意的。尽管如此,说理之人还是要多考虑所援引"道理"不成立的那些场景,因为一旦此种道理被认为不成立,我们就无法从"根据"推出"主张"。有读者或许说,所谓"不成立"的那些场景是非常"罕见"的,可归为"意外"。不过,作为说理者,我们千万不要忘记,"罕见情形"很多只是在说话人那里觉得"出乎意外","罕见"并非"实践中不可能",

更不是"荒谬"。更何况,谁能说我们当下说理所涉及的场景就是"正常"而非"意外"呢?

还是让我们多看几个例子吧。试想:以下说理片段中的"特例"(以下划线标识),对于原本支持其中"主张"的人来说,或许觉得是罕见发生的"意外",但是,对于原本持有相反"主张"或准备提出异议的人来说,或许就是不容忽视的实际可能性了。

今晚风向由西南转西北,雨刚停了,云也渐渐散了——种种迹象表明当前正有冷锋穿过。而北温带气象学家常年积累的观察经验告诉我们,在我们这些纬度的地带,冷锋穿过数小时后通常会有晴朗降温天气出现。因此,除非当前的锋系异常复杂,明早应该会有晴朗降温天气。

这支球队在今天的职业联赛中拥有最强的攻防阵营,而其他球队都存在这样那样的弱项。过去这类职业联赛的记录显示,拥有最强攻防阵营的球队往往会获得冠军。因此,可以推测这支球队会成为今年的冠军。当然,球队里有人意外受伤时,属于特殊情况。

Jim 经常把 Betty 留在家里照看孩子,自己却出去跟朋友喝酒。他甚至从没问过她这样做是否可以。鉴于当今时代人们对于婚姻关系中男女平权要求的理解,如今这个社会,丈夫外出娱乐不带妻子,便无权要求妻子整晚留在家里。因此,看起来,Jim 对待 Betty 很不公平,不近人情,除非说他们夫妻之间有外人不知情的某种彼此接受的相互理解。①

3."但书"作为一种"免责声明"

当我们说"除外情况"的交代可以表明我们对于严格思维的执著追求时,或许还不足以强化读者对于"除外情况"之必要性的认识,因为他们会说:由于已经提供了"根据""担保"和"支撑"等理由,即便不提及那些罕见的"意

---

① 这三个例子选自 Stephen Toulmin, Richard Rieke, and Allan Janik, *An Introduction to Reasoning*, New York and London: Macmillan, 1984, pp.124-125。

外"情况,我们的说理至少对于那些未曾碰到"意外"的听众具有说服力。对此,笔者想进一步指出,"除外情况"的交代以及由此所保证的"思维严格性",不仅仅意味着理论上的完备性,在许多比较正式的实践事务中往往还直接影响到经济利益等方面的责任分担。因为,在有些时候,"除外情况"的交代,相当于是一种"但书"条款。

在很多行业具有法律效力的文本中,都会有"但书"部分。只是由于它们大多数时候以"小字体"(small print)呈现,或是被置于"附则"部分,经常被人忽视。然而,有过相关经历的人应该知道,容易被人忽视的东西,并不意味着它们不重要。之所以容易被忽视,毋宁说是因为其中所涉及的情况在过去很少发生(但绝非不会发生或未曾发生过)。譬如,在保单等格式化合同的附则里,经常涉及"诉讼法院选择""争议概念的界定""免责条款""免赔额""自动续约"等等。在你从哪里得到的商场优惠券上,正面"大字体"呈现的往往是诱人的优惠幅度或抵扣金额,而下方甚至"背面"小字体显示的则是一些不适用情况(如"购买商品必须达到某某额度方能抵用""特价商品不参与""不与其他优惠同时享受"或是"解释权归商家所有")。这些"但书"说法,直接关系到在相关"特殊情况"出现时你能否得到所承诺的权益以及谁来承担相应的责任。其实,它们的作用就类似于我们说理结构中的"除外情况":在诸如此类的正式场合下,我们单靠或然性模态词"可能""正常情况下""通常来说""原则上"等,往往无法达到足够严密的"说理"和"沟通",而必须通过列出比较具体的"非典型情况"或"非常见情形"方能提前消除不必要的"误解"。在一定程度上甚至可以说,唯有说话人交代清楚了都有哪些特例时,听者才能足够完整地理解他所要传达的"道理"。这就好比我们在学习英语语法规则(如"一般现在时句子中,当主语为第三人称单数时,谓语动词要加字母s")时,需要重点记忆各种"不规则"情况(如"谓语动词加es的或是用系词is或是去y加ies的"),然后才能学会正确地把所谓的"规则"应用到特定的语境中。

📚 ｜敬告读者 ｜

对于所谓的"特例"或曰"反例",我们作为说理者不必消极地看待它们。它们的存在,并不意味着我们所援引的"道理"不成立,因而也不意味着我们的说理效力被消解掉了,因为我们的"道理"原本就是针对一般情况而言的,更何况我们通过"除外情况"所交代的"特例"并非已经核实或确证。说理中经常碰到的情况是,我们对于某一细节不太确定,但受时间、能力等客观因素所限,又无法去查证,此时我们只好先按"通常情况"进行判定。但是,由此做出断言时,一定不能认为,"特殊情况"就压根儿没有发生或不存在,所以,有必要向对话人交代都有哪些特殊情况需要进一步查证核实。就此而言,它有点像是海关申报制度:当一个人主动报告携带什么东西入境时,并不意味着这些东西就一定是违禁的或非法的,其用意主要在于方便海关人员决定要不要审查以及怎样审查。反倒是倘若你不主动申报,后来审查一旦发现什么违禁品,你将被判定承担"有意隐瞒"之责任。

三、"维特根斯坦劝诫"

发现"特例"对于正确认识和应用"道理"(规则)是必要的,然而,并不是人人都能意识到或很快发现可能有的"特例"。要想尽可能周全地考虑我们当前的说理结论需要把哪些情况排除在外,我们可以借助于对话,不管是真实的,还是虚拟式的角色扮演。在一个人的观点及其理由传达给对方后,对方作为"他者",对于语言意义的理解往往并不会如说话人所预期的那样,他们或许会有各式各样的疑问。这时,如果这些疑问能以批判性问题的形式提出来并得到说话人的回应,我们将发现,在对话各方竟存在一些曾被忽视的"分歧"。借助于意外发现的这些"分歧",对话各方可以意识到:某一说理片段中到底省略了哪些关键信息,又有哪些关键点其实是应该作为"除外情况"予以交代在说理结构中的。

1. 基于"不完全信息"的说理

站在听众的立场来考虑,我们当然希望,说理之人从一开始把各种理由或信息讲得清楚而又完整,以免听者对于说话人所要传达的意思理解不透或是产生误解。提出此种"希望",对于做过数学和形式逻辑推演类题目的人来说,是很容易理解的。因为,基于某种流行的"推理"观念,我们会说,每当结论不确定或无法探知时,总是因为前提信息不完备;只要前提信息交代完整,能推出什么结论不能推出什么结论,这是确定无疑的。但是,日常说理和很多学术说理是在一个开放的对话环境下进行的,我们无法像在一个封闭的形式系统中那样做到每次都不遗漏任何信息。实际上,我们在一开始甚至不能完全知道什么信息是真正需要交代的以及什么信息是众所周知因而不值一提的。

关于人类的言语活动,有一个非常基本的事实是:为了增强言语交流的效率,我们不必把跟谈话主题相关的一切信息都一口气说出来①,而总是根据受众不同有所筛选。同样地,当一个人提供系列理由来为他的某一观点进行辩护时,他所陈述出来用作理由的那些话都是经过选择而有所省略的一套"不完全信息"。出于经济考虑②或心理原因③,他得有选择地传达他自己初步认为重要或需要先讲的内容。因此来说,当听众发现说话人没有讲到自己所关心的情况或对某个概念未加解释时,并不意味着说话人一定在有意隐瞒什么。倘若说话人一开始就面面俱到,我们反倒会说:他抓不住重

---

① 有些时候,相关信息非常之多,我们甚至不知道能否一口气(或是单独一篇文章)把它们全都讲出来。

② 所谓"经济考虑",主要是指要在限定的时间甚至是最短的时间内把自己的主要意思传达出去。时间,类似于金钱、资源、精力等,都属于广义上的经济因素。

③ 所谓"心理原因",其中一点是指受众的心理特点。譬如,我们大多数人的"注意广度"(attention span)都是有局限的,而且每次看东西或听东西,只能选择一个角度。正如关于爱丽丝的小说《走到镜子中去》中"绵羊"所提示的那样,就单次所能完成的动作而言,你可以向前看,向左看,向右看,但就是做不到一眼就看到你四周(look all around you),参见 Lewis Carroll, *Alice's Adventures in Wonderland and Through the Looking-Glass*, Oxford University Press, 2009, p.178。

点,"不知所云"。①

　　值得提到的是,逻辑教科书经常讨论一类非常重要的推理现象,即,省略式推理。很多貌似"推不出"的现象,只是因为说话人省略了某个前提,一旦我们把所省略的信息还原,便能推得出了。这种现象,在形式系统之外的日常和学术说理中比比皆是。可以说,几乎没有任何人在说理时是不省略信息的。不过,我们也不能像有些形式逻辑学家那样为了表明某一日常推理的有效性而绞尽脑汁地添加一些前提。若是那样来理解"省略式推理"的话,似乎就没有什么推理是无效的了。② 站在对话情境下看说理,至于说话人到底省略了什么信息,显然不能由听者随意猜测,而要由说理之人自行补充。③

2."遗漏的信息"有时会很重要

　　我们不可避免要在说理时遗漏(不管是有意还是无意的)一些信息,可这些"遗漏信息"并非总是无关紧要的,尽管说话人自己起初如此认为。这主要是因为:理由是否能支持观点以及理由本身是否可靠,即便说理之人开始提供理由时会对这些予以考虑,但它们终究要在实际的对话过程中交由对话各方去检验和衡量。而每当我们准备加以检验和衡量时,恢复有些"遗漏信息"就

---

　　① 从这一点来看,对于电视广告,我们无法过多指责广告人不解释或隐藏信息,因为他们所迫切考虑的是在短暂的时间内把自己认为重要的商品或服务信息单向地传递给大众。至于该商品或服务的更多细节,有兴趣的观众自然可以通过其他渠道了解详情。所以,在不否认存在"虚假广告"的情况下,我们也要意识到,有些时候所谓的"广告误导人"情况毋宁说是"人误解广告"。

　　② 因为任何被指责为无效的推理,有人都可以为之辩护说:那只是因为其中的某个前提(甚或很多很多前提都)被省去了。

　　③ 关于"省略式推理",国内外不少教科书将其与亚里士多德那里的论证法"enthymeme"等同起来,或作为其现代译名。不过,依照《牛津英语词典》(OED)对于"enthymeme"一词的释义,这个词在亚里士多德那里的原意是指"基于或然性理由之上的论证",并无"前提省略"之意。所以,建议把亚里士多德的"enthymeme"翻译为"或然性推理"。尽管如此,考虑到本书所涉说理大都是或然性推理,而在基于对话情境的说理中常常省略各类信息,我们似乎又必须承认,作为日常"或然性推理"的"enthymeme"的确会出现省略前提或相关信息的情况。由此来看,对于"enthymeme",所谓"省略式推理"的翻译似乎强调了该词所表示之概念的"形式"方面,而所谓"或然性推理"的翻译则凸显了它的"实质"方面。

成为一种必要了。这可以从两方面来看：

首先，如果不恢复一些遗漏的信息，我们将无法判定说理是否具有特定效力。譬如，前面各讲已提到，有些时候，说理人自认为有关事实或道理太过于明显，或者认为有关道理的理论源头众人皆知，或者认为断言的强度不言而喻，于是便把"根据""担保""支撑"和"模态词"中的某一个或多个要素予以省略。但是，除非他随后能补充上缺失的要素，否则我们无法看到该说理的完整结构，也就无法弄清楚他到底怎样说理以及说理是否有效和可靠。

更重要的是，当说话人在听众的追问下补充了有关"遗漏信息"之后，他很可能发现，自己原来视为当然（因而未先提及）的东西竟成为听众的疑点，而他之前明确说出的那些话（包括其"主张"以及他生怕别人不知道而事先强调的那些理由），听众却无异议。在此意义上可以说，一个人的说理之所以被认为不具有说服力，往往不是因为"明述的话"（what is said），而是因为"所遗漏的东西"（what is omitted）。若要问为什么听众容易对"遗漏信息"产生疑问，其中一个原因或许是：当说话人觉得某些信息显而易见便径直省去时，这已经暗示说话人在相关问题上持有"特定的视角"，但既然这是说话人自己的"视角"，听众很有可能处在与之不同的视角位置。譬如，热身案例中角色 A 提出：现在张三把人打成了重伤，伤者已经住进重症病房。这件事也不存在什么过失伤害情节。而我国刑法规定，蓄意伤害造成重伤的属于犯罪。基于这些理由，A 认为他的行为肯定构成犯罪。但在角色 B 看来，角色 A 遗漏一条至关重要的信息（即，张三是否还未满 14 周岁），这种遗漏或已反映出 A 看待这个问题的"默认"视角，即，凡是蓄意伤害他人者都是有能力担负起责任的人，因而不大可能是未满 14 周岁的人。

必须承认，我们每个人在讲话中有权利持有一个"视角"（perspective）。①但是，同时需要承认的是，当我们局限于一个视角时，很容易导致"盲点"。因

---

①　英文中"perspective"一词，在汉语中有时也翻译为"观点"。

为即便我们自认为自己的视角不容忽视①,也不能拿自己的视角替代他人的视角。对此,有学者形象地指出:

> 特定的视角就像是套在一匹马身上的遮眼罩。遮眼罩有助于马匹关注于正前方的东西。不过,就像马匹的遮眼罩那样,一个人所持有的视角会阻碍他注意到某些信息,而这些信息对于立足不同参照系做出推断的那些人显得很重要。②

3. 来自维特根斯坦的劝诫

说理之人或许无意隐瞒什么。但是,由于他自己心里并非真正清楚自己的"盲点",经常会无意识地隐去或漏掉一些对于说理及其评估而言极其重要的"信息"。不仅如此,即便是在对方提醒或要求他把省略的信息补充完整之后,他也不一定能够做到或很快做到。有些时候,当我们要求说理之人明述所省略的"信息"时,他竟突然感到自己并非完全讲得清楚。而更多时候,即便他认为已经把之前所省略的某种信息恢复出来了,但我们却发现,他补充来的此种说法是我们万万没想到或高度不愿接受的。讲到这里,笔者不禁联想起维特根斯坦在《逻辑哲学论》"前言"中写过的一句广为流传的格言:"凡是可以说的东西都可以说得清楚;对于不能谈论的东西必须保持沉默。"③因为这位以深沉著称的哲学家似乎也是在提醒我们要格外关注那些隐藏不语的东西以及那些未能说清楚的话。笔者不是说维特根斯坦的原话就是在教导我们如何说理,但是他所谓的"凡是可以说的东西都可以说得清楚",的确可以用来警醒每一个参与说理性对话的人:

> 说话人没有明讲出来的话,很可能正是他讲不清楚的,也很可能正是你持有异议之处。

---

① 正是因为感觉"不容忽视",我们才站出来提出自己的"主张"的。

② M.Neil Browne and Stuart M.Keeley,*Asking the Right Questions:A Guide to Critical Thinking*,11th ed,Pearson,2015,p.150.

③ [奥地利]路德维希·维特根斯坦:《逻辑哲学论》,商务印书馆1996年版,第23页。

本书中,我们姑且称之为"维特根斯坦劝诫"。

基于维特根斯坦劝诫,我们在与人说理时,当发现对方可能有什么重要信息遗漏之后,不妨通过提出一些批判性问题,设法让对方接着多讲一些内容,讲得完整一点,看他能否讲得清楚,看他讲出来的是否跟你预想的一样。当我们这样"探幽发微"时,一方面,如果他讲出来的跟你预想的一样,则由此可以确认或增进双方的共识,为深入而有效的交际和说理奠定基础;另一方面,如果他讲出来之后与你以及更多人的看法迥异,那么,任何一方在建构自己的理由时必须把你和他之间的"合理分歧"(即至少现阶段无法或无意消除因而在一定程度上予以保留或搁置的那些分歧)①作为"除外情况"予以考虑。

譬如,一个人在为自己的某一观点辩护时自信满满地援引了一组关于某地失业率的统计数据,并用此表明他所谓的某一"事实"。我们如果只是听到了数据,但不是很清楚这些数据到底说明什么以及如何说明事实,那么,后面这些内容就是我们认为重要而他并未明述的。这时,不妨提出一些批判性问题促使他多说一点。比如,你这组数据来自哪里,是哪一年的? 它背后的统计方法有哪些争议的地方? 在他回答所有这些之后,我们就可以判断:就他谈论的"事实"而言,我们到底可以认同哪些,又有哪些是持有异议的?

再如,一个人提到"转基因无害"这一道理,并援引"最权威的科学研究"作为"支撑"。如果他明述的信息就这么多,而我们却无法就此接受其说法,那么,我们就有必要依照"维特根斯坦劝诫",对他未作明述的很多"重要内容"保持警惕。这时,我们可以提出来的批判性问题包括:你所谓的"无害"是指对人类无害还是对动物无害? 是指长期食用无害还是偶尔食用无害? 是指其危害可以忽略不计还是其毫无危害? 你所指的"最权威"具体是指哪些机构或个人,他们的身份有何特殊性吗? 那些科学研究本身的结论是或然性的

---

①　如此形成的"分歧",就当前所在的探究阶段而言,我们尚不能(虽然将来有可能会)指责任何一方是错的。在此意义上,我们可以说双方之间的分歧属于"无过错分歧"(faultless disagreement),尽管或许不至于成为纯粹的"趣味之争"(matters of taste)。关于"无过错分歧"一词的提出,参看 Max Kölbel, Faultless Disagreement, *Proceedings of the Aristotelian Society*, New Series, Vol.104, 2004, pp.53–73。

吗？如果是，其可靠性有多大？其他渠道的"科学研究"所得到的结论与之有何不同？等等。不能说，我们提出这些批判性问题就意味着我们在所有这些方面一定会指责或驳斥他。但是，假若他的回答有哪一项（譬如，到底谁才是最权威？）被认为无法得到公认，我们就可以紧接着指出：有另一种可能性（即有可能其他渠道的研究才算是这方面的权威）不容忽视，有必要作为他说理的"除外情况"。

4. 让"另种可能性"开拓我们的视野

当我们觉得对方可能遗漏什么重要信息而又不能指责其隐藏或选择信息时，应该遵循"维特根斯坦劝诫"，提出批判性问题，督促他讲清楚相关内容，以弄清更多共识和分歧。贯彻这样的建议，在有些对话者看来，或许会感到"有点累"。但笔者要说，我们为了获致更多真相而主动向说话人提出批判性问题，这不仅是友好对话者的一种责任，更是为追求严格思维而做出的必要努力，从长远来看还能开拓我们的思维和视野。

从很多人日常的交流经验来看，有一种偷懒的"捷径"似乎就在那里，即，当我们觉得对方遗漏什么信息时，不必接着询问他，而是直接"帮"他恢复那些信息，从而快速达到对他的一种理解，或是对他的观点提出批评。然而，我们必须思考的是，我们单方面建立的此种"理解"以及由此引出的批评，真的是针对说话人本意而不是一场误会吗？谈到"误会"，又有读者或许觉得，那是常有的事情。谁讲话没有出现过"差错"或"过失"呢？但我们这里的"误会"并非那种不可避免的"失误"（mistake），而主要是指：说话人没有明确说出而你却错误地"推出了"某些东西。本质上看，它属于一种"不会说理"，或至少是"不善于说理"。此种"误会"是"思想不克制"造成的，而此种"不克制"直接违背了批判性思维的开放性要求。

从批判性思维的立场看，我们说理的严格性是建立在开放性之上的一种"思想克制"。第五讲第二节曾谈到男女之间的很多差异可以基于说理得到相互理解，这里有必要重申：我们强调思维的批判性和严格性，目的显然不是要让对方想得跟我们一模一样。每一位参与说理之人都应意识到,我们生活在一个多元化社会。由此,我们在围绕某一话题开展说理时,大家对于基本概念的使用和语词定义、对于事实情况的观察判断、用作担保的客观规则和价值判断、作为初始信念的源头等等,都可能是多元化的。但是,多元化社会中的很多"不同"是可以理解的。也就是说,此种多元化,并不会消解理性;反倒可以说,正是人类理性,要求我们至少在某些时候某些地方容忍多元化。《论语·子路》有云:"君子和而不同,小人同而不和。"一个倡导健全理性("和")的社会,可以在很多枝节上"合理分歧"("不同")!同时需要强调的是,处在一个"和而不同"的多元化社会,即便我们的说理是要维护"和"而批评对方某一"不同",我们也必须以理服人,通过提出批判性问题,设法让说话人自己意识到某种不足或疏忽。

对于目前尚无法确定的东西,我们习惯于想到它的"一般情况",但从开放性和保持克制的要求来看,我们一定不能忘记"另种可能性"。提出这些"另种可能性",对于我们说理之人与其说意味着一方在批评另一方,不如说我们是在借此开拓彼此的眼界和视野。当我们指出对方的观点有"除外情况"时,并不是意味着我们自己的观点就可以不做任何保留。从深处讲,"维特根斯坦训诫"作用类似于苏格拉底的"辩证法",那就是:帮助对方也帮助自己认清某些尚无法确定的东西。做到这一点,毫无疑问是需要耐心的,但的确是一种需要训练方能拥有的"说理能力"。如果有读者不了解其中的深意,或者不熟悉苏格拉底的"辩证法",不妨看看下面的对话实例:①

　　苏格拉底:盗抢和欺骗,这些是善行还是恶行?

　　学生:当然是恶行!

　　苏格拉底:欺骗敌人,算是恶行吗?

　　学生:这倒是善行。我想修改一下说法。对朋友行骗,盗抢朋友之

_____

　　①　这部分摘译和改编自[古希腊]色诺芬:《回忆录》(Xenophon, *Memorabiblia*)第四卷第二章中关于苏格拉底(Socrates)与自负的雅典青年欧提德谟斯(Euthydemus)之间一场关于正义与非正义的对话。

物,是恶行,不包括那些针对敌人的盗抢和欺骗。

　　苏格拉底:照你说,对朋友行骗就是恶行。可是,在战争中,一位将军看到自己的军队士气不振,便撒谎对士兵说,援军就要到了。这种欺骗是恶行吗?

　　学生:不,那不算恶行!

　　苏格拉底:你还说,盗抢朋友的东西一定是恶行。但是,如果朋友要自杀,你盗抢了他准备用来自杀的工具,这算是恶行吗?

　　学生:这倒是善行。请允许我收回之前说过的话。

四、不能对"背景共识"设立"除外情况"

　　前面说过,如果说理中遇到有无法确定之重要细节时,有必要将其作为另一种可能性列入说理要素"除外情况"。有些习惯于"抬杠"思维的人或许提出,如果这样要求的话,我们所要列出的"除外情况"会多到无法穷尽,因为几乎任何理由、任何判断都有尚未确定的地方。作为对此种担忧的回应,本讲最后要指出:图尔敏模型中作为"除外情况"要素的并非某一说理情境中的"背景共识",后者虽不是绝对为所有人认可的,但至少在当前语境下的对话各方中存在默契。

1. 任何说理,都需要预设会话各方的"背景共识"

　　当在说理过程中试图澄清有关共识和分歧时,不应忘记我们说理一开始时的分歧和共识。何谓"一开始的分歧"?很多人都清楚,那就是,引发"问题"以及启动"说理"的在某一话题上的"观点分歧"。而"一开始的共识",有些人或许会忽视,但它们显然是有的。甚至可以说,在说理一开始,会话各方之间的共识远远大于分歧。因为,没有足够的共识,压根儿就无法形成真正的对话。那些共识之所以被人忽视,一个原因可能是人们在争辩(尤其是辩论赛上)中喜欢找"差异",倾向于强调对立。另一个原因则是一开始的很多共识在说理过程中一直处在未明示的地位,属于一种"背景"或是"画外音"。在对话中,为节省时间和空间,我们之所以提到什么东西,往往都是说话人觉得它容易被忽视或有人可能不认可才提出来的。而对于根本不知道有谁会提出怀疑的东西,我们通常将之置于"背景共识"中。

作为我们说理之"背景"的"共识",或许并没有经过各方的事先商定,更没有圈定什么范围。但是,毋庸置疑,只要我们认为有可能开展对话而且是在进行说理的话,我们就一定可以找到一些东西是明确属于"背景共识"的。对此,我们或许做不到但也没必要开列一个"穷尽性的清单",只需举几个简单的例子即可。譬如,当两个人在就超市售卖的黄瓜是否属于全天然食物而争议时,他们或许对何谓"全天然"存在分歧,但是,有更多东西是他们一开始时默认为"共识"的,包括某些常见名词或连词的意思(如:何谓"属于",何谓"食物",何谓"黄瓜",何谓"是否",何谓"超市"等等),也包括说话当时所处的场景信息(如:大家在说的是哪些时期以及哪些地方的超市)。

当然,由于大家对于"背景共识"没有严格界定,所以,有些时候,一方把某种情况视作共识而后来发现另一方却不认同,这意味对话不得不中断。对此,也没有什么好担心的。这时,我们可以把那些中途被否认的"背景共识"增列为"除外情况"。譬如,一群男女在讨论某方面的事情,在此过程中,或许发现有人把存有异议的某种东西(如"成功是最重要的目标")误当作"背景共识"。这时,为了继续讨论,我们可以将它提出作为"除外情况",表示:当前的讨论姑且不考虑"成功或许不是最重要的目标"那种可能性。

2."但书"条款,能否定"背景共识"吗

关于不能对"背景共识"设立"除外情况",一个比较通俗的理解方式或许是结合某些商业文本中的"但书"条款。读者应该大都见过"解释权归公司所有"之类的"但书"条款,试问:该公司的解释权能适用于所涉文本中的任何概念吗?

当涉及对于某一商品之品质的评价（如"放心食品"）时，"解释权归公司所有"这种说法常常是管用的，甚至是必要的。譬如，关于什么是"放心"，其作为一种品质标准到底是什么？不同商家或消费者往往怀着不同的"标准"。在此情况下，如果商家设置"解释权"，事先告知消费者：关于"放心"之标准，请参看或询问公司专门的解释，那么，这往往可以减少不必要的误解或争端。① 但是，如果关于某一品质评价（如"过期食品"）已有国标或行业标准，这（至少在法律上）意味着它的公认意思已经进入对话各方的"背景共识"了，这时，任何公司就不能随意设置"解释权"了。否则，就是"霸王条款"，会在后面的法律诉讼中被视作"无效"。

不仅是商业文本不能通过"但书"条款否定"背景共识"，我们自己在使用容易引起歧义的"概念"时虽然事先的界定（类似于声明"解释权归本人所有"）可以减少不必要的误会，但是倘若有人要坚持任何词什么意思都是你说了算（类似于声明"这整个世界的最终解释权归我所有"），那么，他可能就是一位"自我中心主义者"，或是小说《走到镜子里来》中"蛋形人"之类的角色。② 二者都显然不属于本书所倡导的说理之人。

3. 对于"背景共识"的交代，可以借助于"说理情境"的明确

我们不能指望穷尽性地列出"背景共识"，但是，如果此类"共识"一直被隐于"背景"而只字不提，的确会存在误解的风险。有鉴于此，在公开演讲或说理文中，可以通过事先明确"说理情境"，指定预期的说理对象（即目标受众），从而达到交代"背景共识"的目的。因为特定的受众，往往意味着他们在很多生活经验或言语习惯等方面是一致的。

让我们对比来看。假设有人对其他人讲："张三的数学成绩总是80分

---

① 当然，从商业营销心理来看，当商品公司声明解释权为自己所有时，往往意味着其对商品品质或服务标准的解释是偏弱的甚至是最弱的一种解释。譬如，所谓"买一送一"可能被解释为：买某一高价的主商品，送某一低价的附属品。

② 关于"蛋形人"谬误，可回头参看第三讲第四节。

以上,而李四的数学考试成绩总是 80 分不到。我推测,张三的数学应该比李四学得好。"这里的结论是建立在一系列预设(初始设定)之上的。譬如,同一个学术评价标准(如百分制);同一个年级;同一个学校或至少是同一组试卷;等等。但是,听到这句话的人可能并没有把这些"预设"置于"背景共识"之中,于是,他会提出各种各样的"另种可能性"作为异议,譬如,"或许张三学校采用的是 150 分制,而李四的是百分制";"张三年级的试题,相比于李四年级的试卷,总是偏容易";等等。与此不同,倘若这位说理之人事先交代:他是在跟知道张三李四乃同一班级的那些人去讲的,即,明确了说理情境,那么,其中的"背景共识"相应就确定下来了,由此也会减少不必要的"异议"。

关于说理情境的交代,在说理文写作中尤为重要。对此,本书最后一讲有专门论述。

要点整理

■ 依据严格思维的要求,有些时候,正确的结论就应该是带有条件的、适度开放的。而体现这种"开放性"的做法之一就是在说理中主动交代"除外情况"。或许,带有"除外情况"的说理显得不那么斩钉截铁,但那些遗漏或忽略另种可能性的结论一定是不正确的。

■ 处在一个"非封闭"的世界上进行说理,比起设法确保前提信息的遗漏无疑,对于我们来说更可行的做法是:通过提出批判性问题,设法让自己或对方多说一点,尤其是你认为可能隐藏分歧或掩盖共识的部分。

■ 把某种"特殊情况"作为我们说理的"除外情况",并不意味着我们承认自己的说理有明显的"反例"因而已经站不住脚了。因为我们所考虑的"特殊情况"往往是大家在当前情境下无法查证某些细节而只好按照一般情况而论时所忽略的"另种可能性"。但这种"可能性"在当下尚未被表明确实存在,因而尚不足以构成一种证伪"反例"。

■ 我们在说理中追求某种意义上的确定性,但永远不要因为此种追求而忘记让自己的说理保持开放度。我们不仅要敢于正视和回应"合理的怀疑",设法让所提供的理由为更多人认可,同时还要对于对话各方在某些细节上的"合理分歧"留有空间。"除外情况"这一说理要素,就相当于是对于"合理分歧"的一种承诺。

■ 说理之人为了获致更多真相而主动向说话人提出批判性问题,这不仅是友好对话者的一种责任,更是为追求严格思维而做出的必要努力,从长远来看还能开拓我们的思维和视野。

■ 正如商业文本中的"但书"条款不能否定某些作为行业共识的商业标准一样,图尔敏模型中作为"除外情况"要素的不能是某一说理情境中的"背景共识",因为后者是对话得以可能、说理得以开展的必要条件。

■ 针对"除外情况"这一说理要素,我们可以提出的批判性问题包括但不限于:你的主张可处处适用,还是只适于正常情况? 如果存在一些另外可能性,你又该如何下结论? 你提出的各种理由,有哪些并非无条件被认可的? 你的说理,可能会存在什么样的特例? 在你的目标受众中,哪些人会对你提出哪些异议?

延伸阅读

■ [美]尼尔·布朗、斯图尔特·基利:《学会提问》,吴礼敬译,机械工业出版社 2019 年版。该书是批判性思维领域的早期经典之作,书中第六章"价值观假设与描述性假设"重点讨论了如何发掘隐藏在对话一方预设背后的另种可能性。

■ ［美］斯蒂芬·布鲁克菲尔德:《批判性思维教与学》,钮跃增译,谷振诣校,中国人民大学出版社 2017 年版。该书的副标题为"帮助学生质疑假设的方法和工具"。

■ 本讲注释中所提供的其他你认为有必要跟踪阅读的文献。

 **拓展练习**

［1］选择媒体上或生活中的任一说理片段,围绕图尔敏模型的各个要素,提出相应的批判性问题。接下来,针对所提出的这些批判性问题,你自己试着予以回答。最后,结合这些"回答"所补充出来的详情,回头去评价该说理片段的效果。

［2］举例说明:当别人提出他找到了关于你说理的一个"反例"时,你如何应对? 譬如,你觉得它真的是那种可以用来直接驳倒你的"反例"吗? 或只是一种"误解"? 还是一种尚未查证属实但却有可能出现的"另种可能性",因而需要引入作为说理的"除外情况"?

［3］你或许见到有酒店告示食客:"禁止自带酒水,否则要加收开瓶费。"而当有食客提出"我们自己开瓶,不应该收开瓶费"时,他们或许说:"所谓开瓶费,主要是跟酒水有关的服务费"。对此争议,你如何看? 你觉得,"开瓶费"应该作何解释? 不同的解释权设置,会怎样影响说理的效果?

［4］回忆一下:你或你身边的人在生活中有无遇到商家安置"免责声明"条款而你们却忽视从而招致利益受损的情况? 如果有,请详细阐述"误解"何以产生以及你们从中能吸取什么样的教训。

［5］邀请一位朋友就某一热门话题开展简短说理,然后你试着遵循"维特根斯坦劝诫",请他就你认为有所省略或遗漏的一些地方补充说明。由此,能从中发现你们之间的什么"共识"或"分歧"? 最后你的朋友是否已经或愿意就此前的说理做出某种让步?

[6] 罗素有一句名言是："如果有一种与你观点不同的意见让你生气了,这表示你下意识里明白了你并不具有正当理由坚持自己的想法。"①结合有关实例谈谈:当一个人这样生气时,是不是意味着他承认对方意见是"另种可能性"?

① Bertrand Russell, *Unpopular Essays*, New York: Simon and Schuster, 1950, p.104.

第九讲　"说理"成"文"

　　我们已经把说理结构拆分为"主张""根据""担保""支撑""模态词""除外情况"等要素,并逐一做了专门讲解。现在,是时候把它们重新组合起来了。前面的拆分以及现在的重组,都是为了更好地进行结构化说理。然而,当我们认清了各个要素之本质,准备就某一话题展开一场比较好的说理时,我们应该意识到,所谓"好的说理",绝不仅仅是详述各个要素之后把它们联合起来。对于结构化说理的最佳呈现方式其实是:把你一直在追求的"好的说理"写成一篇说理文。本书所引入的图尔敏模型,不仅可以帮助我们分析和评估他人的说理结构,更重要的是,经过如此分析和评估之后,我们自己可以有针对地、有策略地写出一篇说理文来。我希望,在前面各讲中读者结合有关练习已经做了一些片段式的写作训练。这里,作为本书最后一讲,我们将集中论述如何借助图尔敏模型写出完整的说理性文章,即,"说理"成"文"。如果说前述各讲集中于训练某一方面的说理技能的话,本讲将是对图尔敏模型及各类批判性问题的综合应用,而且其落脚点是长篇说理,即,能称得上一篇论文的说理式样。如果前述各讲是以图尔敏模型为脚手架帮助我们认清说理之结构的话,本讲中我们将拆掉脚手架,侧重从"公共写作"(而非写日记、做笔记那样的"私人写作")的视角,直面特定情境下的受众,充实我们的说理结构,拿出一篇不仅结构完备而且内容丰富的文章来。

案例热身

"谁才有资格评判哪一套说理更能让人信服呢?"

本书已经通过图尔敏模型讨论过各式各样的话题,你见证了它如何能把我们引向不一样的视角和深度。但是,不少读者心中或许依然留有一种困惑,那就是,我们如何能为自己所要维护的一种观点提出一套相比其他人更有信服力的说理呢? 这种困惑可以在下面的对话中看出:

A:我觉得应该全面禁烟。对此,我可以提出结构化的理由。

B:我觉得应该允许人抽烟。对此,我也可以提出结构化的理由。

A:我的说理,已经考虑到你所提到的那些貌似可以抽烟的情况。不过,它们要么是错误的,要么是误解,要么只是特例而已。

B:我的说理,也考虑到了你所提到的那些貌似禁止抽烟的情况。它们同样要么是错误的,要么是误解,要么只是特例而已。

A:看来,我们两个谁也说服不了谁。还是让我们找个裁判来评评理吧。

B:好啊! 那么找谁呢?

A:谁才有资格当我们的裁判,告诉我们哪一套说理更能让人信服? 专家吗?

B:什么专家? 法律专家,科学家,还是香烟专家? 好像都不是我们要找的裁判。

A:有"说理"的专家吗? 说理课上的老师?

B:可是,我们凭什么要听老师一个人的评判呢? 难道他比我们更熟悉这个话题?

A:那么,还是找"群众"吧!

B:可是,应该找哪些人呢?

　　Ａ：……

　　Ｂ：……

　　是的，"谁才有资格评判哪一套说理更能让人信服"，的确是一种我们至今未解答的困惑。假若有读者此前没有此类困惑的话，我希望由此也引起你们注意。

　　我们鼓励在必要的时候以说理的方式开展对话，并倡导大家通过适当的理由维护自己的立场。尽管不一定要在观点立场上争个"非此即彼"的输赢结果，但不论是为了"此方"观点，还是为了"彼方"观点，我们确乎应该追求一种"更好的说理"，即，从说理本身来看，其中的观点及理由更能令人信服。既然这样，人们在说理时，或许不满足于通过图尔敏模型去分析和批评对方的说理，也不满足于通过图尔敏模型去建构自己的说理框架，而是想让自己的说理在更多人那里（而不只是站在你面前与你对话的某一个人）得到评价和认可。然而，很多时候，我们无权指定究竟哪些人有资格进入这"更多人"或"群众"之中。这时，我们所面对的实际上是一些不特定的读者，可统称为"受众"。而为了能让更多不特定的读者参与进来，我们通常采用的办法是：把自己的一套说理详详细细写下来，通过某一公共媒介传播出去。这样，不仅不在我们面前的其他地方的人能够看到，甚至不在我们时代的后来的人们也可以看到。就如上述例子中那样，Ａ、Ｂ两人最后所能采取的最好办法或许就是：他们各自把说理写成一篇像样的文章，任由"受众"慢慢去评说。这倒不是说，一旦把说理写成文章，那就是"好的说理"了或很快能评出谁好谁坏，关键点在于：成文的说理更有可能诉诸不确定的更多读者得以公平评判。

　　或许，说理成"文"并不意味着对于争议问题本身的解决，但它的确是我们走向问题解决的一条"光明大道"。当一个人试着把说理写成文章时，他会根据受众的关注点，认真组织"理由"材料，还会积极使用各种语言技巧，让读者轻松而准确地把握其说理的要义和重点。这本身就是我们不断优化和完善说理的一项工作。要把"说理"从即兴的口头表达转移到有准备的书面表达，我们需在图尔敏模型之外处理很多具体事情。一开始,先让我们了解一下关于说理文的一些观念层面的东西。

一、从"说理"到"写作"

对于一位看重说理的人而言,说理文的出现,应该是很自然的事情。因为,虽然并不是什么事情(如表达自己的冷暖好恶)都需要说理,也并非所有争议问题(如悖论①、专业性很强的内部问题)人人都有能力参与,也并非任何说理(如不太正式场合下的小分歧)都需要写下来,但是,在有些时候,当我们口头对话中讲了很多,内心里也想了很久之后,仍觉得有必要以"书写"的方式继续下去或重新梳理,加以完善,以求把自己的"心得"以一种更加负责任的样式,完整传达给更多人。这可谓"说理文"最常见的动因所在。不过,就写作对于我们说理的意义而言,需要意识到的远不止于此。

1. 你的"说理"为什么值得写下来

在学术之外,很多人或许觉得,"善说"要比"善写"更重要,甚至认为只要说过了就没必要去写了,因为不仅对于受众而言似乎"听"比"读"更轻松,对于表达者而言似乎也是"说"比"写"更方便。所以,当我们谈到从说理到写作的过渡时,有必要专门讲讲:你自己的说理为什么值得写下来?

第一,只有当你写下来时,你才能更深刻地体会到说理与辩论赛之不同。尽管本书前面多次强调说理不只是"说说"而已,日常提到"说理"时往往限

---

① 悖论,通常是指学术研究上那些含有貌似合理的对立结论但又无法确定哪一方正确的理论难题。譬如,假设一个人一生只说一句话,即,"我说的这句话是假的。"那么,他这句话是真的还是假的呢? 当你基于某种考虑得出结论说它是真的时,这句话本身的含义似乎已经表明它是假的,因而它应该为假;而当你基于某种考虑得出结论说它是假的时,这句话本身似乎已经承认它是假的,因而它应该为真。更多例子,可参见陈波:《悖论研究》,北京大学出版社 2017 年版。该书列举的很多悖论,即便是对于专攻理论研究的学者而言,也是相当棘手的议题。所以,对于大多数读者而言,或许只能围观欣赏,无力参与有关它们的说理。

于其字面义,容易让人联想到辩论赛的情形,似乎"好的说理"就是在辩论场上你追我赶,一直在寻找快速制胜对方的一筹(one-upmanship)。但是,从本书所关注的"说理"来讲,输赢并不是重点,因为很多公共话题,其说理是持续进行、不设定终点的。这种差别尤其体现在当你通过写作来说理时。在辩论场上,辩手摆事实讲道理都要追求"快":不仅说得要快,还要反应得快。我们来不及也不愿意花时间在"事实"审查和"道理"识别上下工夫。相比之下,我们写作时,则允许并要求说理的人"慢慢来""静静看""细细研究""反复揣摩"那些关键细节。我们不仅可以像辩手那样提前准备资料,而且可以在写作的整个过程中反复核实并继续查找新资料,在文章发表之前永远有机会予以修改和补充。"把自己的思想写下来是精确思考必不可少的步骤。"①就像路易斯·卡罗尔《乌龟对阿基里斯说了什么》一文中智慧的乌龟所指出的那样,"凡是逻辑上足够清楚可以告诉[听众]的,都值得写下来。"②

第二,你通过公共写作来说理时,会更加专注于理由本身的说服力。这是相对于"面对面说理"而言的。日常对话中,我们面对面就某一话题而争论,虽然你知道理由本身对于说理而言最为重要,但对话者之间的眼神交流、语气语调等会提醒你同时是一位演讲者,因此你或许禁不住动用理由之外"情绪"之类的手段③去打动和感染对方。然而,当你写作时,由于你无法对受众施加任何"言语"之外的强制力量,你只能试着站在读者的角度看待和理解问题,借助于言语所传递的思想,吸引读者,获得读者的同情。这种说理的方式,更能让人感到理性"润物无声"的魅力和功效,也能更好地检验一个人说理而非演讲的效果。

---

① Steven Cahn, *From Student to Scholar: A Candid Guide to Becoming a Professor*, Columbia University Press, 2008, p.77.

② Lewis Carroll, *What the Tortoise Said to Achilles*, *Mind*, New Series, Vol.104, No.416, 1995, p.693.

③ 一种或许不太为人注意但的确常被使用的调用情绪的"面对面"言语方式是:"你一定要相信我",或"你必须相信我"。

第三,你准备把"说理"写下来时,对于自己的措辞表达会更加谨慎和考究。一句对一句的口头表达,具有某种直接性,但或许正是因为彼此认为是在进行某种"直接"交流,因而常常放松自己的表述和措辞,觉得一旦对方听不懂、误解或指出错误,可以随时补充、更改或干脆推翻前面说过的话。然而,表述上的放松往往显示或导致思想上的松散,等于是纵容自己为考虑不周以及思维错误寻找借口。相比之下,当你通过写作来说理时,由于直接性场景的缺失,你无法轻易更改自己发表的文字(读者倒可以慢慢审查你公开出来的文字),也无法预设对方单从你的文字能够读出你言表之外的意思(读者甚至都不认识你),这些都迫使你更加负责任地对待自己的说理:把自己的观点和理由表达清楚,把有关概念、事实和理论解释到位,把前后思想做到融贯一致。① 实际上,当我们沉浸于写作来说理时,通常会发现,与其说我们是想要赢某人(或许因为你甚至不知道具体要赢谁),毋宁说那是我们迫使自己对思想世界所做的一次清理。因为,我们在写作之前可能并不知道自己在哪一点上"逻辑不清"。在此意义上,说理不只是为了讲给他人听的,更重要的是为了"认识你自己"以及"增进你自己的思想"而讲的。对此,有学者曾指出:

> 在写论文时,我们认真而努力去做的是:认清我们自己的思想是什么,并在找到之后,为一场多边会话贡献自己的力量。我们不是想要击溃对手,多少也是因为这一点,可以说,"集结证据"、"攻击对手"和"捍卫论点"是误导人的讲法。确实,在电视脱口秀节目中,我们看到左翼或右翼人士下定决心只想着抛出他们自己的观点,对于其他人的观点不予理睬。但是,在学术共同体中,实际上也包括在我们日常生活中,我们是通过聆听他人同时也聆听我们自己才学到东西的。

> 在我们把对所读过的东西的回应试着撰写下来,这样做时我们会发

---

① 当我们撰写的文章比较长时,前后融贯的重要性尤其突出。不过,或许只有写长文(如一部著作)的人,才能真正领悟其中的难度。

现——倘若我们对于写在之上的文字做出批判性思维——我们自己的立场在改变（或许轻微地,也或许是大幅度的）。简言之,我们写作的一个原因就是:我们可以增进我们的思想。①

| 敬告读者 |

当我们强调由说理转向写作的必要性时,不是要求把"说"与"写"截然分开。实际上,现代汉语中"说"这个字,在很多时候是在广义上使用的,已经包括进了"写",譬如,我们经常讲"某某人在这篇文章中说到……"甚至包括本书的主题"说理",我们一开始使用这个词时其实就设定了它不只是口头说理,还有书面说理。需要进一步提请读者注意的是,"听说读写"有机地融贯于我们说理的全过程。这样表述,并不是要贬低"说"的重要性,而是想要强调:但凡有深度的说理,总是同时要求我们"听"不同声音,同时要求我们"读"他人的东西,同时要求我们能够在必要时"写"下来。

2. "论文"就是一种深度说理

在以写作的方式进行说理时,我们所谓的"写作"或"作品"（writing）当然并非泛指任何类型的文章（尽管几乎每一篇文章都会或多或少包含着说理性成分）,甚至也不是要把文章写成严格的分角色对白,而是特指"说理文",即一般意义上的"论文"——不论是"大论文",还是"小论文";不论是学校里的,还是学校外部的。提起论文,不同读者或许联想到不同的"特征",你们也可以参看相关专业的论文式样或是论文写作指导类的书籍。在此,笔者重点想指出:论文,并不总是行话连篇,也并非总是千篇一律,但一定得是严肃认真的思考。这种严肃性,反映出来的是"深度",而其源头动因则是写作者对批判性思维或说理原则的自觉践行,并以此追求一种极致。如果说文学作品大都是通过内容展示作者的个性的话,说理文则主要是将作者的个性"弥漫"于

---

① Sylvan Barnet and Hugo Bedau, *Critical Thinking, Reading and Writing: A Brief Guide to Argument*, eighth edition, Bedford / St.Martin's, 2014, p.vi.

对共识的梳理和阐发以及对于观点的论证思路中。

论文写作之作为严肃说理,其内部特征之一是:当你想参与某种讨论尤其是回应某言论时,如果准备就此写论文,你会以研究者的身份要求自己,必先查找原文,看看别人实际都说了什么以及别人所援引权威与所批驳对象到底说了什么,也就是说,找到原始出处,对照着现有诸种判断,独立而谨慎地发出自己的声音。这样做之后,你的说理会变得立体而克制,带有某种"起承转合"。所谓"起",是指引发我们议论的那种"问题"或"争议点","承"是指我们在"现有问题"的基础上提出"主张"并给出分层次的正面理由,"转"就是注意到我们所可能面临的反驳意见,"合"则是通过适当的模态词来限定原有的"主张"。

从外部来看,论文写作的严肃性主要表现在通常所谓的"论文格式"以及"学术味道"上。众所周知,论文在格式上要求图表术语规范、参考文献标注完整等等。这种繁琐而费力的活儿,或许只有严肃做事的"工匠"才懂得其价值。至于"学术味道",主要是指言语表达上的语气、措辞等等。① 譬如,通常认为,在论文写作中,你可以怀疑但不要走向愤世嫉俗(cynicism);需要自信但不要傲慢(arrogance);可以批评但不要表示轻蔑(dismissive);需要表达意见但不要固执己见(opinionated)。②

当我们说"论文代表着一种格外严肃因而属于有深度的说理"时,读者不必由此感觉论文乃本书所论"说理"之外需要单独训练的一种专门技能。不妨说,当说理走向足够深入,得到"升华"时,自然而然会带有论文写作的样式。因为,论文写作,在一定程度上等于是把你的所思所想"大声讲给读者听"。不论你是在说还是在写,关键的一点都只在于:你得表达一些你的目标受众(尤其是那些严肃的读者和听众)愿意听或看的东西,而要做到这一点,

---

① 如果有读者之前曾把"学术味道"理解为"脱离实际的象牙塔",笔者这里要强调:论文或说理文的"学术味道"重在思想言语的克制与谨慎。

② Cf.J.Wellington,A.Bathmaker,C.Hunt,G.McCulloch and P.Sikes,*Succeeding with Your Doctorate*,London:Sage,2005,p.84.

你必须审慎而又克制,设法思考得全面而透彻。在这方面,相比于"口头说说而已",当你准备写作时,"文字"的特殊性或许迫使你把自己的观点和理由考虑得更加成熟。你甚至有必要提醒自己,如果思考得不够周全,就没机会把文章发表出去。

3. 撤掉脚手架,重新出发

通过前面各讲,我们已经看到,图尔敏模型,可帮助立论之人梳理结构,找出需要详述之处;可帮助驳论之人理解对方的思路,找出驳斥点;也可帮助双方逐步认识到大家目前的共识和分歧,从而明确下一步方向。但是,我们不能认为,图尔敏模型可以一劳永逸地结束争议;更不能认为,一篇论文中只需要堆积这样的模型即可。当我们准备把说理写成一篇论文时,我们需要清楚:图尔敏模型,更多类似于我们为分析他人说理或梳理自己思路所搭起的"脚手架"(scaffolding)。"脚手架"之隐喻,一方面是说:图尔敏模型是实现某种目的的必要工具;另一方面是说:一旦达到这个目的(譬如,弄清了要义,整理了思路,明确了分歧和共识,收集了材料,确定了重点和难点),那么,接下去往前走时,就可以(也需要)撤掉"脚手架"了。所谓"撤掉脚手架",主要是指:我们写论文时,不必要在文稿中列出图尔敏模型,甚至没必要交代其中的各个要素。最明显的一点是,正如在刻画他人一篇文章的说理结构时,我们常常要概述而非照搬原文段落以明示各个要素一样,我们在弄清说理结构之后开始写作时,也不一定要引入图尔敏模型中那些过于抽象笼统的表述。

不必为拆掉"脚手架"而感到遗憾,因为脚手架原本就是为了帮助我们更好地开展说理而架设的,其本身并非意味着"好的说理"之作品。当我们此时拆掉这个"脚手架"而重新出发时,要意识到:我们已经通过图尔敏模型训练收获了很多东西,这些"收获"让我们在转而写作时已经站上了新的起点和高度。譬如,全书通过图尔敏模型训练所带来的如下"训诫",相信也正是每一位论文写作者所应该持有的基本信念:

(1)有争议才说理,因此提出你的主张之前得先弄清"问题"。

（2）好的说理至少应该是结构化说理，即，理由不仅分层次，而且有正反。

（3）摆事实讲道理本身要有出处，而且"出处"决定了其可接受性。

（4）心中装有听众尤其是那些在一开始可能与你观点有异的对话者，他们关注什么争议什么，决定了你需要重点讲什么。

（5）搬出人生哲理或科学道理，本身并不是在说理，但在交代出处后可以用作说理"支撑"。

（6）说理严格不同于结论绝对化。

（7）追求充足理由的同时，莫忘另种可能性。

另外，就参与具体某一话题而言，当我们搭建然后又撤除脚手架时，要明白：我们已经借助图尔敏模型清理好了场地，譬如，有些信念强化了，有些信念改变了，有些陈旧信念被放弃了，还有些新信念被引入了，我们的视野开阔了，问题的"概念地图"（尤其是分歧和共识之所在）清晰了，前面要走什么路也更坚定了。在这个阶段，如果觉得有必要接着去说些什么，我们也基本清楚可以说些什么了。譬如：如果在该话题上自己似乎是第一次主张什么，要重点考虑齐备的理由，还要设想可能以及现实的异议。如果自己是在别人之后主张什么，可以重点想象自己要增补什么，或是修改什么，尤其是当你发现前人所确立的"根据"不完全或事实陈述不到位时，前人所引理论支撑不恰当或是有更好的替代品时，前人论断强度不当或是除外情况过多或过少时。

4. 写"说理文"时要有作家的视角

既然图尔敏模型的使用目的已经达到，当我们拆掉这个"脚手架"之后，不仅没有损失什么，反倒可以让论文作者获得"自由写作"的空间。说理文之作为"作品"或"文章"所应具备或追求的东西，不容忽视。这倒不是说我们要把说理文变成一种文学作品，重点在于：虽然论文本质是深度说理，它毕竟是一种作品，而且是写给读者看的。就此而言，没人读的文章，一定不是好文章。而为了让更多不特定的读者愿意读，你在写论文时，必须像一位"作家"（writer）①那样心中"装着读者"：你要吸引读者，要让文章顺畅易读，要能给他们带来启示。至于说文学作品和论文写作所面对的读者不同，那或许会影响到文章读者群大小、术语使用量、理论难度、虚构性、故事性等方面的差异，但是，你只要是面对不特定的读者②去写一篇文章，就需要像"作家"那样照顾"你的读者"的阅读体验。不必担心如此"自由写作"会让文章不像是说理文，因为我们写作之前通过"图尔敏模型"所做的工作足以让我们的作品"形散神不散"。

还记得，第三讲谈到说理的"问题"意识时，曾指出："主张"所面对的"问题"必须是大家正在关注或值得大家关注的问题。这意味着，我们说理时得考虑听众的兴趣点。不过，当时考虑"关注点"时所强调的多是同为说理者的其他论文作者或对话人的关注点；而当我们面向读者开始写作时，所需要考虑的不只是这些人的关注点，还应考虑某一领域内更多不特定读者（譬如，那些本身不是该话题的参与者而只是准备阅读相关论文的普通读者）的兴趣。所以，现在，我们有必要把读者及其感受置于更加突出的位置上。

首先，身为写作者的你，从一开始就得围绕"读者的兴趣"做文章。从写作经验上看，所谓乏味的文章，大都是完全不能引起读者兴趣的废话、大话、空话，抑或是不知所云的图表数据堆砌。那么，什么才算"有趣"或"有意思"（interesting）的文章呢？它至少得包含一些能引起读者注意的或令人惊奇的东西，尽管这种东西不一定就是指文章的基本观点。说得再通俗一点，它得是让读者"走心"（engaging）的，让他们在思想深处切实感受到一种"吃惊"（surprise）或"好奇"（wonder）。③ 当然，这样说，并不意味着我们可以脱离"说理"

---

① 我们这里之所以说"像一位作家"，而没有说"身为一位作家"，主要一个原因是：在学术界，写论文的人一般被归为"author"（著作人），而非通常意义上小说家、文学家之类的"writer"（作家）。在强调思想性和说理性的意义上，我们或许可以把"author"视作"thoughtful writer"。

② 很多说理文尽管是面向"同行"而说的，但其读者仍是非特定的，即你预测不到究竟会有哪些具体的个人看到并读完这篇文章。

③ 由此，我们可以明白读者为何常用"surprising"或"wonderful"称赞某一篇文章。成熟的读者倾向于在自己喜欢的作品中找到"吃惊"或"好奇"的东西。

本身而随意添加一些令人"吃惊"或"好奇"的成分,而是指:我们在写作时应该从选材、举例、措辞、作图等方面设法吸引读者。毕竟,"好的论文都要显示出作者对于读者的尊重。"①

其次,当你的初稿完成时,还要根据第一位或第一批读者的试读反馈,修改完善文章。要知道,很多严肃的作品都不是一气呵成的,而是需要反复修改才能走向完善。而当作者判断要修改什么或怎么修改时,早期读者反馈来的困惑和意见是宝贵的。如果说我们建构图尔敏模型时,很多时候只是凭着自己的经验(不仅包括直接的生活经验也包括阅读文献中积累的间接经验)预想听众对于事实或理论的公认程度以及相关异议,那么,当我们开始严肃地写作时,就不能仅仅凭着预想,最好是先实际开展一些"初步性的"对话,譬如,把你的论文初稿(甚至是某一相对独立的片段)发送给一些朋友或在某专题会议上先行报告,以征求这些"早期读者"的意见和建议。相比自己重读稿子所找出的"需要修改之处",你之外的读者的困惑和意见往往更能说明你的作品有哪些显得薄弱或容易被削弱之处因而需要调整、补充、充实或加强什么内容。

第三,说理文除了要说服读者之外,也可以像作家那样试着"启迪读者"。刚刚说写作时要考虑读者的兴趣点和困惑点,这并不是说我们的说理文要一味迎合读者;因为即便是文学作品,最终还要有"启迪读者"的引领功能。提到说理文,有些人或许会把"说服对手"或"赢得对手"作为唯一目标。然而,需要指出:虽然说理动因是为解决争议,而且说理文以信念的确定为目标,但就某一场对话的实际结果来看,可能无法给予读者"定心丸",甚至引起新的分歧,因此,很多时候,在"阐明正反理由"之后,路还得读者自己继续走。此时,至少对于"尚存分歧"的那些读者,"启迪"的功能或许会排在"说服"之前。我们没能说服他们非得接受某一点不可,但是,我们的作品可以引发读者思考,启发他们由此往前走一步,可以接着做些什么。

---

① A.P.Martinich,*Philosophical Writing:An Introduction*,Wiley Blackwell,2016,p.11.

二、顺应说理的情境之变

当我们决定以写作的方式进行说理时,读者就是我们所面对和服务的人群。然而,一个非常重要却容易被忽视的事实是:很少有什么说理是面向"普遍受众"(universal audience),大都是"特定受众"(particular audience)。之所以出现如此情况,是因为再好的说理也不可能说服每一个可能的人。要知道,我们这个世界上,有人压根儿不愿意说理,也有人不愿承认任何共识的,绝对怀疑论者甚至把不矛盾律、排中律等也予以否认。当你面对包含这些人在内的"普遍受众"说理时,可以设想,任何貌似有说服力的理由都将会随着无边无际的质疑声蒸发殆尽。而只要我们面对"特殊受众"进行说理,图尔敏模型中未予显示但本书前面也多次涉及的一个"因素"——说理情境(situation 或 field)——就变得格外重要了。①

1. 何谓"说理情境"

说理情境,本质上就是你说理时所选择或预设的"特殊受众",它代表了关注点相同并拥有基本共识的一群人或曰一个"圈子"。譬如,当你完成大学教授布置的一份"小论文"作业时,你的读者就是这位教授及其所在的班级;当你向科技期刊投稿时,你的读者不仅包括同行评审专家,还包括这本期刊的订阅用户;当你陈述自己写好的"辩护词"时,你的读者就是法官以及陪审团;当你为某一项目撰写标书时,招标人及其所邀请的评审专家就是你的读者。

虽然本书中试着用图尔敏模型来刻画说理共有的形式结构,但是,就现实中完整意义上的说理而言,我们所面对的都不是孤立的形式结构,而是"归置于实践情境之中的说理结构"。在此意义上,说理的好坏,自始至终都得看

---

① 亚里士多德的逻辑学著作《论题篇》,其所谓"论题"(topos/topic),字面义就是"场合",意在强调不同场合的推理带有不同的特点。可以说,不同的"情境"即意味着不同的"topics"。

"具体情境"而论,还得由特定情境下的读者来判断。说理情境,意味着一组相对稳定的"初始设定"(initial presumptions),正是这些东西构筑了某种讨论"平台"。不同的说理情境,意味着我们写论文时所面对的读者可能来自不同行业,具有不同的背景知识或文化传统,由此会导致我们为了说服他们或启迪他们而所需要做出的努力也不尽相同。我们可以从"轻重缓急""共识""争议点"等三个方面来看看"情境"如何影响我们的论文写作。

2. 说理的轻重缓急

在我们生活中,有些事情不太重要,可以慢慢来。有些重大的事情,由于需要慎重,也得慢点来。但是,也有些迫切事情,要尽快"处理"和"决断"。从说理上看,情境不同,存在轻重缓急之别,说理者以及受众所能容忍的等待时间也不同。

首先,针对某些议题的说理,具有明显的迫切性,需要我们尽快拿出各方接受的"结论";而另有一些说理,则不提倡过早给出"结论"。一般而言,涉及商业决策和司法判决的说理,其迫切性通常都会高于学术研究。科学上,几乎任何疑问都可以成为"学术讨论"的话题,但是,由于不存在直接的利益冲突,论文发表后并不必然引起迅速回应,即便是热烈争议,也不必很快有各方认可的"结论"。所谓"千年难题",在科学研究中并不少见。相比之下,在法庭上,由于双方利益冲突,必须而且只需要是"表面上证据确凿的案子"(prima facie case)就可以立案。① 而且,任何案子,不仅有诉讼时效,还有审结时限。这意味着,不论议题有多复杂,也不论还有多少事实有待核查,说理必须在限定的时间内达成"结论"。② 另外,通常而言,在涉及现实难题的说理中,我们不能

---

① 譬如,在法治社会中,为了让一公职人员停职,有人能捏造表面证据就可以让相关部门立案调查。之所以称为"表面上证据确凿"是因为这些证据只是在没人驳斥或提出异议的情况下构成某一指控的"充足理由",但立案之后,很可能有其他人通过另外渠道的理由对这些证据提出有力驳斥。

② 当然,所谓"达成结论",在司法实践中也包括基于特定时间内所搜集到的"证据不足"所做出的"不予起诉"决定,或者依照"无罪推定"理念所做出的"无罪判决"决定。

为了减少驳斥或少担责而只选用"可能"之类的模态词下过于笼统的结论,因为在实践类争议中,过于平凡的结论,不具有足够的信息含量,也不足以引人关注。为此,此类的说理大多用"很有可能"或"最有可能"或"应该是"作为模态词。相比之下,在基础性的学理研究中,"理论上的可能性"却可以在某些时候成为下结论所用的一种模态词。

其次,即便是不太迫切的议题,由于跟我们的利益相关性不同,或者彼此对其价值分量的判断不同,我们愿意为之付出的时间和精力也不一样。一般来说,重要的东西,值得我们花上时间谨慎对待。在涉及这方面的说理时,如立法,我们往往要花费更多的时间调查研究,查阅文献,反复讨论,多次征求意见,最后才宣告"完成"。而如果是某小公司内部的一次论证会,太多的时间和精力对于他们来说或许意味着"付不起"。即便是学术论文之类的说理,我们在学期论文上花费的时间和精力应该大大少于在学位论文上的付出。此外,关于重要性的理解,有时并非大家都能一致。譬如,你作为负责任的选民,或许曾经面临某某"代表"或"委员"的选举议题。可是在所公示信息比较少的情况下,你愿意花多少时间去调查和论证呢? 这最终往往取决于你在多大程度上看重"选出一位最佳人选"这件事情。

3. 概念术语及行业共识

说理情境,表面上所代表的只是特定的人群,但其真正凸显的是这些人群共享的某种"地方性知识"或曰"背景知识",后者可以帮助减轻说理人对于常用概念、术语或行业共识的澄清工作。譬如,在每一套法律上,对于"人""贪污""侮辱""暴力"等等有专门的定义,当我们事先明确是在法律情境下说理时,那么,这些词的意思就无需过多解释了。然而,另一方面,我们也要清楚:除非我们已经交代这是法律情境,否则无法默认那些词的意思就是法律上所定义的那样。因为不同情境下,人们对于同一词的公认用法并不总是(也不要求是)一样的。

除了语词概念,不同情境下的人群所熟知或公认的"事实""道理""理论"等等也往往是不同的。当我们诉诸某"理论"作为"支撑"时,譬如,如果是在家庭范围内谈论情感问题时,就没必要扯到学术或法律上的理论体系;如果是从学术上论伦理问题时,也不能拿"领导说"或"法律规定"作为"权威理论"。当我们选定"事实"和认定"道理"时,如果是在学术研究的情境下,就应更加看重那种可以公开检验的、精确表达的"证据"(符合特定的学术标准),尤其是文本(文献)证据(包括前人研究结果以及本人第一手的实验数据)。①在评价作品时,相比于直觉、个人经验、证词或权威,他们更加看重匿名同行评审。与学术研究不同,法庭对于"事实"证据的获取程序,有着特别要求。譬如,"有污点的证据"②不能被接受为"事实";倒是在法庭上宣誓后的证人证词,宣誓人所提供的虽然不一定就是事实(而只是意见),却可以当作证据来看。另外,由于在实际操作中,确定事实或寻找证据并非那么容易,很多时候会相当棘手,成为沉重的"负担";因此,谁有义务先举证,往往成为重要事宜。一般来说,民事案件遵循"谁主张,谁举证"的"道理",刑事案件则不能像民事案件那样要求嫌疑人自证清白,而是遵循"无罪推定,疑罪从无"的"道理",由检控官负责先举出"犯罪证据",只有这些证据被认定为"至少表面上确凿无疑"之后,举证责任才会转移到另一方。还有,在法庭上,证人的话,很可能被全信,也可能因为被发现在某一点上有意说假话(作伪证)而不信任他所说的任何话。相比之下,人们对于发现的学术造假事件,往往不会因为某一处造假而全部否定这位学者的其他与此独立的研究成果。

我们大多数的严肃说理都是行业内说理。不同行业,有不同的情境和目的;就此而言,它们彼此的说理是不可比的:不能说数学论证比道德或法律论

① 顺便指出,科学家和人文学者对于"前人研究结果"和"最新实验数据"并非等同视之的。相比较而言,自然和社会科学注重同时代最新成果而不承认过去的"权威",人文学科则注重古代经典而轻视同时代未经沉淀的成果。这在一定程度也导致了人文学科当代研究成果"影响因子"整体上表现低下。

② 譬如,校方未经许可搜查学生宿舍,在法律语境下通常认为,他们不能基于非法渠道获取的证据来惩戒学生。逼供所获得的"证词"也属于有污点的证据。类似地,违背职业道德(如医患、律师—客户、神父—忏悔者之间的隐私政策)而获得的"事实"也不能作为法律情境下的说理证据。注意,此类"有污点的证据"不同于"污点证人"所提供的证词。

证好,也不能说文艺评论不如科学证明好。之所以如此,从根本上是因为处在不同的情境下说理,人们对于"好的理由"的评判标准是不同的。① 不过,我们有时可能希望超越"行业内的技术论证",而追求某种意义上的"跨情境说理"。譬如,为了对"我国社会发展质量"做出整体判断,或许会邀请哲学家、社会学家、心理学家、经济学家、科学家、实务工作者等共同研讨,进行所谓的"政治协商"。需要注意的是,在我们进行所谓的"跨情境说理"时,由于跨越了多个情境,原本仅适用于某一行业、职业或专业的"地方性知识"可能不再具有重要性(因为在某一特定领域中用作可靠"根据""担保"或"支撑"的东西,很可能不会被来自其他领域的对话者所认可),反倒是那种代表所有或大多数理性人之"共识"的"生活信念"或"人性"等变得重要起来。另外,"跨情境说理"并不是面对"普遍受众"的,只是具有更多的综合性考虑。很多时候,它相当于大家由各个"行业情境"退回到"日常语境"下做出对错或好坏的判断。日常语境,是未经抽象的、非碎片化的、天然统一的生活世界,可谓最大的"理性共同体"、最终的"陪审团"。我们经常所见的关于"道义"问题的说理,大都是基于日常语境的"跨情境说理"。

4. 不同领域的论题,其争议点也不同

当立足特定的情境进行说理时,我们还要知道:不同领域中的论题,容易出现的分歧和谬误也是不同的。这些地方,往往代表着受众一直困惑不解的争议点,好比市场分析中所谓的消费者"痛点""痒点"和"兴奋点",是需要说理文作者保持敏感并铭记在心的。譬如,在司法领域,除了所谓的"违宪审查"或其他与上位法对照以查看某一条法律是否有效的情形,大多数时候争

---

① 当然,由此并不能得出:不同行业的人们在说理时采用着不同的逻辑。因为当我们谈到逻辑时通常是指一句话对另一句话的支持关系,并不关心这两句话本身是否可接受。相比之下,我们立足特定的情境开展说理时,一句不可接受或难以被更多对话者接受的话,是不可能成为"好的理由"的;而不同情境下的对话者关于"可接受性"的标准差异甚大。相关的论证,也可参见 Stephen Toulmin, *The Uses of Argument*, Cambridge, England: Cambridge University Press, 2003, pp.33-40。

议点会聚焦在"事实"而非"法律条文"上。也正因为如此,法律上甚至出台了专门的"证据法"或"证据规则"。即便如此,证据识别和认定,仍是难点所在:它不仅要事先鉴定,而且要证人"宣誓"担责,更要围绕事实的解读(如:是不是故意? 是否情节偏重? 是否影响恶劣?)展开辩论。不同于法庭上,人们谈论道德时,通常对"事实报道"争议小,对于"道理"或"规则"却分歧明显。因此,同一议题,倘若置于法律领域,跟置于道德领域时相比,会得出彼此冲突的结论:譬如,合乎道理而不合法,或者,合法但不合道德。

有别于法庭和道德,在涉及文艺作品的审美说理中,争议焦点往往在于:"谁的解读"更具有深意,或能解释更多同类现象? 文艺评论,是典型的一种审美说理。尽管历来存在"趣味无争辩"的说法,尽管任何评论都难以具有法官那样的唯一评判权(包括"鉴宝"专家也无最终的权威评判),但是,仍然存在一种不只是"个人好恶"的审美力或鉴赏力。说理之人需要意识到:多样性的解读,并不会伤及一部文艺作品,反倒会使其成为经典。因为其中的任何一种重要解读,作为对于读者的启发,都并非"随意的",而是有理由的、讲得通的"可能解读"。① 文艺评论的"理",体现在对话最后往往是:"现在我明白你什么意思了——现在我理解了你的观点,并且知道你之所以对这部作品有那样的看法正是因为你采取了这种观点。"②譬如,有些文学评论,直接以某些艺术流派作为理论支撑,去评判文学表现手法的恰当性。可问题是,这部作品有没有在追随那些艺术流派呢? 还有些影评,是对作品作者的开放结论提出一种假说,然后通过详述此种假说如何能解释种种"难以看懂的细节",表明这是一种更可信的猜测。可问题是,这种假说的解释力能否被其他假说取代呢? 回答了这样一些"问题",一种评论通常就可被认为"是更合理的"(尽管不是唯一合理的)。

---

① 倒是有些解读明显是不能自圆其说的。

② Stephen Toulmin, Richard Rieke, and Allan Janik, *An Introduction to Reasoning*, New York and London: Macmillan, 1984, p.365.

三、对于既有思路,可以充实什么

在我们明确了说理的情境或领域之后,论文写作的着力点就是依照特定读者群的关注点和争议点,分清主次,把重要的地方凸显出来,把难点部分力争讲清楚。关于什么重要,什么是难点,其实在通过图尔敏模型刻画说理结构时,已经弄清楚了。现在,我们所要做的是把此前那些只是构架性的"思路",借助于互联网以及文献数据库,旁征博引,利用典型实例和数据图表加以详述,予以充实起来(fleshing out)。需要再次申明的是,当我们围绕某一话题撰写说理文时,重要的不是你的"站队",而是你对于大家(各方)推进和深化讨论所做的贡献,是你对于"种种理由"的梳理与组织。就单个人的驾驭能力而言,如果你想写一篇具有可行性又有新意的论文,那么,建议你仅就某一"大问题"中的"小问题"进行一种"专项的"(local)而非"全面的"(global)的说理。

1. 问题的导入

要想充实说理"思路",一个在图尔敏模型中未予彰显(但本书在讨论"主张"时曾予以特别强调)的"因素"值得我们在写论文时大书特书,那就是,"问题的导入"。为了表明你的论文值得自己去写、值得别人去读,你需要做的首先是向特定的目标受众表明:你所针对的"问题",是尚有待解决的"真实问题",甚至是"严重问题"或"迫切问题"。也就是要回答"何以多此一举?"(Why make such a fuss?)如果做不到这一点,你的说理,很可能会因为"短路"而失去必要性;或者,会出现:"问题"向左,"观点"向右的窘境。有一种比较常见的论文模板:"问题"(problem)—"分析"(analysis)—"对策"(solution)三段式,它所强调的也正是:说理,由问题而引起,并始终以问题的解决为目标。

"问题的导入"部分,在论文中占据"首页"位置。作者需要铺设说理的

"问题情境"①,为读者交代你对相关议题的追踪以及你为何要参与争论,这要求你既对历史背景和既有文献有比较全面的掌握,同时又要有相对宏大的视野,能够高屋建瓴,对研究现状做出总结和评述。② 这一工作,对于初涉论文写作的人,并不容易上手。这里,可以提示以下几点:

第一,在铺垫问题情境时,务必保持克制,着重陈述情况,不要急于涉及后文的"说理"(包括作者的论证及理由)。要知道,在铺设问题情境时,正式的说理尚未展开;我们正是要通过铺设"问题情境"引导读者参与进来。此时重要的是:你需要不仅讲明白自己所要回答的是什么样的争论点,而且要讲明白为何这样的争论"事关重要",即值得为之争论。

第二,写论文时,关注一个问题足矣,关键是得讲清楚、讲透彻其"争议"之所在以及何以"久议未决"。以科学研究为例,所要引入的问题,可能是自然或社会领域中难以解释的奇异现象,也可能是对于此前科学理论观点的回应。如果某一话题此前在学术界已有颇多争议的话,你需要梳理"问题"及各方立场;而如果此前无激烈争议的话,你需要先表明"问题何在"。譬如,本来可以有两种回答的问题(如"一夫一妻制对于人类进化是否必要"),或者历史上曾经有过另一种声音,可现在怎么就只有"主流"一种声音(一边倒)了? 还可以提到,主流观点无法解释的一些现象。此即通常所说的"文献综述"。③ 为了在有限的篇幅内讲清楚一个问题并有可能在后文解答该问题,建议你不要选择过于宽泛的问题。重要的问题不一定很大,我们若是"以小见大"或"以小博大",倒是往往能达

---

① 在说理时,特定的情境产生特定的问题,要弄清特定的问题总是需要写作者回到问题所在的情境中去。为此,笔者特意用"问题情境"一词提醒读者看到二者之间的内在联系。

② 当然,关于"问题的导入"要写多少才算清楚,这还是取决于你的目标受众是否比较熟悉这个问题以及前人对于该问题的讨论:如果不够熟悉,就需要多讲一些才能让他们明白;而如果已经熟悉,就可以简单提示所针对的问题之后直接进入正文,譬如,在有些面向专业内同行、刊发于小众类学术期刊上的科学实验或社会调查类论文中。

③ 这项工作对于确保论文观点与前人已有的讨论成果建立起"关联"尤其重要。忽视这种关联,"大跃进"地提出一种新学说,很可能是所谓的"爱因斯坦综合征"。参看[加]基思·斯坦诺维奇,《这才是心理学》,窦东徽等译,中国人民大学出版社2015年版,第138—141页。

到更好效果。

第三,如果一篇论文应该追求"观点"创新的话,那么,最好不要仅仅说自己所提出的问题没人讲过,并由此说自己的论文"填补空白"。因为完全没人提到过的"问题",大多要么是太过正常而不构成任何真实怀疑,要么只是因为你"读书少""见识浅"而不知道前人早已研究过。所谓"旨在提问题的论文"比较少见,它们实际上为驳论文,但并不直接得出"自己的观点",而是说现存的权威论证存在不可忽视(但尚不知如何解决)的漏洞。也就是说,此时作者的主张只是"××流行理论是有缺陷的"。至于如何弥补这个缺陷,或者要不要抛弃××理论,作者并没有表明态度,留待读者自己选择。

第四,论文写作中所讲的"问题"是从研究现状和实践经验中"发现"而来的"problem",而非为刁难读者而提出的"question"。也就是说,所谓的"问题"不是作者一个人发明或自创的,而应是为广大读者共享的(尽管此前他们可能没意识到)。因此,关于问题是什么,也不是由作者一个人说了算,倘若在这一点上以自我为中心,将出现"你以为你解释清楚了,但实际并非那样"的尴尬情况。① 另外,关于"问题"的解决方案究竟是什么,也不是你一个人说了算,你论文所能提出的对策方案并非就是"标准答案"(the answer),顶多只是"诸多可行方案之一"(one of the solutions)或"另一种备选/建议方案"(another candidate or suggestion)。

2. 概念的澄清

我们说理的"主张"经常用一句话概括,但其中的关键词或术语到底表达什么样的概念,可能要澄清。之所以这样做,不仅是因为我们写作时需要引入某些行话或术语,更重要的是:即便是我们交代了说理情境,但依然还会运用

---

① Cf.M.Neil Browne and Stuart M.Keeley,*Asking the Right Questions:A Guide to Critical Thinking*,11th ed,Pearson,2015,p.20.

到一些关键性的日常语词,而这些词在你的读者群中并非总是有统一的意思。在面对非特定读者进行写作时,这一点很重要。① 为此,有学者特别建议写作者要抛弃那种"透明语言论"(transparent theory of language):

> ……实际上,所有语词都具有多种意思,语境不同,语词的意思也不同。……透明语言论的观点相反,它以为语词就像是透明的窗户一样,让我们看到一种可与语言分离的意义。它同时以为,语词的意思显而易见。这种理论已经被语言学家和其他方面的语言专家完全拒斥了。②

同一个词,在不同语境或在不同读者那里,可能意味着相差甚远的概念,而这并不总是容易发现的。有关经常出现的谬误,第三讲中有提到。这里,需要特别指出的是:当你在写论文时,如果遇到需要澄清概念或界定一个词时,出于说理的严格性要求,你必须足够耐心地予以解释。为此,你不仅要谨慎措辞以获得一种恰当的定义,很多时候还要通过积极主动地查找文献资料,引入必要的"区分"(distinctions)。让我们再举几个例子来看看。

譬如,当你在说理时提出某某事情"不平等"时,到底是活动参与的"机会平等",还是像生命无贵贱之类的"价值平等"? 当你提到某某食物"纯天然"时,到底是指"野生""无添加",还是指其他? 当你在政治话语中提到"民主"和"保守"时,是否意味着前者就是褒义词而后者就是贬义词?③ 这跟政党派别"民主党"和"保守党"中这两词的意义一样吗?④ 当你说"文化很重要"或"文化建设"时,你知道都什么属于你所谓的文化吗? 小众文化,大众文化,还

---

① 当你和读者之间或读者之间对于你文中某些词句的意思无法达成一致时,这至少表示它们在文中是"无意义的空话"(nonsense)。实际上,很多写论文的新手往往正是因为看不清这一点,结果使得自己写出的文章不是被人批评说"是错误的",而是面临着比前者更糟糕的一种评价:"是无意义的空话"。

② David Rosenwasser and Jill Stephen, *Writing Analytically*, eighth edition, Cengage, 2019, p.40.

③ 关于"民主",有人提出它不过是"多数人对少数人的暴政"。

④ 一般认为,现代政治中的"保守派",不等于"维持现状,不思进取"。实际上,有些保守党(如美国的共和党)为了实现传统价值中的美好东西,改革力度有时更大。历史上,丘吉尔、撒切尔夫人、林肯、罗斯福等都是保守派。虽然民主党的"平等正义""全球化"口号吸引人,但当代政治中的"减税""自由市场""小政府""国家安全"等都是保守派倡导的理念。

是传统文化？ 通俗的,或是高雅的,还是酒文化、烟文化之类？ 个人的文化,城市的文化,中学里的文化课①,还是泛指物化的或可传承的精神生活方式？ 文化有高下吗？

要想澄清你在什么意义上使用"不平等""纯天然""民众""保守""文化"这些词,不是说你闭上眼睛多想想就能轻易解决的,往往需要查阅专门词典或相关文献资料(尽管不必为此成为一名科学家、政治家、文化研究专家),弄清楚这些词过去在不同领域中有何用法,然后从中选定一种适于本文情境的词义。而如果你发现某个关键词在现存文献中并无固定的使用习惯,你则需要采用某种专门的手段,自行谨慎界定,指出你所用的这个词如何具有特定、不容混淆的意思。譬如,社会科学研究中的"幸福""绩效""油耗""文化素质""便捷度"等等,这些都要在一开始确立精确、可测量的指标(indicators),即,你自己在论文中所接受的定义。

关于如何在说理文中下一个"好的定义",有研究批判性思维的学者总结出一套所谓 SEEC 的四步法,值得我们借鉴。SEEC 分别对应于四个关键词"Slogan"(标识)、"Elaborate"(详解)、"Example"(例示)和"Contrasting"(对照)的首字母,也代表着一个好的定义通常所需要的四个步骤。② 第一步"标识",要试着以简短易记的一句话概括你所用之词的特定含义。譬如,就像"人是理性动物"这种来自哲学家的定义那样。第二步"详解",是要详细解释第一步中所用关键词以及它们之间的关联,譬如,"理性""动物"各有什么特征,具体如何描述。第三步"例示",是在第二步的理论解释之外,引入来自实际生活或简单设想的一些直观范例,以确保读者不会误解你的意思。譬如,我们每一个正常的成年人都是标准意义上的"理性动物",尽管理性程度有所不同。第四步"对照",是在前面讲完某一词"是什么"之外,指出它"不是什

---

① 在中学里,艺术和体育一样似乎不被认为是文化课,但一个懂艺术的人往往被认为是有文化的。

② Cf.David A.Hunter,*A Practical Guide to Critical Thinking：Deciding What to Do and Believe*, Second Edition,Wiley,2014,pp.46-54.

么"，以免读者将其混同于其他意思相反或相近的词。譬如，所谓"理性"动物并非指那些在日常生活中仅仅被称作聪明的小动物或灵长类动物，也不是仅限于那些看重理性而轻视情感的科学家或"理科生"，等等。

3. 共识的确立

从说理的角度来看，当某人提出所谓事实作为"根据"时，我们作为对话人只有认可那些"根据"的事实地位（即所谓"事实"的确属实）时，才会进一步追问"担保"（即何以能保证在"根据"为真时就能推出"主张"）和"支撑"（即用以支持"主张"的道理何以可信）；因此，我们如果通过查验他所提供的信息源（包括观察场景或参考文献）发现仍然存疑（或者是与自己经验和直觉不符因而难以想象，或者是缺乏必要的细节，或者是与你所掌握的其他信息源对于事实的报道有冲突），我们可以就此终止说理。因为没有对基本事实的"共识"就无法继续深入说理，或者我们也可以要求他提供另外的事实"根据"。

不只是"事实"，共识的重要性同样体现在"担保"上。这倒不是说：我们在说理中所引入的用作"担保"的道理一定得是读者普遍认同的，而是说：其中的"道理"到底什么意思（尤其是与字面义不同的"隐含意义"）以及你为支撑该道理所引入的理论到底什么样子，你得让读者达成跟你一样的共识，纵然他们不完全认可你的"道理"本身。从论文训练的实际情况来看，"没能发现和考察未被承认的设定（前提），正是许多论文的不足。"[1]之所以称之为"不足"，是因为我们为了争论某一观点是否正确，原本是凭借"事实"和"道理"及其背后的"理论"来谈论的，但假若关于后者这些东西（尤其是被设定的"道理"）本身到底什么意思都未能达成共识（只是未被承认的私人设定）时，我们的说理便无法得到评价。[2]

---

[1]　David Rosenwasser and Jill Stephen, *Writing Analytically*, fifth edition, Wadsworth, 2009, p.76.

[2]　在此意义上，一篇文章的说理"无法得到评价"比起被评价为"说服力不足"，是更糟糕的事情。因为这通常意味着它可能算不上合格的论文，且不论其结论是否激进或是否能得到更多人认可。

譬如,一个人提出这样一个道理:"真正赚大钱的人,很少靠埋头努力成功。"这是随意从网上找到的"标题"。假若它只是被抛出来作为某种"道理",而不作任何解释,作者和读者之间很可能无法就其所指达成"共识",因为"埋头"与"努力"或许并非一回事。很多人赚大钱,可能并非不努力,而是因为他努力时不时抬头,看方向,识大局。故而,有人会认为它是强调"埋头"之于"成功"的重要性,而有些人或许认为是在强调"努力"之于"成功"的重要性。再如,"质疑和焦虑不能创造价值"这一道理,到底是什么意思? 单凭这句话是无法形成一种共识的。因为它可能是在说:不要无端怀疑,不要杞人忧天,要脚踏实地,真正做些什么事情;也可能是在说:不要怀疑任何东西,不要担忧任何事情,要服从与听话,要顺其自然。可这两种意思差异很大啊!

说理中,我们经常引入一些权威的理论。为了让别人能够根据此种理论来理解所谓的"道理",你也必须以通俗易懂的语言清楚阐释该理论的形态和要义。为此,你完全可以借助于生活实例、比喻、思想实验,甚或故事轶事等等。不管怎样,你必须设法将此种理论铺陈为作者和读者之间的一种共识,否则这种理论将丧失其在说理中的应有价值。关于这一点,哲学家洛克曾指出:虽然三段论是一种具有悠久历史的著名理论,但由于它无法让更多读者得到理解,其在说理中的用处很小。

> 因为三段论式只能把矛盾指示给最少数的人们,因为能完全了解论式和图式的人们,能完全了解那些论式所由以成立的各种根据的人们,是万人中不得一二的。可是我们如果把推论所依据的各种观念置在适当的秩序中,则不论是论理学家或非论理学家,只要他了解那些名词,并且有才具来观察那些观念的契合或相违(人如果不能做到这一层,则他不论在三段论式以内或以外,都不能看到推论之为有力,之为脆弱,之为结实,之为矛盾),他就会看到他的论证是否缺乏联系,他的推论是否含着荒谬。①

---

① 〔英〕洛克:《人类理解论》,关文运译,商务印书馆 1959 年版,第 675 页。

对此,笔者想说的是:洛克的评论与其说表明三段论学说本身无价值,毋宁说是告诉我们,它只有被阐释出来并显示为读者和作者之间的一种共识时,才能在说理中派上用场。①

4. 区分论证的地方与交代的地方

值得我们展开论证的地方,往往代表着整篇文章的重点。譬如,为了表明某某"担保"是可信的"道理",我们可能引入多方的"支撑",既有社会常识层面的,也有多渠道、多领域的权威理论。对于"主张"的论证,我们也不必是单一的支持关系,有时我们可以举出多条事实合并组成一种"根据";也有些时候,涉及多个并行的"根据",因而相应地需要引入多个并行的"担保"和"支撑"。譬如,为了论证"安乐死不应合法化",你可以详述安乐死合法化何以等于是以某种形式把剥夺一个人生命的权力交给某一个组织或个人,也可以同时详述安乐死合法化何以使得有些人可以将谋杀案操作成安乐死。而且,为了强化正面的论证效果,你还可以主动设想和回应一些可能存在的"异议",从反面论证所谓的反对声何以是错误的,或解释它们何以是误解。这些都是论证策略上的选择。

论文写作中,由于时间和篇幅所限,不可能也没有必要对图尔敏模型各个要素都展开论证。事实上,就说理的基本结构而言,图尔敏模型中只有"主张"和"担保"是通过追问理由加以论证的。对于其他各要素,则没有提出进一步理由。这当然不是说我们不可以在必要时候(比如在很多新的质疑之下)为之提供理由。关键的一点是:我们在特定的写作语境下,总是把论证聚焦在若干说法上,至于其他要素(如"根据""支撑"和"除外情况"等),我们所做的可以不是论证而是详加交代,就像新闻稿那样叙述事情的来龙去脉或理论的概貌大意。所谓只"交代"不予以"论证",并不意味着不讲究或不负责任。我们所交代的"事实""支撑"和"除外情况"等,是开放于读者的怀疑的,

---

① 除了在"事实""道理"及"理论"等方面需要达成"共识"外,作者和读者之间还应在特定议题上的争议点、解决方案的理想目标等方面形成某种"共识"。这些工作,往往是在论文一开始导入问题、文献综述、研究现状述评时完成的。

但我们仍是希望读者相信并能在他需要时去查验的,因此我们需要在对"事实""支撑""异议"的陈述中尽量交代信息源、参考文献等等,让读者犹如身临"你"境。①

不过,如果一篇论文的重点就是为表明某一"事实"的可靠性,这时,单靠描述性的"交代"可能不够,我们最好的策略或许是:对它们单独予以论证。这相当于是把主论证结构中的某一要素,拿出来作为"子主张",重新引出一个论证结构。譬如,论文为了表明 X 应该是犯下了谋杀罪,而引入"X 开枪把 Y 打死了"这一事实;但是,后者何以被认定为事实呢? 有些时候,观察场景描述不足以显示这一点,这时就有必要专门为此论证,譬如,引入第三方证言作为理由。还有,如果论文要凸显某一"道理"的可靠性,你也可以不采取简单交代"理论支撑"的做法,而是将其作为"子主张",重新引出一个论证结构。这时,你需要引入更多的"事实"和"道理"。②

▓▓ | 敬告读者 |

毋庸置疑,在今天,互联网对于我们获取论文写作资料是不可或缺的。但请确保:你从互联网上获得的任何资料是有"源头"可查的,而且这个"源头"最好不要仅仅是网络本身。因为,很多时候,互联网只是一个平台,而不是"源头"。即便你引用的"网络信息"是唯一可获取的源头,也应尽可能确保其他人能够查证,如注明"数字对象识别码"(doi)。

四、评论文与驳论文的写作

前述诸种由说理思路充实为"论文"的策略,大多是针对立论型"文章"的,即,标准意义上的说理文:针对某一议题,提出你自己的主张,并为其提供

---

① 说理文中,并非不需要描述性文字,而是要求:任何描述,得是为分析和说理服务的。

② 把一个说理结构中的某一要素作为子主张,从而引入另一个说理结构,这属于多重说理结构的"嵌套",不同于多重说理结构的"并列"。

一种属于你自己的论证策略。① 不过,有些时候,我们所写的论文可能不追求
"立论",而重在给出一种及时回应:或者只是评论他人的论证,或者只为驳斥
他人论文中的某一点。需要指出的是,不论评论文还是驳论文,都需要建立在
批判性阅读(critical reading)之上,并且都属于批判性写作(critical writing),
即,要"讲理由"。② 不讲理由的评论无异于"指手画脚",不讲理由的驳斥不
过是"表不同"。相反,你对于他人论文所写的评论文和驳论文,倘若是建立
在批判性阅读之上的批判性写作,那么,你的这些"回应"完全可以算作今后
为撰写一篇"立论型论文"所预备的一项扎实工作。③

1."批判性阅读"与评论

对于既有的某一篇论文,通过批判性阅读,提出一系列批判性问题,我
们可以还原其底层的说理结构。在此基础上,如果我们自己对于其中的基
本议题不另作立论,仅限评说他人说理中的一些对错,由此可以写成一篇评
论文。④ 从行文上看,评论文是由现有的特定"论文"而非论文之外的"问
题"引发的,所以,其开头往往需要对原论文的主要内容进行摘要式复述,
然后才去评判其对于相关"问题"的分析与解决是否到位:好在哪里,不好
在哪里?

---

① 这种"立论型"说理文,单就一篇文章的空间而言,往往不追求"建构一套新理论",更多
则是援引既有的(尤其是具有较高认可度的)理论去论证自己的观点。如果你是要建立自己的
一套新理论,所需要的工程量要大得多,因为你不仅要表明这套理论能解释诸多现象因而有用
处,更重要的是,还必须表明你的这套理论是有必要的,即,要么是不可替代的,要么是比既有其
他理论具有明显优势。因为,这个世界上,理论已经太多了;基于"奥卡姆剃刀"原则,如无必要,
任何人不应再引入新的理论。

② 有关"批判性阅读"与"批判性写作"的概略式介绍,可参见 https://www2.le.ac.uk/
offices/ld/resources/writing/writing-resources/critical-writing。

③ 当然,当我们要写一篇立论型论文时,仅仅阅读和评论他人的某一篇文章往往是不够
的,而需要尽可能参照更多篇文献。

④ 相信从本书前头连续看到这里的读者已经清楚:所谓"评论"往往并不是简单指责对方
是错误的或是说谎的,因为当一个人指责另一个说谎时,出错的可能是后者也可能是前者。所
以,你的评论(不论是积极的还是消极的一面)一定得是建立在理由之上的。

在撰写一篇"评论文"时,对于所针对的文章进行批判性阅读,是至关重要的。因为你的评论,取决于你的解读。你读不懂或者读得不够深入,便无法评论。而为了进行批判性阅读,图尔敏模型具有特别的意义。你可着力对文本思路进行解读,并将其刻画为图尔敏模型。然后,看看原论文的说理要素是否完备,其效力和强度如何。再看看自己与原作者的共识和分歧在哪里(聚焦在哪个要素)?如果是分歧点,重点讲讲其何以有不足以及另种可能性是什么。

2. "批判性写作"与驳论

驳论文,旨在驳斥他人某一篇论文的论证,试图表明其说理不够充分或有漏洞。很显然,它重在"破",而非"立"。与其说是在新写论文,不如说是建议他人"改写"或"修订"某一篇论文。尽管如此,驳论文的撰写也颇费心思,因为为了合理地驳斥,你不仅要批判性阅读这一篇文章,可能还要阅读更多其他相关文献。而且,对于所提出的反对意见,你要详加论证,让其变得"可守护"(defensible)或"合情合理"(reasonable)。驳斥一种观点时应预料到它会弹回来,因此驳斥一开始时要尽量谨慎。

驳斥他人的说理文时,有一种"会弹回来"的常见情形是:对方认为你的所谓"驳斥"只是浅薄地理解了他的论证,这意味着你所热烈批评的并非他真正要说的意思。遇到这种情况,很容易演变成彼此互相指责"表述不严密"或"用词不当"。当然,有些时候明显是某一方出现了相对于语言约定而言的"不合习惯",因而在另一方提醒之下他会乐意接受并改正。但是,并非所有的情况都能单凭"语言约定"得以解决,或许在某些方面尚未存在"语言约定"呢。鉴于此,为避免"无意义"的误解式"批评",我们在驳斥他人的论点时最好基于"最大的同情理解"把对手设想成(且不论其实际如何)一位智力上难以对付的"钢铁侠"而非傻瓜一样可轻松击破的"稻草人"。哲学家丹尼特所谓的"拉波波尔特规则",可以作为我们这方面的参考。这套规则包括:(1)先试着重述对手的立场,你的表达要足够清晰、生动和公正,以至于你的对手会说："谢谢,真希望我当时也能想出这样的表述方式。"(2)然后列出你们之间的所有共识点,尤其是那些公众尚未达成普遍或广泛一致的看法。(3)你还应该说一下,你从你的对手那里学到了什么。(4)在所有这些工作之后,你才可以抛出自己的驳斥或批评之辞。①

对于上述基于"拉波波尔特法则"完成的驳论文,有些人或许想称之为"批判性写作"。是的,它的确属于标准意义上的批判性写作。但需要指出,我们通常所谓的批判性写作,并不限于驳论文,而是泛指任何的说理文。因为"批判性写作"的重点在于:评断或断言什么时,不是简单地说对错,而是讲理由,权衡正反意见。这正是本书引领读者领会与评估"好的说理"时反复强调的基本意思。就此而言,任何真正意义上的说理文都应该是批判性写作。

要点整理

■ 当一个人试着把说理写成文章时,他需要根据受众的关注点,认真组织"理由"材料,还要积极使用各种语言技巧和论证策略,让读者轻松而准确地把握其说理的要义和重点。也就是说,他的心中不仅要有"对手",还要有"读者"。

■ 在辩论场上,辩手摆事实讲道理都追求"快",来不及也不愿意花时间在"事实"审查和"道理"识别上下工夫。相比之下,我们写作时,则允许并要求说理之人"慢慢来""静静看""细细研究""反复揣摩"那些关键细节。

■ 关于论文与说理的关系,一方面,论文代表着一种格外严肃因而属于

---

① "拉波波尔特法则"是丹尼特根据博弈论学家拉波波尔特(Anatol Rapoport)的名字命名的。丹尼特还告诉我们:在实际场景的说理中,遵循拉波波尔特法则的一个好处是,你的对手更愿意接受你的批评,因为他们会认为你由此已经表明能够像他们自己一样理解了他们的立场,并在过程中显示出了良好的判断力。更多可参见 Daniel C. Dennett, *Intuition Pumps and Other Tools for Thinking*, Penguin, 2014, pp.33—35。

有深度的说理;另一方面,当说理走向足够深入,得到"升华"时,自然
而然会具有论文的样式,甚或带有某种"学术味道"。

■ 图尔敏模型,类似于我们为分析他人说理或梳理自己思路所搭起的
"脚手架"。一旦弄清了说理思路,接下去就可以撤掉"脚手架",紧贴
特定读者群的关注点和困惑点,自由创作了。

■ 虽然本书试着用图尔敏模型来刻画说理共有的形式结构,但是,就现
实中完整意义上的说理而言,我们所面对的都只是"归置于实践情境
之中的说理结构"。在此意义上,一篇说理文的好坏,终究得由特定
情境下的读者来判断。

■ 在把结构化说理写成一篇说理文时,我们可以提出的批判性问题包括
但不限于:我这篇文章是准备发表在什么刊物,面向什么读者的? 在
我的说理结构中,哪一要素将是写作中的重点? 为突出某一重点,我
打算采取怎样的论证策略? 哪些概念或观点是需要特别向读者讲清
楚的? 在说理思路清晰的情况下,我该如何像一位作家一样调动读者
的阅读兴趣?

延伸阅读

■ Sylvan Barnet, Hugo Bedau, and John O'Hara, *Current Issues and
Enduring Questions*: *A Guide to Critical Thinking and Argument*, *with
Readings*, eleventh edition, Bonston and New York: Bedford/St.Martin's,
2017. 尤其推荐本书第四部分"Current Issues: Occasions for Debate"。
透过该部分所提供的实例,你能更直观地体验到说理文写作何以自
然地由"问题"而引起。

■ David Rosenwasser and Jill Stephen, *Writing Analytically*, eighth edition,
Cengage, 2019。北京大学出版社曾在 2008 年推出该书第五版的影印

版,纳入英语写作原版影印丛书。

■ 本讲注释中所提供的其他你认为有必要跟踪阅读的文献。

拓展练习

[1]请围绕某一话题进行口头即兴说理,然后按照学术规范的有关要求,试着将之补充完善,写成一篇你希望能公开发表的小论文。体验一下:当你真正投入到写作时,你的思想状态有何变化? 写作完成后,相比于写之前,又有何新收获?

[2]结合社会生活中一些"合法不合情"或"合情不合法"的例子,试着从说理情境来分析,何以产生如此分歧?

[3] 定义有时比较容易,特别是在你作为说理人或主持人有权界定一个词时。不过,也有些时候,你给出的定义可能不会令他人满意,甚至自己也非真的满意。请阅读柏拉图《对话篇》中的《尤西弗罗》(Euthyphro),看看苏格拉底是如何寻求关于"虔诚"(piety)的定义的,然后写下你的读后感。

[4]结合你曾遭受误解的一次说理型对话,谈谈"共识"的重要性。假设让你就此次遭遇中有关议题写一篇面向不特定读者的文章,你准备如何安置"共识"?

[5]针对当前热议话题,请试着在 2 个小时之内,构思框架,查阅文献,撰写一篇 1000 字左右的说理文。然后,把你的稿子发给你的一些目标读者,请他们做出评价。最后,根据他们的反馈意见,试着对原稿进行修改。修改稿完成后,再发给另一些目标读者,征求他们的意见。如此经过两轮之后,你觉得文章有何改善? 你觉得这些"改善"是单凭一人静想可以做得到的吗?

后　　记

作为一本哲学类通识教育读本,本书的基调是:立足逻辑学、认识论和方法论的融合视域,探索一条既符合当代科学精神又紧贴人类有限理性的批判性思维训练进路。

关于科学和理性,不论过去还是今天,一直有一种颇具诱惑力的论调,认为掌握科学和懂得理性之人就能对很多问题给出"简单无误的答案"。这种声音之所以吸引人,当然可能有文化心理或论辩修辞上的原因,譬如:"谨慎说话、把握不大的人不易给人留下深刻印象。平常普通的陈述以及经过高度限制的冗长解释似乎是软弱无力和犹豫不决的表现。胆大而直接的断言(即便是错的)却能显示刚强有力。因此,简单和简化的东西显得更为重要,远高于它们本应有的地位;相反,那些复杂和精密的答案并不如它们所应该的那样重要。"①然而,严肃探讨和认真做事的人很快意识到:这在很多场合是一种需要抵制的诱惑。借用塔勒布的一种概括,"理性表面上不像理性,正如科学不像我们看到的科学一样"②。本书读者透过"说理的学问"可以明白他这句话不无道理,更可以切身体验:一个热爱科学、追求理性的人如何联合他人(那些与你有信念共识和分歧的人)以"说理"的方式发现并解决问题,但并不必声称任何"简单"或"不可错"的答案。

---

① Bernard M.Patten, *Truth*, *Knowledge*, *or Just Plain Bull*: *How to Tell the Difference*, Prometheus Books, 2004, p.17.

② [美]纳西姆·尼古拉斯·塔勒布:《非对称风险》,周洛华译,中信出版社 2019 年版,第275 页。

　　书稿的完成,历时四年有余,是在本人所开设核心通识课"说理的学问"讲义稿基础上修改扩充而来。感谢中山大学谢耘教授对初稿提供的详细评论。他特别提出,本书关于图尔敏模型某些要素的拓展性论述可能(或一定)与图尔敏本意不符。对此意见的完整回应,或需专文讨论,尤其是对图尔敏本人思想的历史梳理和批判性考察。这里可以交代的是,本书试图在"说理"框架下或杜威"探究"理论的图景下解读或转化图尔敏及其论证理论,并不追求在所有细节上与图尔敏本人或当代某种图尔敏式的论证理论完全吻合,倒是在基本观点上带有明显的古典实用主义色彩。①

　　所有选修"说理的学问"这门课的同学也都对书稿的完善做出了贡献,他们是本书的第一批"读者"。特别感谢张馨方和朱宏辉同学通读书稿后给予的细致反馈。

张留华

2022 年 2 月

---

　　① 参看张留华:《古典实用主义推理论研究:重估推理的观念及其论争》,中国财政经济出版社 2021 年版。

责任编辑:方国根　夏　青

图书在版编目(CIP)数据

说理的学问/张留华 著. —北京:人民出版社,2022.5
ISBN 978-7-01-024345-0

Ⅰ.①说… Ⅱ.①张… Ⅲ.①推理-研究 Ⅳ.①B812.23

中国版本图书馆 CIP 数据核字(2021)第 256386 号

说理的学问

SHUOLI DE XUEWEN

张留华　著

人民出版社 出版发行
(100706　北京市东城区隆福寺街 99 号)

北京汇林印务有限公司印刷　新华书店经销

2022 年 5 月第 1 版　2022 年 5 月北京第 1 次印刷
开本:710 毫米×1000 毫米 1/16　印张:22
字数:300 千字

ISBN 978-7-01-024345-0　定价:88.00 元

邮购地址 100706　北京市东城区隆福寺街 99 号
人民东方图书销售中心　电话 (010)65250042　65289539